现代养鸭
疫病防治手册

主　编　王桂芬　陈宗刚
副主编　王志富　张　杰
编　委　黄金敏　李显锋　郑　伟
　　　　陈亚芹　王　祥　王凤芝
　　　　赵淑荣　张秀莲　邵丽华

科学技术文献出版社
SCIENTIFIC AND TECHNICAL DOCUMENTATION PRESS

图书在版编目(CIP)数据

现代养鸭疫病防治手册/王桂芬,陈宗刚主编.—北京:科学技术文献出版社,2012.1

ISBN 978-7-5023-7026-8

Ⅰ.①现… Ⅱ.①王… ②陈… Ⅲ.①鸭病-防治-手册 Ⅳ.①S858.32-62

中国版本图书馆 CIP 数据核字(2011)第 198886 号

现代养鸭疫病防治手册

策划编辑:李　洁 责任编辑:李　洁 责任校对:张吲哚 责任出版:王杰馨

出 版 者　科学技术文献出版社
地　　址　北京市复兴路 15 号　邮编 100038
编 务 部　(010)58882938,58882087(传真)
发 行 部　(010)58882868,58882866(传真)
邮 购 部　(010)58882873
网　　址　http://www.stdp.com.cn
发 行 者　科学技术文献出版社发行　全国各地新华书店经销
印 刷 者　北京时尚印佳彩色印刷有限公司
版　　次　2012 年 1 月第 1 版　2012 年 1 月第 1 次印刷
开　　本　850×1168　1/32 开
字　　数　229 千
印　　张　9.5
书　　号　ISBN 978-7-5023-7026-8
定　　价　19.00 元

前　　言

疾病对我国家禽养殖业的危害十分严重。一方面疾病危害家禽健康，降低家禽的生产性能和养殖业的经济效益；另一方面给食品安全性带来隐患，危害人类健康。能否严格控制疾病已经成为我国家禽养殖业能否健康发展、家禽产品能否进入国际市场的关键。鸭与鸡相比，抗病力较强，但是我国现行饲养模式粗放，不利于鸭疫病的预防与控制。更值得注意的是我国大部分从业者对家禽疾病存在严重的错误认识，即“重治轻防”，对防疫认识不足，重视不够，存在侥幸心理。近年来，禽流感、小鸭肝炎、鸭浆膜炎、大肠杆菌等疾病已经给我国的养鸭业造成重大经济损失。

为了有效地控制疫病，我们根据多年从事教学、科研和实践的体会，组织了相关技术人员，从我国养鸭业疫病频发的原因、疫病发生的特点、疫病的诊断、治疗及综合预防等多个方面进行了阐述，突出实用性是本书的特色，使读者阅读后能真正应用到实际生产过程中，做到有源可查，有据可依。但必须指出的是，兽医科学是不断发展的科学，在使用每一种药物之前，必须要阅读产品说明书以确认药物的用量、用药方法、所需用药的时间及禁忌等。

由于时间紧迫，加之作者水平所限，书中错误和不足之处，恳请广大读者批评指正。也在此对参阅的相关文献的作者深表感谢。

编　者

目　　录

第一章　鸭疫病发生的特点……………………………………（1）
第一节　鸭疫病的种类……………………………………（1）
第二节　鸭疫病发生的特点………………………………（5）
第三节　鸭疫病的发生规律………………………………（7）
一、传染性疾病的发生规律 ……………………………（7）
二、寄生虫性疾病的发生规律…………………………（14）
三、营养代谢病的发生规律……………………………（16）
四、中毒病的发生规律…………………………………（18）
第二章　鸭场疫病的综合防控 ……………………………（20）
第一节　鸭场环境的综合控制 …………………………（20）
一、场址的选择和布局控制……………………………（20）
二、科学的饲养管理……………………………………（27）
三、消毒控制……………………………………………（48）
四、做好基础免疫………………………………………（67）
五、药物预防……………………………………………（75）
第二节　发生烈性传染病时的扑灭措施 ………………（76）
第三章　鸭疫病的诊断 ……………………………………（82）
第一节　鸭疫病的检查 …………………………………（82）
一、临床体征检查诊断…………………………………（83）
二、临床剖检诊断………………………………………（91）
第二节　病料的采取、保存 ……………………………（111）

第四章 鸭疫病的用药方法……………………………（115）
第一节 禽药的剂型与剂量……………………………（115）
一、禽药的剂型 ……………………………………（115）
二、禽用药物的剂量 ………………………………（118）
第二节 禽药的用药方法……………………………（120）
一、禽的用药特点 …………………………………（120）
二、禽场常用药物 …………………………………（122）
三、鸭的给药方法 …………………………………（129）
四、保健饲料添加剂的应用 ………………………（132）
五、药品保管方法 …………………………………（136）
第五章 鸭场常见疫病的防治……………………………（138）
第一节 常见病毒性疾病的防治……………………（139）
一、鸭瘟 ……………………………………………（139）
二、禽流感 …………………………………………（142）
三、番鸭细小病毒病 ………………………………（146）
四、雏番鸭小鹅瘟 …………………………………（148）
五、病毒性肝炎 ……………………………………（150）
六、番鸭“花肝病” …………………………………（153）
七、副黏病毒病 ……………………………………（155）
八、出血症 …………………………………………（157）
九、鸭“白点病” ……………………………………（159）
十、产蛋下降综合征 ………………………………（160）
十一、冠状病毒性肠炎 ……………………………（164）
十二、传染性法氏囊病 ……………………………（165）
十三、鸭痘 …………………………………………（167）
十四、网状内皮组织增殖病 ………………………（169）
第二节 常见细菌性传染病的防治…………………（170）
一、大肠杆菌病 ……………………………………（170）

二、传染性浆膜炎 …………………………………… (173)
三、禽霍乱 …………………………………………… (176)
四、沙门菌病 ………………………………………… (179)
五、链球菌病 ………………………………………… (181)
六、葡萄球菌病 ……………………………………… (183)
七、曲霉菌病 ………………………………………… (186)
八、衣原体病 ………………………………………… (188)
九、慢性呼吸道病 …………………………………… (189)
十、念珠菌病 ………………………………………… (191)
十一、变形杆菌病 …………………………………… (192)
十二、嗜水气单胞菌病 ……………………………… (194)
十三、结核病 ………………………………………… (195)
十四、伪结核病 ……………………………………… (197)
十五、坏死性肠炎 …………………………………… (199)
十六、鸭丹毒 ………………………………………… (200)
十七、李氏杆菌病 …………………………………… (201)
十八、螺旋体病 ……………………………………… (203)
第三节　常见寄生虫病的防治 ……………………… (205)
一、球虫病 …………………………………………… (205)
二、绦虫病 …………………………………………… (207)
三、蛔虫病 …………………………………………… (209)
四、棘头虫病 ………………………………………… (210)
五、棘口吸虫病 ……………………………………… (212)
六、舟形嗜气管吸虫病 ……………………………… (213)
七、腮丝虫病 ………………………………………… (215)
八、血吸虫病 ………………………………………… (217)
九、隐孢子虫病 ……………………………………… (218)
十、住白细胞虫病 …………………………………… (220)

十一、次睾吸虫病 …………………………………… (221)
十二、背孔吸虫病 …………………………………… (222)
十三、前殖吸虫病 …………………………………… (224)
十四、东方杯叶吸虫病 ……………………………… (226)
十五、羽虱 ………………………………………… (227)
十六、禽蜱 ………………………………………… (229)
第四节　常见营养代谢病的防治……………………… (230)
一、维生素A缺乏症 ………………………………… (230)
二、维生素B_1缺乏症 ……………………………… (233)
三、维生素B_2缺乏症 ……………………………… (235)
四、维生素B_{12}缺乏症 ……………………………… (236)
五、维生素D缺乏症 ………………………………… (238)
六、硒-维生素E缺乏症……………………………… (240)
七、维生素K缺乏症 ………………………………… (242)
八、钙、磷代谢紊乱症………………………………… (244)
九、鸭骨短粗病 ……………………………………… (246)
十、脂肪肝综合征 …………………………………… (248)
十一、佝偻病 ………………………………………… (249)
十二、腹水综合征 …………………………………… (251)
十三、蛋白质缺乏症 ………………………………… (252)
十四、痛风 …………………………………………… (254)
第五节　常见中毒性疾病的防治……………………… (257)
一、肉毒梭菌毒素中毒 ……………………………… (257)
二、黄曲霉素中毒 …………………………………… (258)
三、棉籽饼中毒 ……………………………………… (259)
四、菜籽饼中毒 ……………………………………… (260)
五、亚硝酸盐中毒 …………………………………… (262)
六、食盐中毒 ………………………………………… (263)

七、有机磷农药中毒 …………………………… (264)
八、呋喃唑酮中毒 ……………………………… (266)
九、磺胺类药物中毒 …………………………… (267)
十、恩诺沙星中毒 ……………………………… (269)
十一、喹乙醇中毒 ……………………………… (269)
十二、硫酸铜中毒 ……………………………… (271)
十三、高锰酸钾中毒 …………………………… (272)
十四、一氧化碳中毒 …………………………… (273)
十五、氨气中毒 ………………………………… (274)
十六、氟中毒 …………………………………… (276)
第六节　鸭场其他疾病的防治……………………… (278)
一、异食癖 ……………………………………… (278)
二、中暑 ………………………………………… (279)
三、应激性综合征 ……………………………… (281)
四、感光过敏症 ………………………………… (283)
五、阴茎垂脱 …………………………………… (284)
六、脱肛 ………………………………………… (286)
七、软脚综合征 ………………………………… (287)
八、皮下气肿 …………………………………… (288)
附录　公鸭阉割术……………………………… (290)
参考文献………………………………………… (292)

第一章　鸭疫病发生的特点

近年来发生于鸭群的疾病种类众多，几乎其他水禽可以发生的疾病，鸭均可感染。此外，近年还出现了一些只发生于鸭的疫病，如鸭白点病、花肝病等。在众多的疫病中，尤以急性传染病威胁严重，如禽流感、副黏病毒病、细小病毒病、花肝病、鸭瘟、鸭肝炎、鸭疫默氏杆菌病、大肠杆菌病、沙门杆菌病等，常引起高的发病率与死亡率。除传染性疾病外，还出现一些较麻烦的其他疾病，如营养缺乏症、寄生虫病、中毒性病和其他杂症等。

第一节　鸭疫病的种类

疫病是动物机体与致病因素相互作用产生的损伤与抗损伤的复杂斗争过程，表现为机体生命活动异常及畜禽经济价值降低。所谓致病因素就是通常说的病因，引起鸭发病的病因多种多样，有外部的、内部的，有生物的、非生物的，有可以传播的、不能传播的等。

和其他动物的疾病一样，鸭的疾病分类最常用的就是根据其发病原因的不同而区分的。从大的方面分，鸭病可分为侵袭性疾病和普通病两类。

1. 侵袭性疾病

所谓侵袭性疾病是指由特定病原体引起的动物疾病，包括由细菌、病毒、真菌、支原体、衣原体、立克次体和螺旋体等引起的传染病及由吸虫、线虫、绦虫和原虫等引起的寄生虫病。

(1)传染病:传染病是指由病原微生物侵入鸭体,在鸭体内生长繁殖而影响鸭的健康,引起鸭发生生理的、形态的异常,并且可以在个体和群体间传播的一类疾病。这些微生物肉眼不能直接看见,它们构造简单、繁殖迅速,包括细菌、病毒、真菌、放线菌、支原体、衣原体、立克次氏体和螺旋体等。

(2)寄生虫病:鸭的寄生虫是指以鸭体作为居住或生活条件,即以鸭为宿主的一类生物体,它们不断从鸭体吸取营养以维持自身的生存或繁殖,有的还分泌毒素。因寄生虫的寄生而扰乱了鸭的正常生理机能,导致鸭发生以营养不良、贫血、消瘦,甚至死亡为特征的疾病,称为鸭的寄生虫病。鸭的寄生虫包括吸虫、线虫、绦虫、原虫和吸血昆虫等。

2. 普通病

普通病是指由非特定病原体引起的动物疾病,包括营养代谢性疾病、中毒性疾病、遗传性疾病、应激性疾病、免疫性疾病和因饲养管理不当引起的各种器官系统性疾病等多种疾病,它们都没有传播性。

(1)营养代谢性疾病:营养代谢性疾病是鸭发生营养紊乱性疾病和代谢紊乱性疾病的总称。由于鸭有较强的环境适应性,在传统放牧的饲养条件下,鸭极少发生营养代谢性疾病。鸭的营养代谢性疾病是随着现代化养鸭业的发展而逐步增多起来的,主要是因饲料中营养物质的不平衡,造成鸭所需的某些营养物质不足或缺乏,或是某些营养物质过量而干扰了另一些营养物质的吸收和利用,使得鸭的正常生命活动和代谢过程表现异常而引起的。常见的鸭的营养代谢性疾病包括维生素缺乏症、矿物质微量元素缺乏症,以及脂肪肝综合征和痛风等。

①维生素缺乏症：维生素参与组成各种酶和辅酶，对体内蛋白质、脂肪和碳水化合物的代谢起催化、控制和调节作用，是生命活动中不可缺少的。鸭需要的维生素绝大多数来自饲料，少部分可由体内合成。鸭的维生素缺乏症是因饲料中维生素的供应不足，饲料中存在有某些维生素拮抗物，或疾病等情况下引起需求增加，使得体内的维生素不能满足鸭体的需要，造成物质代谢的障碍和紊乱，表现出一系列症状的疾病。

②矿物质微量元素缺乏症：矿物质不仅是动物机体组织的组成成分如钙、磷直接参与骨骼的构成，而且也是生命活动必需的某些酶和辅酶的组成部分，如铁参与细胞色素的构成、钴参与维生素 B_{12} 的组成。鸭体需要的矿物质微量元素只能来自饲料与饮水，一旦饲料或饮水中某种矿物质微量元素不足或缺乏，或是消化道疾病引起吸收障碍时，即可使得体内这种元素不能满足需要，其担负的功能不能正常发挥，造成生命活动异常，并表现出一系列症状，称为矿物质微量元素缺乏症。另外，由于矿物质微量元素之间存在着一定的制约关系（如钙和磷之间需要一定的比例才能正常发挥作用），矿物质与机体的其他营养要素间也存在相互协调的关系（维生素 E 与微量元素硒之间相互补充），这些关系的打破也会引起矿物质微量元素缺乏症的发生。

(2)中毒性疾病：鸭的中毒性疾病也是随着现代化养鸭业的发展而逐步增多起来的疾病。主要与大量甚至滥用某些添加剂和抗生素等药物有关，另外环境污染的加剧也是造成中毒病上升的一个重要原因。对于动物机体来讲，任何外源物质甚至是必需营养物质的过多，均可引起中毒病的发生，如食盐中毒就是一个很好的例子。

①饲料中毒：严格地讲，饲料中毒的说法是不科学的，作为鸭的饲料是不应该引起鸭中毒的。所谓饲料中毒，指的是不正确地使用某些饲料而引起鸭的中毒，可以是采食过量的本身就含有对

鸭体有毒害作用成分的农副产品，如菜籽饼，也可以是饲料加工贮存不当产生了有毒成分，如青饲料加工不当引起的亚硝酸盐中毒。常见的鸭的饲料中毒有食盐中毒、亚硝酸盐中毒、棉籽饼中毒、菜籽饼中毒等。

②霉菌毒素中毒：许多霉菌在生长过程中能产生有毒的代谢产物即霉菌毒素，它们被鸭采食后可引起中毒。这种中毒主要是鸭采食了被霉菌毒素污染的饲料后发生，饲料的保管不当而发生霉变是这种疾病发病的主要原因。自然界中能产生毒素的霉菌有很多种，但临床上较多见的鸭的霉菌毒素中毒主要是黄曲霉毒素中毒。黄曲霉毒素毒性较大，主要是由黄曲霉产生的，黄曲霉可以在花生、黄豆、玉米和棉籽等多种植物的种子上生长，黄曲霉毒素一旦生成可以渗透到种子内部并且不易被高温破坏，因此它对畜牧业生产构成巨大的威胁。

③药物与添加剂中毒：药物与添加剂中毒是现代化生产条件下鸭最容易发生的一类疾病。几乎所有的药物和添加剂都存在一定的毒性，长期或大剂量地使用，均可引起中毒病的发生。临床上常见的药物与添加剂中毒有磺胺类药物中毒、呋喃类药物中毒、喹诺酮类药物中毒、喹乙醇中毒等。

④农药与灭鼠药中毒：某些农药与灭鼠药对鸭有较强的毒性。鸭采食了被农药污染的饲料，灭鼠药使用不当造成鸭误食均可引起中毒病的发生。

(3)其他疾病：除营养代谢性疾病和中毒性疾病外，鸭的普通病还有很多种。其中因饲养管理不当引起的器官系统内科病较多见，如食道膨大部炎、食道膨大部阻塞和肠炎等消化系统疾病；感冒、咽喉炎和肺炎等呼吸系统疾病；输卵管垂脱、阴茎受伤等生殖系统疾病等；还有中暑、应激综合征、异食癖、软脚病和感光过敏等杂症。

第二节 鸭疫病发生的特点

1. 疫病种类多、死亡率高

随着养殖业的迅速发展，从国外引进优良家禽的品种和动物产品的数量明显增加，由于缺乏有效的诊断与监测手段，配套的防疫卫生技术跟不上等原因，导致一些新的传染病传入和发生。例如：禽流感、禽网状内皮增殖症、传染性法氏囊病、产蛋下降综合征等。这些疫病，在我国较大范围内有发生和流行，有些虽然只在局部发生，但具有很大的潜在危险。更为严重的是，所有这些疫病在以后若干年将持续给我国畜牧业造成危害，其经济损失难以估计。

2. 发病非典型化和病原出现新的变化

在疫病流行过程中，受到外界环境或免疫力的影响，某些病原的毒力常发生变化，减弱或增强，从而出现新的变异株或血清型。加上家禽群体免疫水平不高或不一致，导致某些疫病在流行病学、临床症状和病理剖检变化等方面出现非典型变化，使某些原有的旧病以新的面貌出现，如目前各地发生的传染性支气管炎等。另一方面，有些病原的毒力出现增强，虽然经过免疫接种，仍常出现免疫失败，如传染性法氏囊病病毒超强毒和变异毒株的出现及其引起的疫病。这些新的发病动态，给我们在诊断、免疫和防治上造成较大困难。

3. 某些细菌性疾病的危害加大

随着集约化养殖场的增多和规模不断扩大，污染更加严重，细菌性疫病明显增多，如大肠杆菌病、沙门菌病、葡萄球菌病、支原体病等。这些疫病的病原广泛存在于饲养环境中，可通过多种途径进行传播，这些环境性病原微生物，已成为养殖场的常在菌和多发病。加上规模化饲养的密度过大、通风换气条件差、各种应激因素增多等不良因素，使得机体抵抗力降低，这些都直接导致了家禽对致病菌的易感性增强。另外，某些损害免疫系统的疾病，如传染性法氏囊病、网状内皮增生症等免疫抑制性疾病未能得到有效控制，也很容易造成动物细菌性疾病的发生。更为主要的原因是盲目大量滥用抗菌药物，任意加大剂量，某些养殖场从鸭出壳后就不断喂服抗菌药物，直至出栏上市为止；还有在饲料中及免疫注射时不适当混加抗菌药物。如此种种，使养殖场中一些常见的细菌产生强耐药性，一旦发病后，诸多抗菌药物都难以奏效。因此，科学的饲养管理，搞好环境卫生，合理用药和通过药物敏感试验选用敏感药物等对有效控制细菌性疾病显得十分重要。

4. 多病原混合感染病例增多

在生产实际中常见很多病例是由两种或两种以上病原对同一机体产生致病作用。并发病、继发感染和混合感染的病例显著上升，特别是一些条件性、环境性病原微生物所致的疾病更为突出。常见的混合感染有病毒病之间合并感染，如鸭肝炎与浆膜炎、大肠杆菌，鸭肝炎与鸭瘟、沙门菌，传染性法氏囊病与新城疫，新城疫与传染性支气管炎；病毒病与细菌病混合感染，如新城疫与大肠杆菌病，传染性喉气管炎与支原体病；细菌病之间的混合感染，如大肠杆菌病与传染性鼻炎，大肠杆菌病与葡萄球菌病等。在临床上虽然采取一系列的诊断和防治措施，常常效果不理想，甚至无效。这些多病原的混合感染给诊断和防治工作带来很大困难。

5. 发病日龄跨度大

部分鸭的传染病发病日龄变宽，如传染性法氏囊病，发病日龄最小的仅 8 日龄，还未接种疫苗就感染发病，大的可见于 110 日龄育成鸭；禽痘，有的雏鸭仅 8～9 日龄便感染发病，按 4 周龄进行首免，则许多鸭可能已感染此病，200 天的产蛋鸭也可发病。

6. 营养代谢病和中毒病的比例明显上升

在一些养鸭业比较发达或养殖水平较高的地区，营养代谢病和中毒病占发病总数的比例已从过去的百分之几上升到百分之十几，最高的可达百分之三十几，应引起技术服务人员和养殖者的重视。

第三节　鸭疫病的发生规律

据有关资料不完全统计，对鸭构成威胁和造成危害的疾病涉及传染病、寄生虫病、营养代谢病和中毒性疾病，其中以传染病最多，约占疾病总数的 60％以上，所造成的损失也最大，细菌性疾病呈上升的趋势。

一、传染性疾病的发生规律

（一）传染性疾病的临床特征

引起鸭传染病的病原微生物有多种，它们所引起疾病的具体表现是多种多样的，然而却有一些共同的特征，这些特性概括为以下几方面。

(1)发病原因相似，均是与特异性的致病性微生物感染有关，如小鹅瘟是由小鹅瘟病毒感染引起的，蛋子瘟是由大肠杆菌感染引起的。没有小鹅瘟病毒和大肠杆菌的侵入就不会有小鹅瘟和蛋子瘟的发生。

(2)具有传染性和流行性,就是疾病可以通过一定的途径在个体或群体间蔓延,并且在一定的时期内可以从一个地区传到另外的地区。

(3)常有较明显的全身症状,如发病鸭食欲下降或废绝,精神萎靡等。

(4)一般均有特异性的临床症状和病理变化,即同种微生物引起的病鸭都具有相同的和固定的症状表现和解剖病变。

(5)被感染的机体发生特异性反应,即在传染过程中由于病原微生物的抗原刺激作用,机体发生免疫生物学的改变,产生特异性的抗体和变态反应。这种改变可以用血清学等特异性反应检查出来。

(6)耐过病的鸭能获得特异性免疫,使机体在一定的时期内或终身不再患该种疾病。

(二)传染病的传播规律

传染病和寄生虫病的发生以及形成传播流行过程,必须具备三个基本环节,即传染源、传染途径和易感动物。如果切断任何一个环节,流行即告终止。

1. 传染源

(1)患病鸭:患病鸭是传播疫病的重要传染源,包括有明显症状或症状不明显者。在疫病的整个传染期中,按病程经过可分为潜伏期、临床症状明显期和恢复期三个病期。而不同病期的病鸭排出病原体的传染性大小也不同,了解和掌握各种疾病的传染期是决定病鸭隔离期限的重要依据。

潜伏期的病鸭,对于大多数疾病,不具备排出病原体的条件,不能起传染源的作用,只有少数疫病(如鸭瘟)在潜伏期内就能排出病原体传染易感群。

临床症状明显期的病鸭，尤其是在急性暴发过程排出毒力强的病原体，在疾病的传播上危害性最大。但是有些非典型病例，由于症状轻微临床症状不明显，难以与健康鸭区别而忽视隔离，如球虫病虽不显症状，但往往就是球虫的携带者和传染源；又如雏鸭肝炎病毒，多不显症状成为带毒者，此时若与非免疫状态的雏鸭接触，即可成为危险的传染源。

恢复期的病鸭，虽然机体各种机能障碍逐渐恢复，外表症状消失，但体内的病原体尚未肃清，在临床痊愈的恢复期还能排出病原体，如鸭瘟痊愈后至少带毒 3 个月，仍可成为鸭瘟的传染源。

另外，病鸭尸体(包括禽类和其他动物共患病的尸体)如果处理不当，在一定的时间内也极易散布病原体。

(2)带菌、带毒和带虫的鸭：隐性感染的带菌、带毒或带虫的鸭，由于体内有病原体存在，并能不断繁殖和排出病原体，引起疫病的传播。根据带菌(毒)或带虫的性质可分为健康带菌、带毒、带虫者和康复带菌、带毒、带虫者。如健康成年鸭在感染鸭瘟病毒和肠道球虫后往往不发病，而成为带毒、带虫者。它们带菌、带毒或带虫的期限长短不一，健康成年鸭感染鸭瘟后带毒期最长为 18 天。患鸭瘟的康复鸭带毒 3 个月，成年家禽感染副伤寒，康复后带菌可达 9～16 个月。

(3)易感动物：易感动物就鸭而言指易感的鸭群，由于这些鸭对某种疫病缺乏免疫力，一旦病原体侵入鸭群，就能引起某疫病在鸭群中感染传播，如尚未接种鸭副黏病毒苗的鸭群对鸭副黏病毒就具有易感性，当病毒侵入到鸭群就可使鸭副黏病毒病在鸭群中传播流行。而鸭的易感性又取决于年龄、品种、饲养管理条件和免疫状态等。如尚未免疫的雏鸭对小鹅瘟病毒易感；饲养管理不善，环境卫生差的幼龄鸭则容易感染大肠杆菌病、曲霉菌病和球虫病等。因此，在饲养过程中，必须加强饲养管理，搞好环境卫生，提高鸭机体的抗病能力，同时应选择抗病力强的鸭种。在不同的时期，接种不同类型的疫苗，以降低鸭群对疫病的易感性。

2. 主要传播途径

(1)卵源传播：存活于种母鸭卵巢或输卵管内的病原体，在蛋的形成过程中即可进入蛋内；或存在于消化道的病原体，随粪便污染泄殖道，在蛋产出时经泄殖道而附着在蛋壳上；或通过产蛋箱、盛蛋用具、孵化用具，以及人手的接触等将病原体带到蛋壳上。当用这些被污染的蛋作种蛋孵化时，又可污染其他种蛋。在孵化过程中这些病原体穿透蛋壳进入蛋内导致禽胚感染，引起禽胚死亡或孵化出弱病雏。如鸭的副伤寒、病毒性肝炎等可以通过这种形式传播。

(2)孵化室传播：孵化室或种蛋等消毒不严，往往导致幼雏啄壳出雏期间被感染。通过这种传播媒介传播的鸭传染病有副黏病毒病、曲霉菌病、鸭瘟、副伤寒和大肠杆菌性脐炎等。

(3)空气传播：存在于禽呼吸道和口腔中的病原体，可以随喷嚏或咳嗽、鸣叫而以飞沫形式排入空气中，被周围的易感鸭吸入后发生感染；有的病原体随病禽的分泌物、排泄物排出，干燥后形成尘埃散播在空气中，当空气流动较大时，可传播到附近或更远的地方，再被吸入或其他形式侵入易感鸭造成蔓延。如鸭的巴氏杆菌病、曲霉菌病和流感等以这种形式传播。

(4)饲料和水源传播：患传染病鸭的分泌物、排泄物，乃至尸体可直接污染饲料和饮水池，也可以通过污染饲槽、饮水器、饲料加工和贮存工具、运输工具、设备用具、场所，或有关工作人员而间接污染饲料和饮水。易感健康鸭通过摄取被污染的饲料或饮水而遭感染。所有的肠道传染病均可由此种因素传播，如鸭大肠杆菌病、副伤寒等。

(5)饮水传染：鸭饮用了病原微生物、毒物污染的水，或用于防治疾病时,用药拌水浓度过大,常会引起鸭多种传染病、中毒病的发生。

(6)垫料或土壤传播:患鸭的病原体可以通过粪便等排泄物及其他分泌物排出,污染垫料或土壤,如不及时清除粪便、更换垫料和消毒禽舍、运动场,即可引起传染病的传播。

(7)设备和用具传播:养鸭场的设备用具、饲料箱、产蛋箱、蛋盘(架)、装禽箱、装蛋箱、死禽收集箱、运输工具等,尤其在几个鸭舍共用或场内外往返使用这些设备用具时,如果管理不善和消毒不严,极易造成疾病的传播。

(8)媒介者传播:生物性的传播媒介,常被称为媒介者。许多动物都可以成为媒介者,如蚊、蝇、蠓、蚋、虱、蜱、螨、蚂蚁、蚯蚓、鼠、狗、猫、野禽及鸟类等。人也可成为媒介者,当人们接触传染源时,人的手、体表、衣帽、鞋袜,都有污染病原体的可能。这些人在进入健康鸭舍前,如果不经消毒和更换衣帽鞋袜,就很容易将疾病带入,应特别引起重视。

(9)混群传播:成年鸭中,有的经过自然感染或人工接种而对某些传染病获得了一定免疫力,不表现明显病状,但它们仍然是带菌、带病毒或带虫者,具有很强的传染性。假如把后备鸭群或新购入的鸭群与成年鸭群混合饲养,往往会造成许多传染病的混感及暴发流行。

(10)交配传播:鸭的某些疾病可通过其自然交配,或人工授精而由公鸭传染给健康的母鸭,最后引起大批发病。

(11)羽毛传播:马立克病的病毒存在于病鸭的羽毛中,加工厂如果对这种羽毛处理不当,则可以成为该病传播的重要因素。

(三)传染性疾病的诊断要点

水禽传染病的诊断必须结合每种传染病的流行病学特点、临床症状、特征性病变和实验室诊断。

1. 病毒病诊断

(1)样品采集:无菌操作取患病或死亡具有特征性病变的肝、脾、肾、脑等组织或器官。病料经处理后无菌的上清液作为病毒接种材料,每胚绒尿腔或绒尿膜 0.1～0.2 毫升,于 37～38℃继续孵育,照蛋,24 小时后死亡胚放 4℃冰箱冷却后收获绒尿液或膜。

(2)禽胚接种:必须根据不同水禽病毒性传染病对禽胚种类的要求不同,即适应性不同,选用禽胚及接种部位。

鸡胚:能在 10～11 日龄易感鸡胚绒尿腔复制的病毒有 H5N1 亚型高致病性流感病毒、水禽副黏病毒、雏鸭病毒性肝炎病毒、禽法氏囊病毒;能在绒尿膜复制的病毒有禽出血性坏死性肝炎病毒、禽痘病毒。

鸭胚:能在 12 日龄易感鸭胚绒尿腔复制的病毒有 H5N1 亚型高致病性禽流感病毒、水禽副黏病毒、雏鸭病毒性肝炎病毒、鸭瘟病毒;绒尿膜复制的病毒有禽出血性坏死性肝炎病毒。

番鸭胚:能在 12～14 日龄易感番鸭胚绒尿腔复制的病毒有小鹅瘟病毒、雏番鸭细小病毒;绒尿膜复制的病毒有番鸭坏死性肝炎病毒、禽出血性坏死性肝炎病毒。

鹅胚:能在 10～12 日龄易感鹅胚绒尿腔复制的病毒有小鹅瘟病毒、雏番鸭细小病毒。

(3)诊断方法:诊断病毒通常采用较易进行的方法,有 HA 和 HI 试验、中和试验、琼扩试验等检验方法。

①采用红细胞凝集及抑制试验,有 H5N1 亚型高致病性禽流感病毒、水禽副黏病毒。

②采用中和试验,有雏鸭病毒性肝炎病毒、鸭瘟病毒、小鹅瘟病毒、雏番鸭细小病毒、禽出血性坏死性肝炎病毒、鸭坏死性肝炎病毒、禽痘病毒。

③采用琼扩试验,有小鹅瘟病毒、雏番鸭细小病毒、禽出血性

坏死性肝炎病毒、鸭坏死性肝炎病毒、禽法氏囊病毒、禽痘病毒等。

2. 细菌病诊断

(1)样品采集:用无菌程序取患病或死亡具有特征性病变的肝、脾、脑、血液等病料。

(2)分离培养:必须根据不同细菌对培养基不同的要求选用培养基。将病料直接接种于相关培养基,于37℃培养24～72小时,挑取可疑菌落接种于相同斜面培养基作为纯种传代及生化、血清学、毒素等鉴定用。

①采用鲜血琼脂、巧克力琼脂、血清琼脂等培养基。能在这些培养基生长的细菌有禽霍乱、传染性浆膜炎(鸭疫默氏杆菌)等。

②采用普通琼脂、麦康凯琼脂等培养基:能在这些培养基生长的细菌有大肠杆菌、沙门菌、蛋子瘟等。

③细菌生长:鉴定按照大肠杆菌科方法鉴定大肠杆菌和沙门菌,按照巴氏菌科方法鉴定巴氏杆菌,按照鸭疫默氏杆菌方法鉴定鸭疫默氏杆菌。

④血清学鉴定

大肠杆菌鉴定:大肠埃希氏菌属有173个"O"抗原,74个"K"抗原,53个"H"抗原。本病以鉴定"O"抗原为主要,按"O"抗原方法进行鉴定。

巴氏杆菌鉴定:按照特异性荚膜和菌体抗原的方法。特异性荚膜抗原有5种血清群(A、B、C、D、E),通过用被动血凝进行。菌体抗原有16个型,通过用琼脂扩散方法进行鉴定。

鸭疫默氏杆菌鉴定:本菌有21个不同血清型,可按凝集试验和琼脂扩散试验方法进行鉴定。

二、寄生虫性疾病的发生规律

1. 寄生虫性疾病的临床特征

寄生虫病与传染病相似，也是由特定的病原体感染引起。鸭的寄生虫性疾病一般具有以下特征：

（1）都可以找到与疾病相关的特定的病原体，但其病原体与传染病不同，如鸭裂口吸虫感染，一定可以在感染鸭肌胃内找到相当数量的裂口吸虫。

（2）病情发展一般较缓慢，其病理过程多为慢性、消耗性的。寄生虫营寄生生活的特点决定了它对宿主作用的缓和性，主要是通过与宿主竞争营养而对宿主产生不良影响。因此，发病鸭一般表现为逐渐消瘦、贫血、水肿、生长发育缓慢和生产性能低下等慢性、消耗性疾病的症状。

（3）传播过程中，常常需要另一种或一种以上动物的参与。如鸭的绦虫病，它需要剑水蚤为中间宿主，鸭必须吞食到含有似囊尾蚴的剑水蚤方可感染。

（4）多有明显的季节性。由于寄生虫一般都具有复杂的生活史特点，其传播常常需要特定的环境条件，有的还需要生物性传媒，因此，鸭的寄生虫病一般都有明显的季节性。如鸭球虫病一般发生在高温高湿的季节，这与球虫感染性卵囊的发育需要特定的温度和湿度有关。

（5）常常可复发，并可造成并发或继发。寄生虫病一般不刺激机体发生特异性免疫，因此常常可以造成重复感染。如绦虫病，常常是驱虫后不久的鸭又可被感染。另外，寄生虫发生后常常引起机体抵抗力的下降，并且寄生虫虫体的体内移行也是造成其他微生物的转移，因此，寄生虫病常常可以和其他疾病同时发生或继发其他疾病，引起的危害也就更大。

2. 寄生虫病的传播规律

和传染病一样，鸭的寄生虫的传播与流行也必须具备传染源、传播途径和易感动物三个基本条件，缺一不可。由于寄生虫常具有复杂生活史的特点，寄生虫的传播还与环境流行因素有密切的关系。

（1）鸭寄生虫的生活史：寄生虫的生长、发育和繁殖的全部过程称为生活史。在鸭体内寄生的各种寄生虫，常常是通过其自身的粪、尿及其他分泌物、排泄物，或是由吸血昆虫吸饮血液和其他动物吞食肌体，将寄生虫的某一个阶段发育体（如虫体、虫卵或幼虫）带出到自身以外，再经过一定的途径，侵入到另一个宿主体内寄生，并不断地循环下去。

在寄生虫复杂的生活史中，常有一个或多个宿主，根据寄生虫发育的特性，宿主分为终末宿主（被寄生虫的成虫期或有性繁殖阶段所寄生的宿主）、中间宿主（被寄生虫的幼虫期或无性繁殖阶段所寄生的宿主）和补充宿主（有些寄生虫必须在两种中间宿主体内寄生，才能完成其幼虫的发育阶段，这种对第一个中间宿主起补充作用的宿主）三种类型。

（2）鸭寄生虫的传播途径

①经口腔感染：这种传播途径是鸭吞食到被污染的饲料、饮水、土壤及其他物体中的某些寄生虫的幼虫、虫卵或卵囊，或将带有幼虫的中间宿主或补充宿主吞入之后而被感染。

②经皮肤感染：某些寄生虫的某个发育阶段的虫体，可通过吸血昆虫的吸血、刺螫，传入健康鸭体内而引起感染。

③接触感染：患病鸭和健康鸭之间，通过体表或生殖器官的直接接触而使健康鸭遭受感染。

一般种类的寄生虫只限于一种感染方式，而有些种类的寄生虫则有两种以上的感染方式。

(3)鸭寄生虫病的环境流行因素:研究寄生虫病的发生、发展和消亡的规律还必须要了解与之关系密切的环境流行因素。鸭寄生虫的环境流行因素包括生物因素、自然因素和社会因素。其主要内容包括寄生虫在外界环境中生长和发育所需要的条件,如温度、湿度、阳光、酸碱度以及越冬情况等;寄生虫病的感染途径,以及寄生虫在宿主体内的生命期限;易感鸭群的范围和分布,特别是各种类型宿主的生活习性;各种鸭寄生虫病的流行动态和地理分布(如地区性、季节性);人们的生产、生活所处的周围环境的卫生情况和畜禽的饲养管理条件等。

研究寄生虫病的环境流行因素,可帮助我们搞清鸭寄生虫的流行规律,以便寻求有效综合性措施,控制寄生虫病的发生并最后消灭寄生虫病。

3. 寄生虫病的诊断要点

(1)观察临床症状:患病鸭一般表现消瘦、贫血、黄疸、水肿、营养不良、发育受阻和消化障碍等慢性、消耗性疾病的症状,虽不具有特异性,但可作为发现寄生虫病的参考。

(2)调查流行因素:了解发病情况,摸清寄生虫病的传播和流行动态,为确立诊断提供依据。

(3)尸体剖检:对患病鸭进行死后剖检,观察其病理变化,寻找病原体,分析致病和死亡原因,有助于正确诊断。

三、营养代谢病的发生规律

1. 营养代谢病的临床特征

(1)群体发病:在集约饲养条件下,特别是饲养失误或管理不当造成的营养代谢病,常呈群发性,同舍或不同鸭舍的鸭同时或相继发病，表现相同或相似的临床症状。

(2)起病缓慢：营养代谢病的发生一般要经历化学紊乱、病理学改变及临床异常三个阶段。从病因作用至呈现临床症状常需数周、数月乃至更长时间。

(3)常以营养不良和生产性能低下为主症：营养代谢病常影响家禽的生长、发育、成熟等生理过程，而表现为生长停滞、发育不良、消瘦、贫血、异嗜、体温低下等营养不良综合征，产蛋、产肉减少等。

(4)多种营养物质同时缺乏：在慢性消化疾病、慢性消耗性疾病等营养性衰竭症中，缺乏的不仅是蛋白质，其他营养物质如铁、维生素等也显不足。

(5)地方流行：由于地球化学方面的原因，土壤中有些矿物元素的分布很不均衡。我国缺硒地区分布在北纬 21°～53°和东经 97°～130°之间，呈一条由东北走向西南的狭长地带，包括 16 个省、市、自治区，约占国土面积的 1/3。我国北方省份大都处在低锌地区，以华北面积为最大，在这些地区应注意鸭群的硒缺乏症和锌缺乏症。

2. 营养代谢病的诊断要点

(1)流行病学调查：着重调查疾病的发生情况，如发病季节、病死率、主要临床表现及既往病史等；饲养管理方式，如日粮配合及组成、饲料的种类及质量、饲料添加剂的种类及数量、饲养方法及程序等；环境状况，如土壤类型、水源资料及有无环境污染等。

(2)临床检查：应全面系统，并对所搜集到的症状，参照流行病学资料，进行综合分析。根据临床表现有时可大致推断营养代谢病的可能病因，如鸭的不明原因的跛行、骨骼异常，可能是钙、磷代谢障碍病。

(3)治疗性诊断：为验证依据流行病学和临床检查结果建立的

初步诊断或疑问诊断，可进行治疗性诊断，即补充某一种或几种可能缺乏的营养物质，观察其对疾病的治疗作用和预防效果。治疗性诊断可作为营养代谢病的主要临床诊断手段和依据。

(4)病理学检查：有些营养代谢病可呈现特征性的病理学改变，如关节型痛风时关节腔内有尿酸盐结晶沉积；其维生素 A 缺乏时鸭的上部消化道和呼吸道黏膜角化不全等。

(5)实验室检查：主要测定患病个体及发病鸭群血液、羽毛及组织器官等样品中某种(些)营养物质及相关酶、代谢产物的含量，作为早期诊断和确定诊断的依据。

(6)饲料分析：饲料中营养成分的分析，提供各营养成分的水平及比例等方面的资料，可作为营养代谢病，特别是营养缺乏病病因学诊断的直接证据。

四、中毒病的发生规律

1. 中毒病的临床特征

在鸭群中发生中毒时，往往表现为疾病的发生与鸭采食的某种饲料、饮水或接触某种毒物有关；患病鸭的主要临床症状一致，因此在观察时要特别注意中毒鸭的特征性症状，以便为毒物检验提示方向；在急性中毒时，鸭在发病之前食欲良好，鸭群中食欲旺盛的由于摄毒量大，往往发病早、症状重、死亡快，还会出现同槽或相邻饲喂的鸭群相继发病的现象；从流行病学看，虽然可以通过中毒试验而复制，但无传染性，缺乏传染病的流行规律。且大多数毒物中毒时鸭体温不高或偏低；急性中毒死亡的鸭在尸体剖检时，胃内充满尚未消化的食物，说明死前不久食欲良好，死于机能性毒物中毒的畜禽，实质脏器往往缺乏肉眼可见的病变。死于慢性中毒的病例，可见肝脏、肾脏或神经出现变性或坏死。

2. 中毒病的诊断要点

(1)了解毒物的可能来源：对舍饲的鸭群要查清饲料的种类、来源、保管与调制的方法；近期饲养上的变化及到发病经过的时间，不同的饲料饲养禽的发病情况；观察饲料有无发霉变质等。对放养的鸭群要了解发病前鸭群可能活动的范围。了解最近鸭群有无食入被农药或杀鼠药污染的饲料、饮水或毒饵的可能，最近是否进行过驱虫或药浴？使用的药品剂量及浓度如何？注意鸭群采食的饲料或饮水有无被附近工矿企业“三废”污染的可能？如怀疑人为投毒，必须了解可疑作案人的职业及可能得到的毒物。

(2)毒物检验：毒物检验是诊断中毒很重要的手段，可为中毒病的确诊与防治提供科学依据。

(3)防治试验：在缺乏毒物检验条件或一时得不出检验结果的情况下，可采取停喂可疑饲料或饮水，观察发病是否停止。同时根据可能引起中毒的毒物分别运用特效解毒剂进行治疗，根据疗效来判断毒物的种类。此法具有现实意义。

(4)动物试验：给敏感的动物投喂可疑物质，观察其有无毒性，一般多采用大鼠或小鼠做试验动物。也可选择少数日龄、体重、健康状况相近的同种鸭，投给病鸭吃剩的饲料，观察是否中毒。在进行这种试验时，应尽量创造与病鸭相同的饲养条件，并要充分估计个体的差异性。

第二章 鸭场疫病的综合防控

鸭的疾病防治是养鸭的重要环节，有时是养鸭能否成功的关键。鸭的疾病可分为三大类，一类是由于饲养管理不善等原因引起的疾病，如外伤、饲料中毒及缺乏某种营养等普通病。二类是由于寄生虫寄生在鸭体内或体表引起的寄生虫病。三类是由病原微生物引起，具有一定的潜伏期和症状，并能传播蔓延的传染病。随着工厂化、集约化和现代化养鸭业的日益发展，预防和控制鸭的疾病工作显得尤为重要。有效地防治鸭病，是养鸭场生产经营成功的一个重要保障。

第一节 鸭场环境的综合控制

在养鸭生产中通常采用综合防治措施来控制疾病的发生。

一、场址的选择和布局控制

(一)场址的选择

鸭场场址的选择，要从自然条件和社会条件两方面综合考虑。

1. 地形地势

鸭场应选择在地形开阔整齐、面积宽敞、地势高燥平坦、排水良好的地方。在靠近河流、湖泊的地区，场地应比当地水文资料中最高水位高 1～2 米，山区建场应选在向阳背风的缓坡上，鸭场总坡度不超过 25%，建筑区坡度应在 2.5%以内。鸭场的土质黏性不宜太重，最好是雨后容易干燥的砂质土壤。排水不良，易遭水淹的低洼地绝对不能建造鸭场。

2. 水源水质

鸭场的水源有河流、湖泊、地下水等。鸭场要建在水源充足、水质良好、无污染、取用方便的地方。鸭场的用水量大，应以夏季最大需水量为标准来计算需水量。选择的水源必须能达到每只鸭每天 10 千克水的标准。种鸭的放牧、洗浴、交配需要水源，蛋鸭也需较宽的水面。因此，种鸭舍和蛋鸭舍最好修建在与天然水域相连的缓坡地。若无天然水源，可打井抽取地下水，修建水塔，建立自己的供水系统。个别地区地下水卫生指标超标，应事先抽样化验。

3. 防疫环保

考虑到防疫和环保的要求，鸭场应远离交通要道，位于居民区的下风向，牲畜市场、屠宰场的上风向。一般商品鸭场应建在城市规划的畜牧区内，种鸭场应在离城市和交通枢纽更远一些的地方。在建场计划内把粪便处理考虑在内，以免污染水源和周边环境。

4.“三通”条件

“三通”指通水、通电、通路。鸭场应建在水、电供应充足，交通比较便利的地方。交通方便，利于运输饲料和产品。大型鸭场和孵化场要自备发电机组，确保可靠的电力供应。电力安装容量以每只种鸭 5～6 瓦，商品鸭 1.5～2 瓦计算。

(二)布局控制

在计划鸭场布局时要着重解决风向(特别是夏、冬季的主导风向)、地形与各建筑物的朝向及距离的问题。鸭场布局应进行全面考虑,不能只顾一方面,而忽视了其他方面。除着重考虑风向、地形与建筑物的朝向外,更要考虑生产作业的流程,以便提高劳动生产率,节省投资费用;同时要考虑卫生防疫条件,防止疫病传播;还要照顾各区间的相互联系,便于管理。

1. 大型鸭场区划布置

(1)鸭场分区:一个完整的、规模较大的养鸭场,应包括职工生活区、行政区、生产管理区和粪污处理区等。

①生活区:建有职工宿舍、食堂及其他生活服务设施和场所等。生活区为工作人员生活休息场所,应与生产区相距200～300米,并用清洁道和防疫隔离设施把生活区和生产区连接起来,以利于防疫。

②行政区:包括办公室、资料室、会议室、供电室、锅炉房、水塔、车库等。

③生产区:孵化室、鸭舍(育雏室、育成鸭舍、商品鸭舍、种鸭舍)、蛋库、饲料库、产品库、水泵房、机修室、消毒、更衣室、饲养员休息室等。

孵化室:宜建在靠近场前区的入口处,大型鸭场最好单设孵化场,宜设在鸭场专用道路的入口处,小型鸭场也应在孵化室周围设围墙或隔离绿化带。

鸭舍:可分为育雏舍、育成鸭舍、商品鸭舍和种鸭舍几种类型。鸭舍应根据主导风向,按育雏舍、种鸭舍和商品鸭舍的顺序来设置。育雏舍要求朝阳,保温良好、干燥、采光通风好,育雏舍内应配备育雏器等,舍内设有小门供仔鸭自由出入,目前多采用铁丝网、木板条或尼龙网等进行离地平养;商品鸭舍用于饲养育成期种鸭和商品鸭,一般长9米、宽4米、高3.2米,鸭舍地面采用水泥地面或砖地面,上面铺上垫料,垫料要经常更换,以保持室内清洁干燥。

种鸭舍与商品鸭舍建筑相仿，只是要求光照及保温条件稍好，另外还要有产蛋窝(箱)。每间种鸭舍长 6 米、宽 4 米、高 2.5 米，鸭舍、运动场、水面三者的面积比为 1∶2∶3。

鸭滩：鸭滩是水面与鸭舍之间的陆地部分，通常把它叫做鸭子的“陆地运动场”。鸭子在此吃食、梳理羽毛和昼间小憩。其地面要平整，略向水面倾斜，不允许坑坑洼洼，以免蓄积污水。鸭滩的大部分地方是泥土地面，只在连接水面的倾斜处，要用水泥沙石，做成倾斜的缓坡，坡度 25°～30°。斜坡要深入水中，要低于枯水期的最低水位。鸭滩斜坡与水面连接处，必须用砖石砌好，不能图一时省钱而用泥土铺垫。由于这个斜坡是鸭子每天上岸、下水的必经之路，使用率极高，而且上有风吹雨打，下有浊浪拍击，非常容易损坏，必须在养鸭之前修得坚固、平整。有条件和资金充足的养鸭场，最好将鸭滩和斜坡用沙石铺底后，抹上水泥，这样的路既坚固，又方便清洁，在鱼鸭混养的鸭场还方便向鱼池中冲洗鸭粪。

鸭滩如果出现坑坑洼洼，要及时修复，否则影响鸭群的运动和造成其跌倒碰伤。沙石路面的鸭滩可用喂鸭后剩下的河蚌壳、螺蛳壳铺在鸭滩上，这样，即使在大雨以后，鸭滩仍可以保持干燥清洁。

水围：鸭子是水禽，若有条件可设一定的水上运动场，即水围。鸭子在水围内玩要嬉戏、繁殖交尾、捕食鱼虾等。水围的面积不应小于鸭滩。一般每 100 只鸭需要的水围面积为 10～40 平方米，随鸭的年龄增长而增加。考虑到供水季节水面要缩小，故有条件的地方要尽可能围大一些。

在鸭舍、鸭滩、水围三部分的连接处，均需用围栏把它们围成一体，根据鸭舍的分间和鸭子分群情况，每群分隔成一个部分。陆上运动场的围栏高度为 50～60 厘米，水上运动场的围栏应超过最高水位 50 厘米，深入水下 1 米以上，可用尼龙网、铁丝网或渔网，网孔为 3 厘米×3 厘米。如果用于育种或饲养试验的鸭舍，必须进行严格分群，围栏应深入水底，以免串群。有的地方将围栏做成活动的，围栏高 1.5～2 米，绑在固定的桩上，视水位高低而灵活升降，经常保持水上 50 厘米，水下 100～150 厘米。

食棚、食槽及水槽设置：食棚是为了使鸭子在吃食时遮荫避雨，这样能保证在天气不好的情况下也能在舍外饲喂，从而有利于保持舍内清洁、干燥，在食棚内根据所养鸭的数量放置食槽和水槽；食槽和水槽均可用水泥砌成长形，也可用塑料制品制成食槽和饮水器，每 100 只鸭需食槽长度为 3 米，或 3 个盆斗式食槽，每 250 只鸭子需用双面长形饮水器 2 米长。

饲料加工储藏库：饲料加工储藏库要考虑到每天运送饲料而不宜建得太远，又要考虑到防疫和降低机械噪音对鸭的影响而建得太近。饲料库应能贮备 1 个月以上的库存量，成品饲料库应贮备 1 周以上的用量。原料、加工料和成品料应分开贮存。

隔离区：隔离区（包括病、死鸭隔离、剖检、化验、处理等房舍和设施、粪便污水处理及贮存设施等）是鸭场病鸭、粪便等污物集中之处，是卫生防疫和环境保护工作的重点，该区应设在全场的下风向和地势最低处，且与其他两区的卫生间距宜不小于 50 米。贮粪场的设置既应考虑鸭粪便于由鸭舍运出，病鸭隔离舍应有天然的或人工的界沟、围墙、栅栏等隔离屏障与外界隔绝，设单独的通路与出入口。病鸭隔离舍及处理病死鸭的尸坑或焚尸炉等设施，应距鸭舍 300～500 米，且后者的隔离更应严密。

其他辅助生产设施：可根据自己的条件自行设定。

④粪污处理区：兽医室、病鸭舍、厕所、粪污处理池等。堆粪场应建在生活区和生产区的下风处，并建成封闭的粪池，堆粪场与生产区鸭舍间有污道连接。

(2)生产区建筑物的布局：合理设计生产区内各种鸭舍建筑物及设施的排列方式、朝向、相互之间的间距和生产工艺的配套联系是鸭场建筑物布局的基本任务。布局的合理与否，不仅关系到鸭场生产联系和管理工作、劳动强度和生产效率，也关系到场区和每幢房舍的小气候状况，以及鸭场的卫生防疫效果。

①排列：在对生产区建筑物的排列形式进行设计时，应根据当地气候、场地地形、地势、建筑物种类和数量，尽量做到合理、整齐、紧凑、美观。鸭舍群一般横向成排（东西），纵向呈列（南北），称为行列式，即鸭舍应平行整齐呈梳状排列，不能相交。超过两栋以上的鸭舍群的排列要根据场地形状、鸭舍的数量和每栋鸭舍的长度，酌情布置为单列、双列或多列式。如果场地条件允许，应尽量避免将鸭舍群布置成横向狭长或纵向狭长状，因为狭长形布置势必造成饲料、粪污运输距离加大，饲养管理工作联系不便，道路加长，建场投资增加。如将生产区按方形或近似方形布置，则可避免上述缺点。如果鸭舍群按标准的行列式排列与鸭场地形地势、当地的气候条件、鸭舍的朝向选择等发生矛盾时，也可以将鸭舍左右错开、上下错开排列，但仍要注意平行的原则，不要造成各舍相互交错。

②朝向：鸭舍的朝向应根据当地的地理位置、气候环境等来确定，适宜的朝向要满足鸭舍日照、温度和通风的要求。鸭舍建筑一般为长矩形，其长轴方向的墙为纵墙，短轴方向的墙为山墙（端墙）。鸭舍应采取南向（即鸭舍长轴与纬度平行），这样冬季南墙及屋顶可最大限度地收集太阳辐射以利防寒保温，有窗式或开放式鸭舍还可以利用进入鸭舍的直射光起一定的杀菌作用；而夏季则避免过多地接受太阳辐射热，引起舍内温度增高。如果同时考虑当地地形、主风向以及其他条件的变化，南向鸭舍允许作一些朝向上的调整，向东或向西偏转 15°～30°配置。南方地区从防暑考虑，以向东偏转为好，而北方地区朝向偏转的自由度可稍大些。

鸭舍需要设置陆上和水上运动场，这使得鸭舍之间必定有足够的间距。而完全舍饲的鸭群，舍间间距必须认真考虑。鸭舍间距大小的确定主要考虑日照、通风、防疫和节约用地。必须根据当地地理位置、气候、场地的地形地势等来确定适宜的间距。

(3)场内的道路与排水：道路是鸭场的一个重要组成部分，是场内建筑物与建筑物之间、场内与场外之间联系的纽带。道路的主要功能是为饲养人员的走动，饲料、产品和废弃物的运输提供便捷的线路。生产区的道路应区分为运送饲料、产品和用于生产联系的净道，以及运送粪便污物、病鸭、死尸的污道。净道和污道决不能混用或交叉，以利卫生防疫。场外的道路决不能与生产区的道路直接相通。场前区与隔离区应分别设有与场外相通的道路。场内道路应不透水，路面断面的坡度一般为1%～3%。道路宽度根据用途和车宽决定，还需考虑回车道、回车半径及转弯半径。

场区排水设施是为排出雨、雪水，以保持场地干燥、卫生。为减少投资，一般可在道路一侧或两侧设明沟，沟壁、沟底可砌砖、石，也可将土夯实做成梯形或三角形断面，再结合绿化护坡，以防塌陷。如果牧场场地本身坡度较大，也可以采取地面自由排水(地下水沟用砖、石砌筑或用水泥管)，但不宜与舍内排水系统的管沟通用，以防泥沙淤塞影响舍内排污及加大污水净化处理负荷，并防止雨季污水池漫溢，污染周围环境。隔离区要有单独的下水道将污水排至场外的污水处理设施。

(4)场区的绿化：鸭场植树、种草绿化，对改善场区小气候、净化空气和水质、降低噪声等有重要意义。因此，在进行鸭场规划时，必须规划出绿化地，其中包括隔离林、行道绿化、遮阳绿化、绿地等。防风林应设在冬季主风的上风向，沿围墙内外设置，最好是落叶树和常绿树搭配，高矮树种搭配，植树密度可稍大些。隔离林主要设在各场区之间及围墙内外，夏季上风向的隔离林应选择树干高、树冠大的乔木，行、株距应稍大些。隔离区的隔离林应按防风林设计。行道绿化是指道路两旁和排水沟边的绿化，起到路面遮阳和排水沟护坡的作用。遮阳绿化一般设于鸭舍南侧和西侧，高大的树阴可使鸭群免受酷暑侵扰，保证鸭群正常生活和生产。

绿地绿化是指鸭场内裸露地面的绿化，可植树、种花、种草，也可种植有饲用价值或经济价值的植物，如果树、牧草、草坪、草皮等，将绿化与鸭场的经济效益结合起来。

2. 小型鸭场区划布置

小型鸭场各区划分与大型鸭场基本一致，只是在布局时，一般将饲养员宿舍、仓库、灶间放在最外侧的一端，将鸭舍放在最里端，以避免外来人员随便出入，也便于饲料、产品等的运输和装卸。

二、科学的饲养管理

(一)把好引种关

预防鸭病，鸭种是根本，选择抗病力强、适应本地条件的优良鸭种是鸭业生产的基本保证。养殖户或饲养场应从种源可靠的无病鸭场引进种蛋或雏鸭。因为有些传染病如鸭副伤寒等是从感染母鸭通过受精蛋或病原体污染的蛋壳传染给新孵出的后代，这些孵出的带菌雏或弱雏在不良环境污染等应激因素影响下，很容易发病或死亡。因此选择无病原的种蛋或雏鸭是提高雏鸭成活率的重要因素。从外地或外场引进青年鸭作为种用时，必须先要了解当地的疫情，在确认无传染病和寄生虫病流行的健康鸭群引种，千万不能将发病场或发病群，或是刚刚病愈的鸭群引入。引进后的鸭先经隔离饲养，不能立即混入健康鸭群，隔离 20 天后，无任何异常方可入群。防止病原体带入鸭场或鸭群。有条件的饲养场或养殖户，最好坚持自繁自养。

(二)搞好隔离

鸭在大规模饲养时，很容易感染各种疫病，必须建立严格的防疫制度，切实做好清洁卫生及疾病防治工作。

1. 禁止人员来往与用具混用

应避免外人进入和参观鸭场，以防止病原微生物交叉感染。同时要做到专人、专舍、专用工具饲养。工作时要穿工作服、鞋，接触鸭前后要洗手消毒，以切断病原传播途径。

2. 严防禽兽窜入鸭舍

严防野兽、飞鸟、鼠、猫、狗等窜入鸭舍，防止惊群、咬伤和传播病菌，尤其要注意定期灭鼠。另外，还应防止昆虫传播疾病。

3. 杜绝市售家禽产品进入场区

住在本场区内的工作人员不得外购任何种类的家禽产品（所需禽产品可由本场供应自产产品），并且各自家中不得饲养任何家禽和鸟类。

4. 设置消毒设施

场门口设消毒间，舍门口设消毒池，无关人员不要进入养殖场（舍）；饲养人员进舍必须更换工作服、工作鞋、工作帽。

5. 及时发现、隔离和淘汰病鸭

饲养人员要经常观察鸭群，及时发现精神不振、行动迟缓、毛乱翅垂、闭眼缩颈、食欲不佳、粪便异常、呼吸困难、咳嗽等症状的病鸭，及时将其隔离或淘汰，并查明原因，迅速对症处理。

(三)满足营养需要

疾病的发生与发展，与鸭群体质强弱有关，而鸭群体质强弱，与鸭的营养状况有着直接的关系。如果不按科学方法配制饲料，鸭缺乏某种或某些必需的营养元素，就会使机体所需的营养失去平衡，新陈代谢失调，从而影响生长发育，体质减弱，易感染各种疾病。另外,有时虽然按科学方法配制了饲料,但由于饲喂和管理方式不科学,也会影响机体的正常代谢功能,使其营养的消化吸收减弱或受阻,导致机体的体质减弱,生长发育受阻。因此,在饲养管理过程中,要根据鸭的品种、大小、强弱不同,分群饲养,按其不同生长阶段的营养需要,供给相应的配合饲料,在做到饲料全价性的同时,采取科学的饲喂方法,以保证鸭体的营养需要。

鸭是水禽,除供给足够的清洁饮水外,要经常注意鸭体的体质锻炼,让鸭下水游泳,增加放牧时间或运动时间,增加鸭的运动量,提高鸭群的健康水平。这样,可以有效地防止多种疾病的发生,特别是防止营养代谢性疾病的发生。

(四)搞好清洁卫生工作

冬季注意保暖,夏季注意通风换气与降温。保持舍内空气新鲜,减少或避免各种有害应激因素。养鸭场传统的饲养方式是雏鸭在育雏舍养 1～2 周,然后每周或每周 2 次将其移往另外的饲养场所,为下批雏鸭腾出圈舍。虽然这种饲养方式在应用场地方面效率较高,但是不利于防止病原的传播。由于多排圈舍地面是脏的,来不及清洗和消毒,一旦某一圈或某个饲养区遭到传染病的污染,则以后批次的小鸭,通过在污染圈舍的饲养,也容易遭到传染。

在两批鸭饲养中间,鸭舍必须进行清洗和消毒。理想的圈舍系统是全进全出,也就是从 1 日龄一直到上市日龄,将鸭饲养在同一鸭舍,当肉用鸭出栏后,将鸭舍清洗消毒,准备进下批雏鸭。

(五)鸭舍环境温、湿度的调控

1. 环境温度的调控

(1)影响舍温的因素

①季节变化:一年四季外界气温的变化幅度很大,外界气温对

普通鸭舍的舍内温度影响最大。在某些地区炎热的夏季，鸭舍内温度常常达到33℃以上，而在寒冷的冬季无供温设施的鸭舍内气温会低于5℃，甚至降到0℃以下。

②鸭舍类型：密闭鸭舍受外界气温的影响小于开放鸭舍。

③隔热设计：鸭舍的朝向，墙体的厚度，屋顶是否设置隔热层对舍温影响较大。

④控温设备：目前已有鸭舍专用降温设备和加热设备。是否安装使用这些设备，对舍内温度的调节效果有明显的影响。

⑤饲养方式：采用垫料地面平养时，垫料经微生物的发酵会产生一定的热量，而网上平养其设施不会产热。

⑥饲养密度：饲养密度高时，单位空间内鸭体散发的热量多，温度相对增高。其他如工作人员的活动、机械设备的运行，也会产生一定的热量。

(2)鸭舍降温措施

①鸭舍屋顶刷白漆或铺白塑料布，舍四周及运动场上种植高大的阔叶乔木遮阳，是减弱太阳辐射、降低舍温的有效方法。鸭舍地面喷水，并加大通风，也可起到降温作用。

②湿帘通风降温是通过提高鸭舍蒸发散热而降温的有效方法。湿帘降温系统由湿帘、水循环系统、低压大流量风机和控制装置等四部分组成。开启风机抽风，室内产生负压，当热空气进入鸭舍时，即通过潮湿、多孔的波纹纸，纸中水分蒸发吸热，使进入鸭舍的热空气温度降低。

试验表明，外界气温在28～38℃，湿帘降温系统可使舍温降低2～8.5℃，而气温在28℃以下，只能降温0～2℃。一般夏季使用湿帘可以使鸭舍内温度保持在30℃以下。此法降温效果好，但要因地制宜，考虑水价、电价对成本的影响。

(3)鸭舍保温措施

①密闭式鸭舍应有暖气设备，开放式鸭舍应生火炉或者设置

暖墙。

②搞好房舍的保温隔热设计，有窗鸭舍可将北边的窗户封严，密闭鸭舍在有害气体不超标的范围内尽量降低通风量，以减少鸭舍的热量散发。

③防止冷风吹袭鸭体。鸭舍的冷风来自门、窗、进气口、风筒、出粪口等处，应堵塞或安装插板防寒。在有运动场的鸭舍，最好在西边设风障，以防止西北风吹袭鸭群。在冬季，要晚放鸭早圈鸭，尽量缩短鸭在户外的时间。

④要防止鸭伏卧潮湿的垫草和饮用冰冻的冷水。鸭舍相对湿度对鸭也有影响，高温、高湿的鸭舍，妨碍鸭体水分散发，体温易上升；低温、高湿的鸭舍，鸭体散热增多，体温易降低。因此，鸭舍相对湿度不宜过高，应保持干燥。

2. 环境相对湿度的调控

鸭对相对湿度的要求一般为 60%～70%。相对湿度与温度共同作用于鸭群，若温度适宜，相对湿度对鸭的影响不大。高温高湿、低温高湿对鸭群的影响比高温低湿、低温低湿要大。高温高湿时，鸭体散热困难，采食减少，饮水增加，活动减少，鸭体难以忍受，严重时会中暑而死；而且，高温高湿还易于微生物滋生，导致鸭群发病。低温高湿时，鸭体散热过多，鸭的采食量增加，饲料消耗增多。

在实际生产中，高温高湿的环境可通过通风来减轻对鸭的影响，低温高湿的环境不能用通风方法简单处理。在干燥地区或少雨季节，通风换气的排湿作用较大，但在雨季大气中水汽含量高时，通风换气起不到或只能起到很少的排湿作用。因此，防止舍内潮湿是一个困难而重要的问题，必须采用综合措施加以解决。建造鸭舍时选好位置，尽量建在地势高燥、排水良好的地方；鸭舍建材应保温防潮，待充分干燥后方可使用；梅雨季节、寒冷季节应尽量减少用水，及时清扫粪便，勤换干燥垫草，经常保持舍内通风良好。

(六)有害气体的控制

1. 鸭舍中有害气体的种类及危害

鸭舍中有害气体主要有氨气、硫化氢、二氧化碳、一氧化碳和甲烷等，这些有害气体给鸭的健康和生产性能造成了严重的危害。

(1)氨气：氨气本身无色，有刺激性辣味，它是各种有机物(粪、尿、垫草、饲料等)的分解物，尤其当舍内潮湿、通风不良时，氨气含量会大大增加。氨气常常吸附于家禽黏膜、结膜上，即使是低浓度的氨气，也对黏膜有刺激作用，从而引起结膜和上呼吸道黏膜充血、水肿、分泌物增多，甚至发生喉头水肿、坏死性支气管炎、肺出血等。鸭对氨气特别敏感，鸭舍中氨气的最高浓度不能高于 20×10^{-6}。

(2)硫化氢：硫化氢是一种无色易挥发带有臭鸭蛋味易溶于水的气体，鸭舍空气中的硫化氢主要来源于粪便、饲料残渣、破蛋等含硫有机物的厌氧分解。当鸭采食蛋白质饲料且发生消化障碍时，可由肠道排出大量硫化氢。硫化氢比重大，所以越接近地面浓度越高。鸭舍中硫化氢的含量不宜超过 6.6×10^{-6}，其强烈的刺激作用可引起眼炎、呼吸道炎症，病鸭畏光流泪容易发生鼻炎、气管炎。

(3)二氧化碳：二氧化碳无色、无味、略带酸味，鸭舍中的二氧化碳主要是由鸭呼吸而来。二氧化碳本身无毒，它的主要危害是造成缺氧，引起鸭体质下降、增重迟缓、生产力下降。鸭舍中二氧化碳的浓度不宜超过 1500×10^{-6}(0.15%)。

(4)一氧化碳：一氧化碳是一种无色、无味、无臭的气体，难溶于水。冬季在密闭式鸭舍，主要是由于育雏舍内生火取暖，出现堵塞、漏烟，而此时门窗紧闭，通风不良，一氧化碳含量会急剧上升，它会造成肌体组织缺氧。中毒鸭轻者呼吸困难，全身无力，步态不稳；重者肢体瘫痪，呼吸急促甚至死亡。

2. 有害气体的消除措施

(1)合理设计：日粮按照鸭的营养需要配制全价日粮，避免日粮中营养物质的缺乏或过剩，特别要注意日粮中粗蛋白质水平不应过高，否则会造成供给富余而排出过多的氮。在饲料中添加酶制剂等可提高饲料蛋白质的利用率，使粪便中氮的排泄量减少，从而改善鸭舍内的空气质量，并节约饲料。据试验，在鸭日粮中添加1%～2%的木炭粉，可使粪便干燥，臭味降低；添加2%～5%的沸石粉，可减少粪便含水量及臭味，并有利于提高饲料利用率。

(2)搞好通风换气：冬季既要注意防寒保温，又要适当通风换气。用燃煤进行保温育雏时，切忌长时间紧闭门窗，以防止通风不良。加温炉必须有通向室外的排烟管，使用时检查排烟管是否连接紧密和畅通。用甲醛熏蒸消毒鸭舍时，要严格掌握剂量和时间，熏蒸结束后及时换气，待刺激性气味减轻后再转入鸭群。

(3)控制鸭舍的湿度：舍内湿度过大时，可定时开窗使空气流通，或在地面放些大块的生石灰吸收空气中水分，待石灰潮湿后立即清除，也可用煤渣作垫料，吸附舍内有毒有害气体。

(4)净化鸭舍环境

①吸附法：利用木炭、活性炭、煤渣和生石灰等具有吸附作用的物质吸附空气中的臭气。方法是用将木炭装入网袋悬挂在鸭舍内或在地面上适当撒一些活性炭、煤渣、生石灰等。

②垫料除臭法：每平方米地面用0.5千克硫磺拌入垫料铺垫地面，可抑制粪便中氨气的产生和散发，降低鸭舍空气中氨气含量，减少臭味。

③生物除臭法：研究发现，很多有益菌(如EM菌)可以提高

饲料蛋白质利用率,减少粪便中氨的排量,可以抑制细菌产生有害气体,降低空气中有害气体含量。

④化学除臭法:在鸭舍内地面上撒一层过磷酸钙,可减少粪便中氨气散发,降低鸭舍臭味。具体方法是按每50只鸭活动地面均匀撒上过磷酸钙350克。另外,将4%的硫酸铜和适量熟石灰混在垫料中,也降低鸭舍空气臭味。

⑤中草药除臭法:将艾叶、苍术、大青叶、大蒜等按等份适量放在鸭舍内燃烧,既可抑制细菌,又能除臭,在空舍时使用效果最好。

(七)粉尘的控制

鸭场和鸭舍中尘埃,一部分来自舍外或场外的空气环境,另一部分是在饲养管理过程中产生的。舍内的一些饲养管理和生产过程如清扫地面、翻动垫料、分发饲料、鸭的活动、鸣叫、采食等都会引起空气中的尘埃数量增多。鸭舍空气中的尘埃大多是有机性的。尘埃落在皮肤上,可与皮脂腺分泌物以及细毛、皮屑、微生物混合在一起,黏结在皮肤上,使皮肤发痒,甚至发炎;同时还能堵塞皮脂腺的出口影响皮脂腺分泌,进而使表皮干燥,易遭损伤和破裂;大量的尘埃可被鸭吸入呼吸道内。被阻塞在鼻腔内的尘埃可刺激鼻黏膜,如果尘埃夹带病原微生物还可使鸭感染。进入气管或支气管内的尘埃可使鸭发生气管炎或支气管炎。尘埃多具有较强的吸附性,可吸附各种有害气体如氨或硫化氢,并将这些有害气体一并带入呼吸道内,使呼吸道受到更大的损伤。一般认为鸭舍中尘埃的最高限定浓度应不超过8毫克/平方米。

粉尘控制措施,除合理调节舍内气流速度外,还包括以下方面:

(1)搞好场区绿化:包括道路两侧、禽舍周围,应将种草、植树等结合起来,减少裸地。

(2)清扫地面之前应适量洒水。

(3)使用粉状料时,原料粉碎不宜太细,加料速度也不宜太快。

(4)保持适宜的饲养密度。

(5)搞好垫料管理,如保持垫料适宜的湿度,减少垫料中的粉尘。

(八)噪声的控制

随着现代工业的发展,噪声对环境的污染已成为人们普遍关注的问题。鸭场和鸭舍既可受到外界环境噪声的影响,也会因养鸭生产集约化、工业化程度的不断提高产生许多噪声污染自身、污染环境。

噪声,若根据其声学性状来定义,不同频率和不同强度的声音无规律地混合在一起,听起来使人有嘈杂感觉的声音就是噪声;若从生理学观点来讲,凡是使人讨厌的、烦躁的和不需要的声音都称为噪声。

鸭场和鸭舍内噪声一般有三个来源:一是由外界传入,如飞机的轰鸣声、火车的汽笛声、汽车的喇叭声、雷鸣、鞭炮声等;二是场内和舍内的机械声,如风机、真空泵、除粪机、饲料粉碎机、喂料机以及饲养管理工具的碰撞声;三是鸭体自身产生,鸭有较强的警觉性和自卫行为,叫声响亮。鸭舍内噪声强度取决于季节、通风系统及其工作制度、饲养密度及日龄、人们在鸭舍旁的各种工作、鸭舍的布局情况等。据观测,鸭舍中的噪声夏季高于冬季,这是因为天气炎热需要通风系统以中速或高速运转,夏季为了通风而门窗洞开,使得大量外界噪声毫无阻拦地传入舍内。

鸭的听觉虽然不如哺乳动物,但鸭的视力发达,且性急胆小,看到异物或听到突如其来的噪声就会惊恐不安,乱叫乱跑,导致互相挤压。生产实践中也有许多实例表明,突发性的高噪声(如突发的鞭炮爆炸声)甚至因某只鸭无意间弄翻食盆发出声响,其他鸭也会异常惊慌,迅速站起惊叫并拥挤在一起。严重时会影响采食和饮水行为，生产性能随之下降。所以，应尽可能保持鸭舍的安静，避免惊群的发生。世界上各国对各种地区的噪声如居民区、工业区或以工业区为主的居民区等都有严格的限定，对鸭舍内噪声的允许强度一般限定在 90 分贝以内。

有报道认为，对鸭群播放音乐可使鸭表现安静，并有利于生产性能的提高。

(九)定期驱虫

对鸭实施有计划地定期驱虫，是预防和控制鸭寄生虫病的一项有效措施，对于促进鸭群正常生长发育，保障鸭体健康具有重要的意义。

1. 鸭体驱虫

应用药物或其他方法将鸭体内(或体表)的寄生虫驱除或杀灭，是饲养场和农村专业饲养户在生产实践中常用的有效方法。驱虫对于已发病的鸭具有治疗作用，对感染而未发病的鸭可以起着预防作用。

鸭体内的寄生虫包括绦虫、吸虫、线虫在内的寄生蠕虫和包括球虫、住白细胞虫等在内的寄生原虫。不同种类的寄生虫应选用相应的驱虫药物，通常选用高效低毒的驱虫药。如鸭的矛形剑带绦虫和鸭的前殖吸虫，常选用丙硫苯咪唑的吡喹酮。鸭群驱虫宜早不宜迟，要在鸭出现症状前驱虫，对于寄生蠕虫，正常情况下，放牧鸭群宜 2 个月驱一次虫。

一些寄生虫病具有明显的季节性，这与寄生虫发育到感染期所需的气候条件、中间宿主或传播媒介的活动有关。因此各类寄生虫的驱虫时间应根据其传播规律和流行季节来确定，通常在发病季节前对鸭群进行预防性驱虫，如鸭肠道球虫病，发病季节与气温和湿度密切相关，其流动季节为 4～10 月份，其中以 5～8 月份发病率最高，在这个时期饲养雏鸭尤其要注意球虫病的预防。又如鸭裂口线虫病，据临床观察发病季节为5～10月份，由于随粪便排出的虫卵在23℃及适当的湿度下几天内就发育成感染性幼虫，若雏鸭吞食受感染性幼虫污染的食物、水草或水时即遭受感染，因此，在温暖多雨潮湿的季节里特别要加强此类寄生虫病的预防。

鸭体表的寄生虫寄生在鸭的皮肤和羽毛上，包括永久性寄生的羽虱、羽螨和暂时性寄生的蚊、蝇、库蠓、蚋等。驱杀鸭体外寄生虫，常用胺菊酯、溴氢菊酯或敌百虫溶液等驱虫剂对鸭群体表进行喷雾，这对于永久性寄生的羽螨、羽虱可将其杀灭；而对于暂时性寄生的蚊、蝇、蠓、蚋等，由于它们白天栖息在鸭舍（棚）的角落里或鸭舍（棚）外面的草丛中，因此除了用驱虫剂对鸭体表喷雾，还应对鸭舍（棚）周围的环境进行喷雾驱杀。但值得提醒的是在配制驱虫药时，应注意药物的浓度，以避免发生鸭体中毒。

2. 杀灭外界环境的寄生虫

除了驱杀鸭体内外的寄生虫，杀灭外界环境的寄生虫，尤其是粪便中的寄生虫也是预防寄生虫病的十分重要的措施。许多寄生虫的虫卵、幼虫、卵囊等病原体随鸭粪排出体外，污染环境，也会引起寄生虫病在鸭群中的传播和重复感染。因此鸭舍（棚）内清除的粪便必须放置在远离饲养场和水源的地方堆积发酵，进行无害化处理，利用生物热杀死寄生虫卵、卵囊和幼虫，以防止粪便中的病原体污染环境和引起重复感染。

3. 消灭中间宿主

有些寄生虫如绦虫、吸虫等寄生蠕虫的传播，需要无脊椎动物中间宿主参与，临床常见的如鸭矛形剑带绦虫病的发生就与鸭在吞食水草的同时吞食了生活在水中的中间宿主（剑水蚤）有关，其发病季节在4～10月份，而在寒冷季节，剑水蚤停止繁殖或死亡，这类寄生虫病就明显减少。鸭前殖吸虫的传播与鸭采食水草时，吞食了中间宿主(蜻蜓幼虫)有关。因此消灭中间宿主也是预防某些寄生虫病必不可少的措施之一。消灭中间宿主常采用冬春季节干塘的方式或者在有中间宿主并遭受病原体污染的水沟、稻田等处撒布石灰等以杀死中间宿主和幼虫,中断它们的生活史,达到从根本上预防某些寄生虫病。

(十)粪便的控制处理

鸭粪既可以制成优质肥料和饲料,还可作为能源加以利用,变废为宝。鸭粪是由饲料中未被消化吸收的部分以及体内代谢废物,与消化道黏膜脱落物和分泌物,肠道微生物及其分解产物等共同组成的。在实际生产中收集到的鸭粪中还含有在喂料及鸭采食时洒落的饲料、脱落的羽毛、破蛋等,其中的有机物含量非常高,作为有机肥料使用价值也很高。在采用地面垫料平养时,收集到的则是鸭粪与垫料的混合物。

1. 用作生产沼气的原料

鸭粪作为能源最常用的方法就是制作沼气。沼气是在厌氧环境中,有机物质在特殊的微生物作用下生成的混合气体,其主要成分是甲烷,占60%～70%。沼气可用于鸭舍采暖和照明、职工做饭、供暖等,是一种优质生物能源。

2. 用作水产养殖的饲料

鸭粪是养鱼好饲料。如养200只鸭就可以供应2000～2500平方米鱼塘所需的肥料和饲料。实行水面养鸭,水下养鱼,鱼鸭结合,可达到鱼鸭都增收的目的。这是鸭粪再利用中最简便有效的出路之一。

3. 用作肥料

鸭粪中主要植物养分富含氮、磷、钾等主要营养成分。鸭粪中其他一些重要微量元素的含量亦很丰富，作肥料也是世界各国传统上最常用的办法。在当今人们对绿色食品及有机食品的需求日益高涨的情况下，畜禽粪便将再度受到重视，成为宝贵的资源。

畜禽粪便在作肥料时，有未加任何处理就直接施用的，也有先经某种处理再施用的。前者节省设备、能源、劳力和成本，但易污染环境、传播病虫害，可能危害农作物且肥效差；后者反之。根据处理方法的不同可分物理学处理、生物学处理和化学处理三类。

(1)物理处理：该方法是比较简单的处理方法，主要是对鸭粪进行脱水干燥处理。新鲜鸭粪的主要成分是水，通过脱水干燥处理使其含水量降到15%以下。这样，一方面减少了鸭粪的体积和重量，便于包装运输；另一方面，可以有效地抑制鸭粪中微生物的活动，减少营养成分(特别是蛋白质)的损失。脱水干燥处理的主要方法有高温快速干燥、太阳能自然干燥以及鸭舍内干燥等。

①高温快速干燥：采用以回转圆筒烘干炉为代表的高温快速干燥设备，可在短时间(10分钟左右)将含水率达70%的湿鸭粪迅速干燥至含水仅10%～15%的鸭粪加工品，采用的烘干温度依机器类型不同有所区别。在加热干燥过程中，还可做到彻底杀灭病原体，消除臭味。烘干设备的附属设备有除尘器，有的还有除臭设备。热空气从供平炉中出来后，经密闭管道进入除尘器，清除空气中夹杂的粉尘。然后，气体被送至二次燃烧炉，在500～550℃高温下作处理，最后才能把符合环保要求的气体排入大气中。

②太阳能自然干燥处理：这种处理方法采用塑料大棚中形成的“温室效应”，充分利用太阳能来对鸭粪作干燥处理。专用的塑料大棚长度可达60～90米，内有混凝土槽，两侧为导轨，在导轨上安装有搅拌装置。湿鸭粪装入混凝土槽，搅拌装置沿着导轨在大棚内反复行走，并通过搅拌板的正反向转动来捣碎、翻动和推送鸭粪。利用大棚内积蓄的太阳能使鸭类中的水分蒸发出来，并通过强制通风排除大棚内的湿气，从而达到干燥鸭粪的目的。在夏季，

只需要约 1 周的时间即可把鸭粪的含水量降到 10%左右。

在利用太阳能作自然干燥时，有的采用一次干燥的工艺，也有的采用发酵处理后再干燥的工艺。在后一种工艺中，发酵和干燥分别在两个大槽中进行。鸭粪从鸭舍铲出后，直接送到发酵槽中。发酵槽上装有搅拌机，定期来回搅拌，每次能把鸭粪向前推进 2 米。经过 20 天左右，将发酵的鸭粪转到干燥槽中，通过频繁的搅拌和粉碎，将鸭粪干燥，最终可获得经过发酵处理的干鸭粪产品。这种产品用作肥料时，肥效比未经发酵的干燥鸭粪要好，使用时也不易发生问题。这种处理方法可以充分利用自然能源，设备投资较少，运行成本也低。但是，此法受自然气候的影响大，在低温、高湿的季节或地区，生产效率较低；而且处理周期过长，鸭粪中营养成分损失较多，处理设施占地面积较大。

③鸭舍内鸭粪干燥处理：方法的核心就是直接将气流引向传送带上的鸭粪，使鸭粪在产出后得以迅速干燥。这种方法也可把鸭粪的含水率降至 35%～40%，必须同其他干燥方法结合起来，才能生产出能长期保存的优质干燥鸭粪。

(2)生物学处理：鸭粪的生物学处理就是利用各种微生物的生命活动来分解鸭粪中的有机成分的方法。微生物处理主要是发酵处理，在发酵过程中形成的特殊理化环境也可基本杀灭鸭粪中的病原体。

①在水泥地或铺有塑料膜的泥地上将鸭粪堆成长条状，高不超过 1.5～2 米，宽度控制在 1.5～3 米，长度视场地大小和粪便多少而定。

②先较为疏松地堆一层，待堆温达 60～70℃，保持 3～5 天，或待堆温自然稍降后，将粪堆压实，在上面再疏松地堆加新鲜鸭粪一层，如此层层堆积至 1.5～2 米为止，用泥浆或塑料薄膜密封。

③为保持堆肥质量，若含水率超过 75%最好中途翻堆；若含水率低于 65%最好泼点水。

④密封后经 2～3 个月(热季)或 2～6 个月(冷季)才能启用。

⑤为了使肥堆中有足够的氧,可在肥堆中竖插或横插若干通气管。经济发达国家采用堆肥法时,常用堆肥舍、堆肥槽、堆肥塔、堆肥盘等设施,优点是腐熟快、臭气少并可连续生产。当然也需要配备特定的搅拌和通气装置,成本相应提高。

(3)化学处理:即在鸭粪中按比例加入化学物质,常用的化学物质有福尔马林、丙酸、乙酸、氢氧化钠、过磷酸钙、磷酸、尿素-甲醛聚合物等。化学处理法可使鸭粪中的养分损失明显减少,而消化系数明显提高(提高最明显的是碳水化合物、半纤维素和细胞壁),增加动物对粪便饲料的进食量。化学处理杀灭鸭粪中病原体极为有效。

4. 用作培养料

这是一种间接作饲料的方法。与畜禽粪便直接用作饲料相比,其饲用安全性较强,营养价值较高,但手续和设备复杂一些。作培养料有多种形式,如培养单细胞、培养蝇蛆、培养藻类、食用菌培养料、养蚯蚓和养虫等,为畜禽饲养业和水产养殖业提供了优质蛋白质饲料。

(十一)污水的控制处理

养鸭场所排放的污水,主要来自清粪和冲洗鸭舍后的排放粪水,及屠宰加工厂和孵化厂等冲洗排放的污水。屠宰加工厂也是个用水和排放污水的大户,其排放污水主要来自血液、羽毛和内脏的处理用水,冲洗地面和设备所排放的污水。污水中含有大量的血液、羽毛、油脂、碎肉、未消化过的饲料和粪便等。

1. 污水的物理处理法

主要利用物理作用,将污水中的有机物、悬浮物、油类及其他固体物质分离出来。

(1)过滤法:过滤主要是污水通过具有孔隙的过滤装置以达到使污水变得澄清的过程。这是鸭场污水处理工艺流程中必不可少的部分。常用的简单设备有格栅或网筛。鸭场过滤污水采用的格栅由一组平行钢条组成,略斜放于污水通过的渠道中,用以清除粗大漂浮和悬浮物质,如饲料袋、塑料袋、羽毛、垫草等,以免堵塞后续设备的孔洞、闸门和管道。

(2)沉淀法:利用污水中部分悬浮固体密度大于水的原理使其在重力作用下自然下沉并与污水分离的方法,这是污水处理中应用最广的方法之一。沉淀法可用于在沉沙池中去除无机杂粒;在一次沉淀池中去除有机悬浮物和其他固体物;在二次沉淀池中去除生物处理产生的生物污泥;在化学絮凝法后去除絮凝体;在污泥浓缩池中分离污泥中的水分,使污泥得到浓缩。

(3)固液分离法:这是将污水中的固性物与液体分离的方法。可以使用固液分离机。目前常见的分离机有旋转筛压榨分离机和带压轮刷筛式分离机,其他的还有离心机、挤压式分离机等。

2. 污水的化学处理法

利用化学反应的作用使污水中的污染物质发生化学变化而改变其性质,最后将其除去。

(1)絮凝沉淀法:这是污水处理的一种重要方法。污水中含有的胶体物质、细微悬浮物质和乳化油等,可以采用该法进行处理。常用的絮凝剂有无机的明矾、硫酸铝、三氯化铁、硫酸亚铁等,有机高分子絮凝剂有十二烷基苯磺酸钠、羧甲基纤维素钠、聚丙烯酰胺、水溶性脲醛树脂等。在使用这些絮凝剂时还常用一些助凝剂,如无机酸或碱、漂白粉、膨润土、酸性白土、活性硅酸和高岭土等。

(2)化学消毒法:鸭场的污水中含有多种微生物和寄生虫卵,若鸭群暴发传染病时,所排放的污水中就可能含有病原微生物。因此,采用化学消毒的方式来处理污水就十分必要。经过物理、生物法处理后的污水再进行加药消毒，可以用作冲洗圈栏及一些用具，节约了鸭场的用水量。目前用于污水消毒的消毒剂有液氯、次氯酸、臭氧和紫外线等，以氯化消毒法最为方便有效，经济实用。

3. 污水的生物处理法

生物处理法原理是利用微生物的代谢作用分解污水中的有机物而达到净化的目的。

(1)氧化塘：氧化塘是将自然净化与人工措施结合起来的污水生物处理技术。主要是利用塘内细菌和藻类共生的作用处理污水中的有机污染物。污水中的有机物由细菌进行分解，而由细菌赖以生长、繁殖所需的氧，则由藻类通过光合作用来提供。根据氧化塘内溶解氧的主要来源和在净化作用中起主要作用的微生物种类，可分为好氧塘、厌氧塘、兼性塘和曝气塘 4 种。氧化塘可利用旧河道、河滩、无农用价值的荒地、鸭场防疫沟等，基建投资少。氧化塘运行管理简单、费用低、耗能少，可以进行综合利用，如养殖水生动植物，形成多级食物网的复合生态系统。但氧化塘占地面积较大处理效果受气候的影响，如越冬问题和春、秋翻塘问题等。如果设计、运行或管理不当，可能形成二次污染，如污染地下水或产生臭气。因此氧化塘的面积与污水的水质、流量和塘的表面负荷等有关，须经计算确定。

(2)活性污泥法：由无数细菌、真菌、原生动物和其他微生物与吸附的有机及无机物组成的絮凝体称为活性污泥，其表面有一层多糖类的黏质层。活性污泥有巨大的表面能，对污水中悬浮态和胶态的有机颗粒有强烈的吸附和絮凝能力，在有氧气存在的情况下，其中的微生物可对有机物发生强烈的氧化分解作用。利用活性污泥来处理污水中的有机污染物的方法称为活性污泥法。该法的基本构筑物有生物反应池(曝气池)、二次沉淀池、污泥回流系统及空气扩散系统。

(3)厌氧生物处理法:厌氧生物处理法相当于沼气发酵。根据消化池运行方式的不同,可分为传统消化池和高速消化池。传统消化池投资少、设备简单,但消化速率较低,消化时间长,易受气温的影响,污水须在池内停留 30～90 天,多为南方小规模畜禽场和养殖专业户采用。高速消化池设有加热和搅拌装置,运行较为稳定,在中温(30～35℃)条件下,一般消化期约 15 天左右,常被大型畜禽场广泛采用。近年来根据沼气发酵的基本原理,发展出一种填充介质沼气池,如上流式厌氧污泥床、厌氧过滤器等。其特点是加入了介质,有利于池中微生物附着其上,形成菌膜或菌胶团,从而使池内保留有较多的微生物量,并能与污水充分接触,可提高有机物的消化分解效率。

(十二)鼠和蚊、蝇的控制

1. 灭鼠

鼠是人、畜多种传染病的传播媒介,鼠还盗食饲料和咬死雏鸭,咬坏物品,污染饲料和饮水,危害极大,因此鸭场必须做好灭鼠工作。

(1)防止鼠类进入建筑物:鼠类多从墙基、天棚、瓦顶等处窜入室内,在设计施工时注意墙基最好用水泥制成,碎石和砖砌的墙基,应用灰浆抹缝。墙面应平直光滑,防鼠沿粗糙墙面攀登。砌缝不严的空心墙体,易使鼠隐匿营巢,要填补抹平。为防止鼠类爬上屋顶,可将墙角处做成圆弧形。墙体上部与大棚衔接处应砌实,不留空隙。用砖、石铺设的地面,应衔接紧密并用水泥灰浆填缝。各种管道周围要用水泥填平。通气孔、地脚窗、排水沟(粪尿沟)出口均应安装孔径小于 1 厘米的铁丝网,以防鼠类窜入。

(2)器械灭鼠:器械灭鼠方法简单易行,效果可靠,对人、畜无害。灭鼠器械种类繁多,主要有夹、关、压、卡、翻、扣、淹、黏等。近年来还采用电灭鼠和超声波灭鼠等方法。

(3)化学灭鼠:化学灭鼠效率高、使用方便、成本低、见效快,缺点是能引起人、畜中毒,有些鼠对药剂有选择性、拒食性和耐药性。所以,使用时需选好药剂和注意使用方法,以保证安全有效。灭鼠药剂种类很多,主要有灭鼠剂、熏蒸剂、烟剂、化学绝育剂等。鸭场的鼠类以孵化室、饲料库、鸭舍最多,是灭鼠的重点场所。饲料库可用熏蒸剂毒杀。养殖场所投放毒饵时,机械化养鸭场因实行笼养,只要防止毒饵混入饲料中即可。在采用全进全出制的生产程序时,可结合舍内消毒时一并进行。鼠尸应及时清理,以防被畜误食而发生二次中毒。选用鼠长期吃惯了的食物作饵料,突然投放,饵料充足,分布广泛,以保证灭鼠的效果。

2. 灭蚊、蝇

鸭场易滋生蚊、蝇等有害昆虫,骚扰人、畜和传播疾病,给人、禽健康带来危害,应采取综合措施杀灭。

(1)环境卫生:搞好鸭场环境卫生,保持环境清洁、干燥,是杀灭蚊蝇的基本措施。蚊虫需在水中产卵、孵化和发育,蝇蛆也需在潮湿的环境及粪便等废弃物中生长。因此,应填平无用的污水池、土坑、水沟和洼地。保持排水系统畅通,对阴沟、沟渠等定期疏通,勿使污水储积。对贮水池等容器加盖,以防蚊蝇飞入产卵。对不能清除或加盖的防火贮水器,在蚊蝇滋生季节,应定期换水。永久性水体(如鱼塘、池塘等),蚊虫多滋生在水浅而有植被的边缘区域,修整边岸,加大坡度和填充浅塘,能有效地防止蚊虫滋生。鸭舍内的粪便应定时清除,并及时处理,贮粪池应加盖并保持四周环境的清洁。

(2)化学杀灭:化学杀灭是使用天然或合成的毒物,以不同的剂型(粉剂、乳剂、油剂、水悬剂、颗粒剂、缓释剂等),通过不同途径(胃毒、触杀、熏杀、内吸等),毒杀或驱逐蚊蝇。化学杀虫法具有使用方便、见效快等优点，是当前杀灭蚊蝇的较好方法。

①马拉硫磷：为有机磷杀虫剂，它是世界卫生组织推荐用的室内滞留喷洒杀虫剂，其杀虫作用强而快，具有胃毒、触毒作用，也可作熏杀，杀虫范围广，可杀灭蚊、蝇、蛆、虱等，对人、畜的毒害小，故适于畜禽舍内使用。

②敌敌畏：为有机磷杀虫剂，具有胃毒、触毒和熏杀作用，杀虫范围广，可杀灭蚊、蝇等多种害虫，杀虫效果好。但对人、畜有较大毒害，易被皮肤吸收而中毒，故在畜舍内使用时，应特别注意安全。

③合成拟菊酯：是一种神经毒药剂，可使蚊蝇等迅速呈现神经麻痹而死亡。杀虫力强，特别是对蚊的毒效比敌敌畏、马拉硫磷等高 10 倍以上，对蝇类，因不产生抗药性，故可长期使用。

(十三)垫料处理

工厂化鸭生产过程中，肉用仔鸭、育肥鸭和种鸭常采用地面平养，育雏也常在地面进行，这些过程中常需使用垫料。鸭场所用垫料多为垄糠、锯木屑、稻草或其他秸秆。一般使用的规律是冬季多垫，夏季少垫或不垫；阴雨天多垫，晴天少垫。按肉用仔鸭地面平养(厚垫法)需 70 天计算，每只鸭约需稻草 1.5～2 千克。一个生产周期结束后，清除的垫料实际上是鸭粪与垫料的混合物。对这种混合物的处理有几种方法：

1. 窖贮或堆贮

肉用仔鸭粪和垫料的混合物可以单独地“青贮”。为了使发酵作用良好，混合物的含水量应调至 40%。混合物在堆贮的第 4～8 天，堆温达到最高峰，(可杀死多种致病菌)，保持若干天后，堆温逐渐下降与气温平衡。经过窖贮或堆贮后的鸭粪与垫料混合物可以饲喂牛、羊等反刍动物。

2. 直接燃烧

在采用垫草平养时，由于清粪间隔较长，只要舍内通风良好且饮水器不漏水，那么收集到的鸭粪垫料都比较干燥。如果鸭粪垫料混合物的含水率在 30%以下，就可以直接用作燃料来供热。据估算，一个较大型的鸭场，如能合理充分地利用本场生产的鸭粪垫料混合物作燃料，基本上就能满足本场的热能需要。当然，鸭粪垫料混合物的直接燃烧需要专门的燃烧装置，因此事先需要一定的投资。如果鸭场暴发某种传染病，此时的垫料必须用焚烧法进行处理。

3. 生产沼气

使用粪便垫料混合物作沼气原料，由于其中已含有较多的垫草(主要是一些植物组织)，碳氮比较为合适，作为沼气原料使用起来十分方便。

4. 直接还田用作肥料

锯木屑、稻草或其他秸秆在使用前是碎料者可直接还田。

(十四)鸭尸体的处理

在鸭生长过程中，由于各种原因使鸭死亡的情况时有发生。在正常情况下，鸭的死亡率每月为 1%～2%。如果鸭群暴发某种传染病，则死鸭数会成倍增加。这些死鸭若不加处理或处理不当，尸体能很快分解腐败，散发臭气。特别应该注意的是患传染病死亡的鸭，其病原微生物会污染大气、水源和土壤，造成疾病的传播与蔓延。因此，必须正确而及时地处理死鸭。

1. 高温处理法

将鸭尸放入特设的高温锅(5 个大气压、150℃)内熬煮，达到彻底消毒的目的。鸭场也可用普通大锅，经 100℃的高温熬煮处理。此法可保留一部分有价值的产品,使死鸭饲料化,但要注意熬煮的温度和时间必须达到消毒的要求。

2. 土埋法

这是利用土壤的自净作用使死鸭无害化。此法虽简单但并不理想,因其无害化过程很缓慢,某些病原微生物能长期生存,条件掌握不好就会污染土壤和地下水,造成二次污染,因此对土质的要求是决不能选用砂质土。采用土埋法,必须遵守卫生防疫要求,即尸坑应远离畜禽场、畜禽舍、居民点和水源,地势要高燥;掩埋深度不小于 2 米;必要时尸坑内四周应用水泥板等不透水材料砌严;鸭尸四周应洒上消毒药剂;尸坑四周最好设栅栏并做上标记。较大的尸坑盖板上还可预留几个孔道,套上 PVC 管,以便不断向坑内投放鸭尸。

3. 堆肥法

鸭尸因体积较小,可以与粪便的堆肥处理同时进行。这是一种需氧性堆肥法。死鸭与鸭粪进行混合堆肥处理时,一般按 1 份(重量)死鸭配 2 份鸭粪和 0.1 份秸秆的比例较为合适。这些成分要按一定规律分层码放。在发酵室的水泥地面上,先铺上 30 厘米厚的鸭粪,然后加上一层厚约 20 厘米厚的秸秆,然后再按死鸭、鸭粪、秸秆的规律逐层堆放,死鸭层还要加适量的水,最后要在顶部加上双层鸭粪。堆肥前,有时还要把鸭尸再分成小块,以便在堆制过程中更加彻底地得到分解。需要注意的是,因患传染病死亡的鸭尸一般不用此法处理,以保证防疫上的安全。

三、消毒控制

消毒就是用化学或物理的方法杀灭鸭舍、运动场、用具、饲槽、饮水、排泄物和分泌物等中的病原微生物。它是预防疫病发生、阻止疫病继续蔓延的主要手段，是一项极其重要的防疫措施。

(一)消毒的种类

消毒分疫源地消毒和预防性消毒两种。

1. 预防性消毒

预防性消毒是指尚未发生动物疫病时，结合日常饲养管理对可能受到的病原微生物或其他有害微生物污染的场舍、用具、场地、人员和饮水等进行的消毒。

2. 疫源地消毒

疫源地消毒是指对存在着或曾经存在着传染病传染源的场舍、用具、场地和饮水等进行消毒。目的是杀灭或清除传染源。疫源地消毒又分为随时消毒和终末消毒两种。随时消毒是指当疫源地内有传染源存在时进行的消毒，如对患传染病的禽舍、用具等每日随时进行的消毒；终末消毒是指传染源离开疫源地后对疫源地进行的最后一次消毒，如患烈性传染病畜禽死亡后对其场舍、用具等所进行的消毒。

(二)常用消毒方法

养殖场常用的消毒方法包括物理消毒、化学消毒和生物消毒法。

1. 物理消毒法

物理消毒法是指使用物理因素杀灭或清除病原微生物及其他有害微生物的方法。常用的物理消毒法有自然净化、机械除菌、热力灭菌、辐射灭菌、超声波消毒及微波消毒等方法。如采用高温、阳光、紫外线等方法消灭病原体，注射器具、工作服等常用高温蒸煮消毒，垫器、饲养用具、设备则在阳光下暴晒消毒。在常用的物理消毒法中火焰消毒器消毒彻底，使用安全、灵活、便捷、经济，是养殖专业户首选的经济、实用型消毒器械。但使用火焰消毒必须注意以下几个问题。

①喷灯接头与液化气瓶出口要连接好；

②使用前和使用后要检查喷灯开关是否关紧；

③点火前，打开液化气瓶总阀，然后边逐渐打开喷灯开关，边点燃；火焰的强弱由喷灯开关自由调节，温度在800～1200℃；

④使用后，必须先将液化气瓶总阀关掉，再关紧喷灯开关；

⑤使用时严禁朝液化气瓶喷火；喷灯应离液化气瓶3米以外使用；

⑥在点火前，必须检查是否有漏气现象，发现若有漏气现象严禁使用。

2. 化学消毒法

化学消毒法是指使用化学消毒剂进行消毒的方法。理想的化学消毒剂应具备的条件是：杀菌谱广，有效浓度低；作用速度快，性质稳定；易溶于水，可在低温下使用；不易受有机物、酸碱及其他物理、化学因素的影响，对物品无腐蚀性；无色、无味、无臭，消毒后易于除去残留药物；毒性低，不易燃烧爆炸；使用无危险性；价格低廉；便于运输，可以大量供应。

(1)化学消毒剂的种类：消毒剂的种类繁多，选购消毒剂时要根据场内不同的消毒对象、消毒环境条件等，有针对性地选购经兽药监察部门批准生产的消毒剂，或是选购经当地畜牧兽医主管部门推荐的适宜本地使用的消毒剂。但消毒剂品种的选择不是越多越好，应有针对性。考虑到消毒剂还会产生抗药性，如果养殖场要交替使用消毒剂，最好选择消毒药品种不超过三个。

选购消毒剂时要检查其标签和说明书，看是否是合格产品，是否在有效使用期内；要选用价格低、易溶于水、无残毒、对被消毒物无损伤、在空气中较稳定、使用方便、对要预防和扑灭的疫病有广谱、快速、高效消毒作用的消毒剂品种；注意不要经常性的选择单一品种的消毒剂，以防病原体产生耐药性，应定期及时更换使用过的消毒剂，以保证良好的消毒效果。

①含氯消毒剂：含氯消毒剂在水中形成次氯酸，有很强的氧化作用和氯化作用，使细菌蛋白质及某些关键的酶系统被损坏而死亡。所产生的次氯酸浓度愈高，则杀菌作用愈强。pH 值偏酸性时，杀菌作用加强；杀菌力与有效氯的浓度和温度成正比，与有机物浓度成反比；氯溶液中含有少量的碘或溴，能加强其杀菌力。本类消毒剂对细菌和病毒具有强大的杀灭作用，高浓度时可杀死芽孢。本类消毒剂对金属设施及用具有一定的腐蚀性，低浓度时可用于饮水消毒和带禽消毒。

漂白粉（含氯石灰）：为白色粉末，含有效氯 25%～30%。具有较强的消毒杀菌能力，能杀死细菌、病毒和芽孢，在酸性环境中杀菌作用强，碱性环境则作用减弱。按每立方米体积水中加入5～10 克漂白粉，作饮水消毒，隔 30 分钟可供饮用。用 1%～3%的现配溶液消毒非金属用具（如食具、饲槽、饮水器等）。用 10%～20%的现配溶液消毒鸭舍、粪池、车辆及排泄物。本品应现配现用，对金属及衣物有轻度腐蚀性，对组织（皮肤）有一定刺激性，应注意防护。

氯胺（氯亚明）：本品为有机氯消毒剂，其水溶液逐步离解为次氯酸而起杀菌作用。本品刺激性和腐蚀性较小，除用于环境和用具的消毒外，还能用于皮肤和黏膜的消毒。食槽、器皿消毒用 0.5%～1%溶液；排泄物与分泌物消毒用 3%溶液；饮水消毒，1 升水用 2～4 毫克；黏膜消毒用 0.1%～0.5%溶液。配制消毒溶液时，如加入等量的氯化铵，可使消毒溶液活化，大大提高消毒能力；活性溶液应于使用前 1～2 小时配制，时间过长，效果下降。

优氯净：本品为有机氯消毒剂，是一种安全、广谱、长效的消毒剂，杀菌力强，可用于饮水、环境、用具及粪便消毒，也可用于水、加工厂、车辆、餐具等的消毒。0.01%～0.02%溶液用于环境、用具消毒；饮水消毒，每升水用药4毫克。本品水溶液不稳定，宜现配现用。不宜用于金属笼具及有色棉织物的消毒。

二氧化氯(超氯、消毒王，二元复配型高效消毒剂)：具备高效、低毒、除臭能力强、无残留等特点，可用于禽舍、场地、用具、种蛋、饮水消毒及带禽消毒。使用前，先将二氧化氯粉或溶液，用适量的干净水稀释，加入活化剂，搅匀后再稀释到使用浓度用于消毒。有效氯含量为5%时，环境消毒，1升水加药5～10毫升，喷雾消毒；饮水消毒，100升水加药5～10毫升；用具、食槽消毒，1升水加药5毫克搅匀后，浸泡5～10分钟。二氧化氯使用时须用酸活化，现配现用，不得过期使用；为加强稳定性，二氧化氯溶液在保留时加入碳酸钠、硼酸钠等。

②含碘消毒剂：本类消毒剂对细菌、霉菌、病毒和芽孢均具备强大的杀灭作用。本类消毒剂对金属设施及用具的腐蚀性较低，低浓度时可用于饮水消毒和带禽消毒。因为成本较高，在使用上有一定的局限。

碘酊：有强大的消毒作用，能杀死细菌、芽孢、霉菌和病毒。2%碘酊(每100毫升含碘2克、碘化钾1.5克，先将碘化钾1.5克溶于少量水中，加碘2克，搅拌使碘溶解，加75%乙醇100毫升)用于一般皮肤消毒，也可用于创伤擦拭消毒，取5～6滴加入1升水中作用15分钟可用于饮水消毒；5%的碘酊可用于手术部位或注射部位消毒。碘酊中的碘容易挥发，应置阴凉处密闭保留。

复合碘溶液：可用于禽舍、场地、用具、车辆、污染物的消毒。禽舍、器械的消毒，用水将消毒剂稀释至1/300～1/100的浓度使用；饮水消毒，用2%浓度的碘溶液，每升水加入0.4毫升。宜现配现用，对金属用品有一定的腐蚀性。

碘伏(聚维酮碘)：常用制剂通常含聚维酮碘5%～10%(即相

当含碘量为0.5%～1%)，腐蚀性、刺激性较小，水溶液相对较稳定。对病毒、细菌、芽孢有较强的杀灭作用，可用于禽舍、场地、用具、车辆、污染物的消毒。以0.015%的水溶液(以有效碘计)用于环境、用具消毒。

③酚类消毒剂：高浓度的酚能穿透和损坏细菌细胞壁，进而凝聚积淀菌体蛋白，低浓度的酚主要是使细菌的主要酶系统灭活而死亡。不同类型的酚类消毒剂，其杀菌能力差别较大；温度和浓度愈高，杀菌效果愈好，加入适量的乙醇、氯化物或阴离子外表活性剂能加强杀菌能力。本类消毒药对皮肤、黏膜有一定的毒性，通常仅用于环境消毒，不可直接喷于动物身上。主要用于杀灭细菌滋生体，对病毒和芽孢的杀灭作用不够可靠。

苯酚(石炭酸)：本品杀菌作用不强，毒性较大，主要在实验室使用。用5%溶液浸泡外科器械、处理污物，2%～5%溶液喷雾或湿抹用具，在生物制品中加入0.5%作为防腐剂。忌与碘、溴、高锰酸钾、过氧化氢等配伍使用。不能用于创伤、皮肤消毒。

复合酚(菌毒敌、农乐)：为广谱、高效复合型新型消毒剂，对多种细菌、霉菌和病毒和多种寄生虫卵都有杀灭作用，还可抑制蚊、蝇等昆虫和鼠害。主要用于鸭舍、用具、饲养场地、运动场、运输车辆或病鸭排泄物及污物的消毒。对严重污染的环境，可适当增加浓度和喷洒的次数。常用浓度为1%溶液，该药消毒作用持续时间长，用药1次，药效可维持7天。目前市场销售的复合酚商品药较多，有菌毒敌、菌毒灭、毒菌净、农乐、畜禽灵、农福和农富等。如农福，含煤焦油酸39%～43%，醋酸18.5%～20.5%，十二烷基苯磺酸23.5%～25.5%。鸭舍消毒用1：(60～100)水溶液，器具、车辆消毒用1：60水溶液浸泡，其他药物的使用方法详见说明书。

煤酚皂溶液(来苏儿)：对繁殖型细菌的杀灭能力强，而对芽孢、病毒的杀灭作用较差。1%～2%的溶液用于手、体表和器械的消毒，5%～10%溶液用于鸭舍或污物及病鸭排泄物的消毒。由于该药有特殊臭味，不宜用于种蛋、蛋库及鸭肉品的消毒。

氯甲酚溶液(菌球杀)：本品为甲酚的氯代衍生物，一般为5%的溶液，杀菌作用较强，毒性较小，主要用于禽舍、用具、污染物的消毒。以水稀释30～100倍后用于环境、畜禽舍的喷雾消毒。注意事项同复合酚。

④季铵盐类消毒剂：其杀菌机制主要是经过其所具备的外表活性作用，使菌体细胞膜的浸透性发生改变甚至破裂，抑制某些酶系统，影响新陈代谢，使蛋白质变性。肥皂水及血清、粪便、牛奶等有机物的存在可影响此类消毒剂的杀菌效能；消毒溶液呈碱性，杀菌效果好；消毒溶液呈酸性，杀菌效果差。杀菌浓度较低，毒性与刺激性小，无腐蚀性和漂白作用，水溶性好、水溶液稳定，使用便捷并具备去污功能。对新城疫、流感病毒等效果好。通常只用于杀灭微生物滋生体，对芽孢菌效果不佳。

新洁尔灭(溴苄烷胺)溶液：为常用的阳离子表面活性剂，兼有杀菌和清洁去污两种作用。抗菌范围较广，杀菌力强而快，对多数革兰阳性菌、阴性菌均有杀灭作用，但对病毒效果较差，也不能杀死结核杆菌和霉菌，还有脱脂、去污等作用，有助于皮肤和器械的消毒。常用0.1%溶液消毒手(浸泡5分钟)、蛋壳、皮肤、手术器械和玻璃、搪瓷等器具(浸泡30分钟以上)。0.01%～0.05%溶液用于创伤黏膜(泄殖腔和输卵管脱出)和感染伤口的冲洗消毒。0.15%～0.2%水溶液用于鸭舍空间喷雾消毒。不宜与阳离子表面活性剂如肥皂、洗衣粉及过氧化物、碘、碘化钾等配合使用。浸泡消毒时，药液一旦浑浊需进行更换。

度米芬(杜米芬)：本品为白色或微黄色片状结晶，能溶于水和乙醇。为阳离子外表活性剂，主要用于杀灭细菌病原，消毒能力强，毒性小，可用于环境、皮肤、黏膜、器械和创口的消毒，以及带禽消毒。皮肤、器械的消毒用0.05%～0.1%的溶液，带禽消毒用0.05%的溶液喷雾。注意事项同新洁尔灭。

百毒杀(癸甲溴铵溶液):主要用于禽舍、用具及环境的消毒。也用于孵化室、饮水槽及饮水消毒。通常用0.03%溶液进行浸泡、洗涤、喷洒等。平时定期消毒及环境、器具、种蛋消毒,通常按1∶600倍水稀释,进行喷雾、洗涤、浸泡。饮水消毒,改善水质时,通常按1∶(2000～4000)倍稀释。作饮水消毒时用0.01%(万分之一)的浓度安全有效。

菌毒清(辛氨乙甘酸溶液):本品为阳离子外表活性剂,主要用于杀灭细菌病原,消毒能力强,无刺激性,毒性小,可用于环境、种蛋、器械及饮水的消毒和带禽消毒。环境消毒,以水稀释100～200倍喷雾;种蛋消毒,0.2%溶液浸泡。注意事项同新洁尔灭。

⑤过氧化物消毒剂:因为其具备强大的氧化能力使细菌、病毒的蛋白质变性而起消毒作用。有机物、血液、牛奶及复原剂(如硫代硫酸钠、亚硫酸钠)的存在可降低杀菌效能。本类消毒剂的缺陷是对被消毒物品有一定的腐蚀和漂白作用,高浓度的消毒剂溶液有一定的刺激性和毒性,消毒剂溶液不稳定,宜现配现用。

过氧乙酸(过醋酸):属强氧化剂,是高效、速效消毒剂。能杀灭细菌、真菌和病毒,有时还能杀死芽孢。常用0.04%～0.2%溶液用于饲养用具和饲养人员的手臂浸泡消毒。以0.5%的溶液用于鸭舍、食槽、墙壁通道和运输工具的喷洒消毒。鸭舍内可带鸭消毒,常用浓度为0.1%,每立方米15毫升。也可配成3%～5%的溶液,10～15毫升/立方米进行熏蒸消毒,熏蒸时相对湿度以60%～80%为宜。也可在饮水中按1升水加20%过氧乙酸1毫升,让鸭饮水,但最好在半小时内用完。本品对组织有刺激性和腐蚀性,对金属和橡胶制品也有腐蚀性,应注意保护。

双氧水(过氧化氢溶液):本品为过氧化氢的水溶液,市售浓度通常为25%～30%的溶液。有强的氧化性,在组织或血清中的过氧化酶的作用下。迅速分解产生出初生态氧而起杀菌作用。主要用于创口的消毒和冲刷,使用时配成3%的溶液。浓度高于3%

时，对组织有刺激性。

⑥酸、碱类消毒剂：酸类消毒剂在水中游离出氢离子，呈一定强度的酸性，使细菌、病毒蛋白质变性；碱类消毒剂在水中游离出氢氧根离子，呈一定的碱性，使细菌、病毒的蛋白质及核酸变性，并可损坏菌体的酶系统而发挥杀菌消毒作用。酸和碱类消毒剂不能混在一起使用。具备广谱的杀菌、抑菌的效果，有些能杀灭病毒和芽孢。酸性及碱性愈强，其腐蚀性和刺激性愈强。

过氧乙酸：本品可用于耐酸塑料、玻璃、搪瓷和用具的浸泡消毒，还可用于鸭舍地面、墙壁、食槽的喷雾消毒和室内空气消毒。过氧乙酸溶液浓度为20%，0.04%～0.2%溶液用于耐酸用具的浸泡消毒。0.05%～0.5%的溶液用于鸭舍及周围环境的喷雾消毒。本品稀释后不宜久贮(1%溶液只能保持药效几天)。本品对组织有刺激性和腐蚀性，对金属也有腐蚀作用，故消毒时应注意自身防护，避免刺激眼、鼻黏膜。

醋酸(乙酸)：为乙酸或乙酸的水溶液，无色透明液体，有强烈的酸味，有杀菌、抑菌作用，主要用于空气消毒。20～40 毫升醋酸(36%～37%)熏蒸或喷雾消毒 100 立方米空间。注意事项同乳酸。

氢氧化钠(烧碱、苛性钠)：本药是强消毒剂，能杀灭所有微生物和寄生虫卵(如鸭瘟、鸭霍乱、球虫病等病原)。常用于预防病毒性或细菌性传染病的环境消毒或污染鸭场的清理消毒。常用2%～4%的热溶液来消毒鸭舍、饲料槽、非金属器具、运输工具及车辆等；鸭舍的出入口处消毒池和周围环境可用其 2%～3%的溶液消毒。该药有很强的腐蚀性，使用时要十分小心，消毒后第2 天，必须用水冲洗。金属器具禁用本药，使用时应注意安全保护皮肤和衣物。

消毒前应先转移鸭，消毒 2 小时左右后用清水冲洗饲槽、地面，然后再进鸭。火碱有较强的腐蚀性，人禽皮肤应避免与药液直接接触，不能用于刀、剪、工作服、毛巾等物的消毒。用于金属器械浸泡消毒时，应控制浸泡时间，一般以1小时左右为好，浸泡消毒后的金属器械，应立即用清水将上面的火碱液冲洗干净。

生石灰(氧化钙)：本品是价廉易得的良好消毒药，对大多数繁殖型细菌有较强的杀菌作用。一般加水配成10%～20%的石灰乳液，涂刷鸭舍的墙壁，寒冷地区常撒在地面、粪池及污水沟，或鸭舍出入口做消毒用。配法是生石灰和水各1千克混合，使其成熟石灰(氢氧化钙)，再加水8千克即成10%的乳剂。生石灰必须在有水分的情况下，才能发挥消毒作用。可加入其本重量70%～100%的水，一定要成为疏松的熟石灰粉末才能杀菌。但熟石灰可以从空气中吸收CO_2变成碳酸钙沉淀而失效，所以石灰乳宜现配现用。本品有一定腐蚀性，消毒待干后才能使用。

⑦醛类消毒剂：醛类消毒剂是一类强的蛋白质变性剂，能使细菌、病毒蛋白质变性而发挥杀菌消毒作用。温度和浓度增长，可提高消毒剂的杀菌效能，消毒溶液中含有一定浓度的乙醇或异丙醇能提高杀菌效能。具备广谱、高效、速效的杀菌、杀芽孢、杀病毒作用。一定浓度的甲醛在杀灭细菌、病毒时对其抗原性的影响很小，被广泛运用于灭活疫苗的制备。对皮肤和黏膜有一定的刺激性，在进行熏蒸消毒时，家禽和人员必须远离消毒环境。

甲醛溶液(福尔马林)：具有广谱杀菌作用，对细菌、真菌、病毒和芽孢等均有效。1%～3%浓度的福尔马林溶液可用于鸭舍、用具和器械的喷雾和浸泡消毒。甲醛气体可消毒室内、空间和器具。熏蒸消毒前，为提高消毒质量，应先将鸭舍清洗干净，保持一定温度，温度不能低于15℃，相对湿度在60%～90%，如湿度不够可在地面洒水及向墙壁喷水，同时关好门窗，计算好鸭舍空间大小，每立方米用14毫升福尔马林，加等量水或加热熏蒸或加入7克高锰酸钾。先将高锰酸钾倒入大的搪瓷容器内(不宜使用铁器，因其易被腐蚀，也不能用玻璃容器，易炸裂)，再加入所需的福尔马林溶液，迅速从室内退出，关好门窗，30 分钟后再打开门窗。本品对皮肤、黏膜及呼吸道有刺激作用，消毒后要打开门窗，加强通风换气；另发生沉淀时不能用。福尔马林和高锰酸钾合用时要特别注意，千万不要把高锰酸钾倒入福尔马林溶液中去。

戊二醛：无色油状液体，有微弱的甲醛味道，挥发度较低。对细菌、病毒、霉菌、芽孢均有杀灭作用，毒性比甲醛低，对皮肤和黏膜的刺激性较弱。酸性溶液稳定，弱碱性溶液（pH 7.5～8.5）杀菌作用最强。因为本品相对较为昂贵，主要用于诊断用品及器械的消毒。常用 2%碱性溶液（加 0.3%碳酸氢钠）用于诊断用品及器械的消毒。溶液宜现配现用，不可长时间保留，放置 2 周后即失效。

⑧其余消毒剂

高锰酸钾（灰锰氧、PP 粉）：本品的水溶液能使有机物迅速氧化而起杀菌作用，低浓度时还有收敛作用。在酸性溶液中杀菌作用增强，常利用其氧化性能以加速福尔马林蒸发而起到空气消毒作用。0.05%～0.1%溶液（每升水加 0.5～1 克）用于鸭群饮水消毒，杀灭肠道病原微生物，预防传染病，也可作为创伤、黏膜的洗涤消毒。常以本品 2%～5%的溶液浸泡或洗刷鸭污染的食槽、饮水器及消毒被污染的器具等。应现配现用，久贮易失效，禁与酒精、甘油、碘、糖等混合。

乙醇（酒精）：无水乙醇含量为 99%以上，凡未指明浓度者，均指 95%乙醇。以 70%～75%浓度的溶液作皮肤、体温计、针头等的消毒，可杀死一般繁殖型的病原菌，对细菌芽孢无效。当浓度超过 75%时，由于菌体表层蛋白迅速凝固，因而妨碍了向菌体渗透，杀菌效果反而降低。本品易挥发，应密封保存。

紫药水：紫药水对组织无刺激性，毒性很小，市售有 1%～2%的溶液，常用于治疗创伤。

草木灰水：草木灰是农作物秸秆或木材经过完全燃烧后的灰，

是一种易得的消毒药。常用30%的浓度，配制时取3千克新鲜草木灰加水10千克，煮沸1小时，取上清液趁热用于禽舍、墙壁、运动场、用具、排泄物及禽舍进、出口处消毒，对杀灭病毒、细菌均有效。

克辽林(臭药水)：5%～10%作用于禽舍、墙壁、运动场、用具、排泄物及禽舍进、出口处消毒。

劲能(DF100)：1∶1500用于环境、器具喷洒消毒或浸泡种蛋、器械；防饲料霉变可按每吨饲料添加25克，防鱼粉霉变可按每吨鱼粉添加60克，拌匀，有效期6～8个月。

菌毒敌：对预防某些病毒性传染病具有特效功能。鸭舍常规消毒时按1∶300稀释，出现疫病时按1∶100稀释，用喷雾器喷洒，此药必须用热水配制才能保证消毒效果。

(2)消毒的先后顺序：鸭场消毒要先净道(运送饲料等的道路)、后污道(清粪车行驶的道路)，先后备鸭场区、后蛋鸭场区，先种鸭场区、后商品鸭场区，各鸭舍内的消毒桶严禁混用。

(3)消毒方法：鸭养殖场的消毒对象包括一切可能被病原污染的饲料、饮水、设备、用具、粪便、衣物、车辆、种蛋、孵化器、人员、其他用具及鸭舍、运动场、戏水池等。

①人员、车辆、物品的消毒：在养殖场内虽然都执行了严格的消毒工作，又在进出口设置了消毒槽，但还不能完全切断外界病原体的侵入。必须严格控制场外人员进出，定期更换消毒槽中的消毒药剂，以防挥发后失去药效；饲养管理人员要注意保持身体清洁与健康，入场前需在洗手池清洗，换上无菌的工作帽、工作服等；车辆、饲养工具及有关物品等进出要经过严格消毒。只有采取综合控制措施，从严把关，才能保证场内取得良好的消毒效果。

②人员消毒：禽场尤其是种禽场或具有适度规模的禽场，在饲养区出入口处应设紫外线消毒间或消毒池。禽场的工作人员和饲养人员在进入饲养区前，必须在消毒间更换工作衣、鞋、帽，穿戴整

齐后进行紫外线消毒10分钟，再经消毒池进入禽场饲养区内。育雏舍和育成舍门前出入口也应设消毒槽，门内放置消毒缸(盆)。饲养员在饲喂前，先将洗干净的双手放在盛有消毒液的消毒缸(盆)内浸泡消毒几分钟。

消毒池和消毒槽内的消毒液，常用2%火碱水或20%石灰乳以及其他消毒剂配成的消毒液。浸泡双手的消毒液通常用0.1%新洁尔灭或0.05%百毒杀溶液。禽场通往各禽舍的道路也要每天用消毒药剂进行喷洒。各禽舍应结合具体情况采用定期消毒和临时性消毒措施。禽舍的用具必须固定在饲养人员各自管理的禽舍内，不准相互通用，同时饲养人员也不能相互串舍。

除此以外，禽场应谢绝参观。外来人员和非生产人员不得随意进入饲养区，场外车辆及用具等也不允许随意进入禽场，凡进入饲养区内的车辆和人员及其用具等必须进行严格地消毒，以杜绝外来的病原体带入场内。

③用具消毒：蛋箱、蛋盘、孵化器、运雏箱可先用0.1%新洁尔灭或0.2%～0.5%过氧乙酸消毒，然后在密闭的室内于15～18℃温度下，用甲醛熏蒸消毒5～10小时。禽笼先用消毒液喷洒，再用水冲洗，待干燥后再喷洒消毒液，最后在密闭室内用甲醛熏蒸消毒。工作人员的手可用0.2%新洁尔灭水清洗消毒，忌与肥皂共用。

④禽舍和环境的消毒：由于禽舍和环境消毒达不到要求致使禽传染病发生时有报道，造成重大损失的现象已屡见不鲜。一些饲养户只重视治疗和疫苗接种而忽视消毒作用的情况更为普遍。实际上，做好禽舍和环境的消毒，可以极大地减少传染病发生的机会，提高成活率，减少治疗药物的费用，从而提高经济效益。

禽舍和环境消毒应按下列程序进行：

清扫：将禽舍顶部和棚上的尘埃扫落。

清粪：把舍内外的禽粪全部清除。

洒水：将四周、地面等全部洒上水，让剩余禽粪等吸水膨胀，以便冲洗。

冲洗：最好用高压水龙头从禽舍顶部往下逐一冲洗，尤其是死角、裂缝的禽粪、尘埃要彻底冲洗干净，冲洗越干净，消毒效果越好。

首次消毒：可用2%的烧碱喷洒地面、墙壁四周、禽棚及耐腐蚀的工具等，或者用农福等消毒剂喷洒整幢禽舍及附属物、工具。作用时间6～12小时。

二次冲洗：用干净水将消毒液和残存的禽粪、尘埃冲洗干净。

二次消毒：如禽舍可关闭，可采用福尔马林熏蒸，每立方米空间用福尔马林28毫升、高锰酸钾14克，熏蒸4～8小时。如为开放式禽舍，可喷洒其他消毒药。

空闲：禽舍消毒后应空闲10天以上，舍内用具可经阳光直射，舍外环境可施生石灰粉，将泥地翻晒。

如果禽舍曾发生过禽新城疫、传染性喉气管炎、禽出败、传染性法氏囊病等，应做到三次冲洗，间隔三次采用不同消毒剂消毒。最后一次消毒最好采用福尔马林熏蒸，才能保证消毒效果。

⑤饮水消毒：所谓饮水消毒是指对饮水的消毒，鸭喝的是经过消毒的水，而不是喝消毒药水。饮水消毒的实际意义是把饮水中的微生物杀灭或控制畜禽体内的病原微生物数量。饮水消毒应该是预防性的，而不属治疗性质的。

饮水消毒常用以下方法：

漂白粉：每1000毫升凉开水加0.3～1.5克或每立方米水加粉剂6～10支，拌匀后30分钟即可饮用。

抗毒威：以1∶5000的比例稀释，搅匀后放置2小时，让禽饮用。

高锰酸钾：配成0.01%的浓度，随配随饮，每周2～3次。

百毒杀：用50%的百毒杀以1∶(1000～2000)的比例稀释，让禽饮用。

过氧乙酸：每千克水中加入20%的过氧乙酸1毫升，消毒30分钟。

注意事项：使用疫(菌)苗前后3天禁用消毒水，以免影响免疫效果；高锰酸钾宜现配现饮，久置会失效；消毒药应按规定的浓度配入水中，浓度过高或过低，会影响消毒效果；饮水中只能放一种消毒药。

⑥带禽消毒：带禽消毒的着眼点不应只限于禽的体表，而应包括整个禽所在的空间和环境。因许多病原微生物是通过空气传播的，不进行空气消毒就不能对此类疾病进行较好的控制，所以将带禽消毒视为全方位消毒更为合理。

带禽消毒时应将喷雾器喷头高举空中，喷嘴向上喷出雾粒；雾粒可在空气中缓慢下降，除与空气中的病原微生物接触外，还可与空气中的尘埃结合，起到杀菌、除尘、净化空气、减少臭味的作用，在夏季还可以防暑降温。带禽消毒喷出的雾粒直径大小应控制在80～120微米，雾粒过大则在空中下降速度太快，起不到消毒空气的作用；雾粒过小则易被畜禽吸入肺中，引起肺水肿、呼吸困难等呼吸疾病。用来喷雾消毒的药物杀菌谱要广、刺激性应小，喷雾用的药物浓度必须严格按照使用说明配制，不可任意加大或降低。

⑦孵化场的卫生控制

Ⅰ.孵化厅卫生标准：孵化室、更衣室、淋浴间、办公室、走廊地面清洁无垃圾，墙壁及天花板无蜘蛛网、无灰尘绒毛，地面保持火碱溶液或其他消毒剂的新鲜度。顶棚无凝集水滴，地面清洁，无蛋壳等垃圾，无积水存在，值班组人员每次交班之前10分钟用消毒剂拖地一遍，接班人员监督检查。

出雏室地面无绒毛，蛋壳等垃圾存在，无积水存在，墙壁干净整洁，无蜘蛛网灰尘。

孵化室、出雏室地沟、下水道内清洁，无蛋壳及绒毛存留，每周

2 次用 2% 火碱溶液消毒。

捡雏室内地面无蛋壳、绒毛存在，冲刷间干净整洁，浸泡池内无垃圾。发雏厅及接雏厅每次发放完雏禽后，无蛋壳、禽毛等垃圾存在，并用 2% 火碱溶液彻底消毒。

孵化间、出雏间、缓冲间内物品摆放整齐有序，地面无垃圾，每周至少消毒 2 次。纸箱库内物品分类摆放，整齐有序，地面干净整洁。

夏季使用湿帘或水冷空调降温时，及时更换循环用水，保持水的清洁卫生，必要时加入消毒剂。

室内环境细菌检测达合格标准。

Ⅱ. 孵化器、出雏器卫生标准：孵化器内外、机顶干净整洁，无灰尘，无绒毛。壁板及器件光洁无污染。底板无蛋壳、蛋黄、绒毛及灰尘。加湿盘内无铁锈、蛋壳等垃圾，加湿滚筒清洁无污物。风筒内无灰尘，风扇叶无灰尘、无绒毛，温湿度探头上无灰尘、无绒毛。

控制柜内清洁卫生，无绒毛、灰尘、杂物。电机（风扇电机、翻蛋电机、风门电机、冷却电机、加湿电机）上无灰尘、无绒毛、无油污。入孵前细菌检测为合格标准。

Ⅲ. 孵化场区隔离生产管理办法：未经允许，任何外人严禁进入孵化室。允许进入孵化室的人员，必须经过洗澡更衣，换鞋，有专人引导，并且按照一定的行走路线入内。

孵化室人员，除平时休班外，严禁外出，休班回场必须洗澡消毒更衣换鞋。维修人员进入孵化室，须洗澡更衣换鞋后方可进入。严禁携带其他动物、禽鸟及其产品进入孵化室。

接雏车辆需经喷雾消毒、过火碱后才能进入孵化场。接雏人员只能在接雏厅停留，严禁进入其他区域，由雏禽发放员监督。

运送种蛋的车辆需经彻底的消毒后再进入孵化场。每次雏禽发放结束后，全面打扫存放间，发雏室、接雏厅、客户接雏道路并用

2%的火碱溶液全面喷洒消毒。

及时处理照蛋、毛蛋及蛋壳，不得在孵化厅室存放过夜。

进入孵化厅的物品须经有效的消毒处理后方可带进。孵化室备用工作服在每次使用后立即消毒清洗。

外来人员离开孵化室后，其所经过的区域，用2%的火碱溶液喷雾消毒。定期清理孵化场周围的垃圾等杂物，每月消毒1次。定期投放鼠药，减少鼠类对孵化场设备、种蛋的损害。

⑧工作服消毒：耐热、耐湿的纺织品可煮沸消毒30分钟，或用流通蒸汽消毒30分钟或用250～500毫克/升有效氯消毒剂浸泡30分钟；不耐热的尼龙制品等，可采取过氧乙酸熏蒸消毒。熏蒸消毒时，将欲消毒衣物悬挂室内(勿堆集一处)，密闭门窗，糊好缝隙，用15%过氧乙酸(7毫升/立方米)，放置于搪瓷或玻璃容器中，加热熏蒸1～2小时，或将被消毒物品置环氧乙烷消毒柜中，在温度为54℃、相对湿度为80%条件下，用环氧乙烷气体(800毫克/升)消毒4～6小时，或用高压灭菌蒸汽进行消毒。

⑨排泄物和污染物消毒：稀薄的排泄物或污染物，每1升可加漂白粉50克或20克/升有效氯含氯消毒剂溶液2升，搅匀放置2小时；粪尿不能用于漂白粉消毒，可用20%漂白粉乳剂或50毫克/升有效氯溶液2份加于1份粪便中，混匀后作用2小时。

可用2%漂白粉澄清液(含有效氯5克/升)、或5克/升含氯消毒剂溶液、或0.5%过氧乙酸溶液浸泡30分钟消毒清理粪尿的用具(注意金属器具慎用此法)，浸泡时，消毒液要漫过用具。

⑩鸭鹅尸体消毒：对鸭鹅的尸体喷洒10克/升有效氯消毒剂溶液，视感染病原种类，尽快无害化处理。如果是因病致死(特别是因传染病致死)鸭鹅，必须焚烧处理。

⑪养殖场垃圾消毒：可燃物尽量焚烧，也可喷洒10克/升有效氯含氯消毒剂溶液，作用60分钟以上。消毒后深埋。

⑫空禽舍的清洁消毒：禽场空舍期的工作主要是通过对禽舍

内外环境及设备的清洗、消毒和维护，以清除禽舍及设备上的病原微生物，切断各种病原微生物的传播链，确保上一群禽不对下一群禽造成健康和生产性能上的影响，保证设备正常运行。

禽舍的清理、冲刷及消毒工作是一项复杂的系统工程，在禽出栏前，要制定一个科学合理的清理、冲刷及消毒程序。根据任务的期限、人员的数量、工具的特性等科学、合理地安排整个清理、冲刷及消毒过程，所以检查者应从不同的角度去考虑检查的切入点。

Ⅰ. 设备的移出：所有可移动的设备和设施，如饮水器、料槽、料桶、可拆卸的料线、产蛋箱、隔栏门、隔栏网、供暖设备、各项工具等，应从禽舍内移出，并放在舍外的混凝土地面上，绝对不允许禽舍不宜移动的设备移到禽舍外，同时将禽舍剩余药品回收入库，并进行熏蒸消毒。

拆走或防护好温控器、温度计、电压调节器、风机、电机、刮粪机电机、电灯泡、加药器、喷雾管喷头、配电盘等不宜或不能冲洗消毒的物品，由专人进行除尘维护保养、冲刷防护以及熏蒸消毒等，并放入指定的库房隔离保管。

Ⅱ. 禽舍、设备灰尘、粪便的清理：所有的灰尘、碎屑和蜘蛛网必须从禽舍内各处清扫掉，最好用扫帚扫掉或吹风机吹。

清除禽舍内所有的粪便、垫料、碎屑、料槽内的剩料等，移出到粪场并要防护好，以免污染场区；每清完一栋禽舍都要安排人员铲刮板条、禽笼上、禽舍边角以及其他表面所积累的粪便，并将该栋残留的禽粪认真清扫干净。粪场里的粪便和垫料应在冲刷前全部处理掉。

Ⅲ. 冲刷：必须首先断开禽舍内所有电器设备的开关，使用高压水枪冲刷，浸泡残留在禽舍和设备上的灰尘和碎屑，浸泡好后使用高压水枪冲刷，在冲刷过程中，应迅速把禽舍内剩余的水排净。应特别注意禽舍内屋梁的顶部、墙壁、粪池内外侧墙壁、粪池地面、板条、供暖设备、下水道及口、风机框、百叶窗、风机轴、风机扇叶、各种支架、水管、喷雾管的冲刷。

移到禽舍外的部分设备也必须浸泡和冲刷，无法进行的可擦拭消毒，在设备冲刷干净后，设备尽可能在有遮盖物的条件下储存。

禽舍外面也必须冲刷干净并注意进气口、暖风机房、工作间、饲料间、排水沟、水泥路面等部分的冲刷。

场区粪场的冲刷标准必须和禽舍的一样。凡在场区的所有附属设施，如办公室、餐厅、伙房、宿舍、洗衣房、浴室、厕所、蛋库、料库、锅炉房、车棚、熏蒸间、熏蒸箱等，都要彻底冲刷干净，同时，还应将各个地方的地漏、沉淀池等清理干净。

禽舍清理、冲刷的质量直接影响消毒质量，检查人员应仔细、全面的观察，不能放掉任一个细节、任何一个疑点(可使用手提灯入舍进行检查)。

Ⅳ. 消毒:消毒液的种类与剂量的使用应根据药品说明进行选择，完成正确的消毒操作，并留有记录，整个消毒过程应根据消毒液的特性对设备进行一定的防护，避免对设备的损坏。

参考消毒过程:冲刷后的禽舍首先用2%～3%的火碱液喷洒→自然干燥→清水冲洗→常用消毒剂交替喷雾消毒，每次间隔1～2天，待上次消毒液干燥后再喷下一次消毒液→封舍后10%的甲醛溶液喷雾消毒(温度控制在15℃以上，24～48小时)→烟熏剂熏蒸24～48小时，整个消毒程序大约需要10～12天。

注意:消毒应该在整栋禽舍彻底冲刷干净和维修完成后才能进行，消毒剂对污垢和有机物无效。检查禽舍密封情况是否良好，场区附属设施是否根据要求进行消毒。

Ⅴ. 场区、禽舍的维修:干净的场区、空禽舍为场区的改造、建筑结构的维修提供了理想的时机，场区一旦空置，应及时根据上批禽工作不当之处进行改造、维修。

应注意场区改造项目是否合理，是否符合场区操作的各项要求如生物安全制度要求，对禽舍改造的同时一定进行密封的维修，如用混凝土或水泥修补地面上的裂缝，修补墙体的勾缝和粉刷的水泥层，修复或替换已损坏的墙体和屋顶，确保禽舍所有的门都能关严。

Ⅵ. 设备的安装和调试：安装并调试因冲洗需要而拆卸的设备和其他短时间使用设备，如温控器、电压调节器、风机、电机、电灯泡、加药器、育雏伞等。仔细观察各种设备是否已完成维护、保养并进行彻底消毒，安装是否正确，同时数目是否准确等。

(4)消毒频率：一般情况下，每周要进行不少于 2 次的全场和带鸭消毒；发病期间，坚持每天带鸭消毒。

(5)做好消毒工作记录：应将养殖场消毒工作中的执行人员、被消毒物检验、消毒药剂品种、配制浓度、消毒方法、消毒时间等详细情况记入消毒工作记录，以便总结经验查找原因。

3. 生物消毒法

生物消毒法是指利用微生物间的抑制作用或用杀菌性植物进行消毒的方法。常用的是发酵消毒法等，主要用于鸭鹅粪的无害化处理，如堆积发酵法或建沼气池等，使粪便发酵产热杀死病原体从而达到消毒的目的。

四、做好基础免疫

有计划、有目的地对鸭群进行免疫接种，是预防、控制和扑灭鸭传染病的重要措施之一。尤其在鸭病毒性传染病如小鹅瘟、鸭副黏病毒等疫病的预防措施中，免疫接种更具有关键性的作用。免疫接种通常可分为预防接种和紧急接种。

1. 预防接种

(1)疫苗的使用方法：预防接种是在健康鸭群中，还没有发生传染病之前，为了防止某些传染病的发生，有计划地定期使用疫(菌)苗对健康鸭群进行预防免疫接种。

①肌肉接种法：应选择肌肉丰满、血管少、远离神经干的部位，鸭宜在翅膀基部或胸部肌肉。接种部位要严格消毒，用2%～5%碘酊棉球或用75%酒精棉球(接种弱毒疫苗时不能用碘酊消毒接种部位，用75%酒精消毒，待干后再接种)。

②皮下接种法：应选择皮肤薄、羽毛少、皮肤松弛、皮下血管少的部位接种。鸭宜在翼下或胸部接种。注射部位消毒后，注射者右手持注射器，左手食指与拇指将皮肤提起呈三角形，沿三角形基部刺入皮下约注射针头的2/3，将左手放开后，再推动注射器活塞将疫苗徐徐注入。最后用酒精棉球按住注射部，将针头拔出。

③黏膜接种法：常见的为滴鼻、滴眼接种法。用蒸馏水或生理盐水按规定将疫苗稀释后，用干净、灭菌的吸管吸取疫苗，滴入鸭的鼻内或眼内。

④口服接种法：口服接种法有饮水法、饲喂法和口腔灌服法。先根据鸭数计算所需疫苗数量和饲料、饮水数量，按规定将疫(菌)苗加入饲料和水中，让畜禽自由采食、饮水或用容器直接灌入口腔。

⑤气雾接种法：根据鸭只多少计算所需疫苗数量、稀释液数量，无菌稀释后用气雾发生器在鸭头上方约50厘米喷雾，在鸭群周围形成一个良好的雾化区。

⑥刺种接种法：按疫苗说明书注明的稀释方法稀释疫苗，充分摇匀，然后用接种针或蘸水笔尖蘸取疫苗，刺种在鸭翅膀内侧无血管处皮下。

(2)肉鸭预防保健推荐程序

①疫苗免疫

1～3日龄：鸭肝炎弱毒疫苗或高免卵黄抗体皮下注射，0.5～1毫升/只。

4～7 日龄:鸭传染性浆膜炎单联苗或鸭传染性浆膜炎＋大肠杆菌二联苗皮下注射,0.5～0.8 毫升/只。

10～15 日龄:流感油苗皮下注射,0.5 毫升/只。

特别建议:疫苗应选择品质保证的产品,临床可根据各场地实际情况调整疫苗免疫程序;在免疫前后,用清瘟大败毒拌料或金利素饮水,提高机体免疫力,降低应激,增强免疫效果。

②综合保健预防:实行 4 周保健方案,每周投喂 3 天,共投喂 4 周。

第一周(1～7 天,推荐用药时间:2、3、4 天)

目的:祛毒保肝,补充营养,提高机体免疫力,抗应激,增强免疫效果,提高成活率。

方案:清瘟大败毒＋护肾金蛋多拌料,金利素饮水,连用 3 天。

第二周:(8～14 天,推荐用药时间:10、11、12 天)

目的:调理肠道菌群,保肝排毒,抑制病原菌生长,减少应激反应,减少疾病的发生。

方案:鸭病无忧拌料＋鸭炎痢消混合拌料,连用 3 天。

第三周:(15～21 天,推荐用药时间:17、18、19 天)

目的:提高机体免疫力,减少外源性条件致病菌的侵入,净化机体内环境。

方案:清瘟大败毒 1 千克＋护肾金蛋多 1 千克拌料,连用 3 天。

第四周:(22～28 天,推荐用药期:24、25、26 天)

目的:保肝排毒,补充营养,提升机体免疫力,防止啄羽,促进羽毛生长,保护肠道黏膜,提高饲料利用率。

方案:鸭疫速康 1 千克＋健胃催肥散 1 千克混合拌料,连用 3 天。

第五周至第七周(29～49 日):肉鸭没有汗腺,后期增重快,皮下脂肪厚,抗热应激能力较弱。炎热季节易导致采食量下降,影响生长发育。

特别建议：良好的饲养管理是一切方案成功实施的保证，平时应加强饲养管理，减少应激的发生及疾病的诱发因素；加强环境卫生管理，经常性消毒场地。出栏后空栏和大环境消毒可用复合醛铵、速特、通消消毒液交叉消毒，平时不定期消毒场地，减少病原菌的污染。

(3)种蛋鸭预防保健程序

①疫苗免疫

1～3日龄：鸭肝炎弱毒疫苗或高免卵黄抗体皮下注射，0.5～1毫升/只。

4～7日龄：鸭传染性浆膜炎单联苗或鸭传染性浆膜炎＋大肠杆菌二联苗皮下注射，0.5～0.8毫升/只。

10～15日龄：流感油苗皮下注射，0.5毫升/只。

开产前：鸭瘟疫苗2倍量、禽霍乱疫苗3倍量皮下或肌内注射，7天后用禽流感苗1毫升/只皮下或肌内注射。

②药物＋营养综合预防保健

Ⅰ. 药物保健

防止输卵管炎、卵巢炎：卵管康饮水＋蛋禽多维拌料使用。

防止坏死性肠炎、大肠杆菌病：鸭病无忧拌料，连用3～4天。

防止风寒感冒、流行性感冒：清瘟大败毒拌料，连用3～4天。

Ⅱ. 营养保健

蛋禽多维：产蛋全期预防保健使用，根据实际情况不定期投喂。

蛋禽多维拌料在产蛋高峰上升缓慢、产蛋下降期、产蛋后期时使用，效果非常理想，可提高产蛋率并能延长产蛋高峰期，产蛋后期可提高产蛋率。

注意：蛋禽多维可与西药如卵管康、中药清瘟大败毒、鸭病无忧配合使用。

(4)番鸭预防保健方案

①疫苗免疫

1 日龄:细小病毒单联苗或细小病毒＋小鹅瘟二联苗皮下注射,0.5 毫升/只。

3 日龄:番鸭呼肠孤疫苗或番鸭“花肝病”蛋黄(又称“白点病蛋黄”)皮下注射,0.5 毫升/只。

7 日龄:鸭传染性浆膜炎单联苗或鸭传染性浆膜炎＋大肠杆菌二联苗皮下注射,0.5 毫升/只(高发场地)。

11 日龄:细小病毒高免卵黄抗体皮下注射,1 毫升/只(高发地区)。

15～20 日龄:流感油苗皮下注射,0.5 毫升/只。

35～40 日龄:流感油苗皮下注射,0.5 毫升/只(高发地区或高发季节)。

②药物＋营养保健

Ⅰ. 促进卵黄吸收,防脱水干脚,抗应激、增强体质、提高育雏率;提高机体免疫力,防止番鸭细小病毒病、番鸭花肝病、鸭瘟、流感等病毒性病。

方案:雏安＋黄芪多糖饮水,清瘟大败毒拌料使用,连用 3～4 天。

Ⅱ. 防止风寒感冒、浆膜炎、大肠杆菌、沙门菌等及其混合感染。

方案:鸭浆得乐＋新感快克饮水或者鸭病无忧拌料＋鸭炎痢消饮水。

Ⅲ. 补充营养,防止啄羽、促进羽毛生长;提高饲料利用率,促进生长发育。

方案:健胃催肥散拌料,黄芪多糖饮水。

2. 紧急接种

紧急接种是在发生传染病时,为了迅速控制和扑灭疾病的流行，而对疫群、疫区和受威胁地区尚未发病的鸭只进行临时应急性免疫接种。实践证明，在疫区对小鹅瘟、鸭副黏病毒病、禽霍乱等传染病使用疫（菌）苗，进行紧急接种是切实可行的，对控制和扑灭传染病具有重要的作用。紧急接种除应用疫（菌）苗外，对鸭常应用高免血清进行被动免疫，而且能够立即生效，如小鹅瘟应用抗小鹅瘟高免血清，能迅速控制该病的流行，即使对于正在患病的雏鸭群使用也具有良好的疗效。

在疫区或疫群应用疫苗作紧急接种时，必须对所有受到传染威胁的鸭群进行详细观察和检查，对正常无病的鸭进行紧急接种，而对病鸭和可能已受到感染的潜伏病鸭必须在严格消毒的情况下，立即隔离，观察或淘汰处理，不宜再接种疫苗。

3. 免疫接种注意事项

（1）选购疫苗时应注意参照说明书查看疫苗的生产厂家、生产日期、有效期、观察疫苗的性状，检查是否密封，是否有破损和吸湿，不能购入过期或变质的疫苗，不能购买非国家正式批准生产疫苗厂家的产品。另外，应根据家禽的日龄和免疫水平选用疫苗。

（2）疫苗在运输或携带过程中，首先要保证适宜的温度，尤其要避免高温和阳光直射。冻干疫苗和非冻干的弱毒活疫苗应放在加有冰块的密封的保温瓶或泡沫盒中，并尽量缩短运输时间；油乳剂苗短时间内可在常温下运输，但在运输过程中应避免剧烈振荡；细胞结合苗（冷冻苗）应存放在液氮罐中运输。

（3）接种疫苗前应注意了解当地有无疫病流行，如发现遭受感染的鸭群应首先采取紧急防疫措施，但是必须要在明确诊断的基础上，选择使用对该鸭群病相应的疫苗或血清。此外，还应了解和检查被接种鸭群的健康状况、日龄、饲养条件、营养状态等。对日龄较小，体质较弱或有慢性病的鸭，如果没有受到传染威胁，最好暂缓接种，以免接种后引起不良反应。对于有严重寄生虫感染的鸭群，应先驱虫，对饲料管理差的鸭群，接种后应注意改善和加强，以确保防疫后能产生坚强的免疫力。

(4)目前鸭使用的疫(菌)苗分活苗(弱毒疫苗，致弱菌苗)和灭活疫(菌)苗两种。不同性质的疫(菌)苗应按不同的规定温度保存。对致弱菌苗、灭活菌苗等要低温冷藏或放在干燥、阴暗的地方保存，防止冷冻、高温和阳光直射而失去效力，但弱毒疫苗必须冷冻保存。

致弱菌苗和灭活菌苗在应用过程中也有不同的要求，如禽霍乱致弱菌苗在应用期间不能使用抗菌药物，否则会将致弱细菌杀死而失去作用，而灭活菌苗则相反。此外，在使用时如发现(菌)苗瓶破损，瓶签不清或没有瓶签，过期失效，制品的色泽和性状与说明不符的均不能使用。

(5)使用前要认真阅读说明书，了解所用疫苗的用途、用法、接种剂量等。不能随意将不同的疫苗混合使用。在发生疫情紧急接种时，应先注射健康群，再注射可疑群，最后接种发病群。

(6)仔细检查疫苗有无过期、污染、发霉、有摇不散的凝块或异物、无标签或标签不清、疫苗瓶有裂纹、瓶塞密封不严等情况，如有一律不得使用。所有疫苗一经开启应在 2～4 小时内用完。稀释好但尚未使用的活疫苗应放在冰箱或浸在冰水中，并在两小时内用完。接种完毕，双手应立即洗净并消毒，剩余的药液和疫苗瓶及所有用过的器械应用水煮沸处理或拔下瓶塞后焚烧处理。

(7)注射用具应事先清洗和煮沸消毒后使用。做到注射 1 只，换 1 个针头，避免通过针头传播病原体。饮水免疫时应注意水质，水中不应含氯，要保证绝大多数鸭喝到足够量的疫苗。

(8)预防接种后，接种反应时间内免疫接种人员要对被接种动物进行反应情况检查，详细观察鸭的饮食、精神、粪便情况，并抽查体温，对有反应的鸭应予以登记，对接种反应严重或发生过敏反应的应及时抢救、治疗。一般经 5～7 天没有反应时，可以停止观察。

(9)必须执行正确的免疫程序。预防不同传染病应使用不同的疫苗。由于鸭年龄、母源抗体水平和疫苗类型等不尽相同,要根据不同情况,结合免疫监测手段,制订和执行正确的免疫程序,才能取得理想的预防效果。

(10)接种疫苗后应加强饲养管理,减少应激因素(如寒冷、拥挤、通风不良等),有利于机体产生足够的免疫力。

4. 免疫失败

免疫失败与正常的免疫反应是有区别的。

(1)免疫失败:主要包括严重反应和免疫无效两个方面的内容。

①严重反应:鸭鸭在免疫接种后的一定时间内(通常 24～48 小时),普遍出现严重的全身反应,甚至大批死亡。

②免疫无效:鸭鸭在免疫接种后,在有效免疫期内,完全不能抵御该种疫病的自然流行而造成严重损失。

(2)免疫失败的原因

①疫苗质量问题:非正规厂家生产的疫苗;疫苗保存出现问题。疫苗购买后如不立即使用,也未按标签要求保存,很快就会失效;疫苗使用期间出现问题。如疫苗从冰箱中取出后未在规定时间内用完,或午休时违规将疫苗置于热炕上等等,均可造成疫苗失效。

②接种技术问题:如使用不合格的稀释液、未严格消毒的注射器、针头,针头不及时更换,被病原污染,或针头型号过大、过长,注射时将针头刺入鸭鸭胸腔、或刺中神经,免疫程序不合理等。

③被免疫机体的问题:被免疫鸭鸭营养不良、发病期间等。

(3)控制免疫失败的方法

①购买正规厂家生产的疫苗,要检查疫苗标签上是否有产品合格证、生产厂家地址和联系电话;

②按鸭鸭品种、日龄、生产方向及疫苗使用要求，选择正确的接种方法；

③购买疫苗要用专用设备运输，使用前要严格按疫苗说明条件保存；

④疫苗一旦启封或稀释后，必须在 2 小时内用完；

⑤接种疫苗的对象(鸭鸭)，必须身体健康、营养状况良好、无病。

五、药物预防

对鸭群应用药物进行预防也是一项重要的防疫措施，在饲料、饮水或添加剂中加入某种既安全可靠又价格低廉的并有一定含量的抗菌药物或其他一些药物，可以预防细菌性传染病和寄生虫病以及其他内科疾病的发生，对促进鸭群的生长，增进鸭群体质，以及提高饲料的转化具有显著的效果。如用诺氟沙星、土霉素等可以预防鸭副伤寒和大肠杆菌等疾病的发生，红霉素可以预防霉形体，制霉菌素、克霉唑可以预防曲霉菌病；磺胺类药物可以预防和治疗禽霍乱和住白细胞虫病等疾病；克球粉、地克珠利等可以预防鸭球虫病；丙硫咪唑可以预防鸭蠕虫病，此外，在鸭群注射疫苗后，添加适量的左旋咪唑还可以起到增强免疫力的作用。

也有一些营养代谢病和某些药物使用过量引发的疾病，可以通过添加药物得到纠正，如鸭群使用河蚌、螺蛳等软体动物作为动物性蛋白质饲料，由于软体动物中含有破坏维生素 B_1 的硫胺酶，常能引起维生素 B_1 的缺乏，若在饲料中添加适量的维生素 B_1，就可以避免缺乏而起到预防疾病的效果。

此外还有一些肠道传染病和寄生虫病以及其他因素引起的肠道疾病，这些疾病的产生常引起鸭体内维生素 A 的缺乏，往往可以通过在饲料中添加维生素 A 得到预防和改善。

但必须指出，任何一种药物或同一类型药物的长期使用或使用过量，容易对鸭产生耐药性或不良反应，如呋喃唑酮虽然对大肠杆菌病具有良好的预防效果，但该药对雏鸭较为敏感。在使用时，要严格控制药物浓度和剂量，同时连续使用时间不能超过一周，否则会引起过量中毒或蓄积中毒。磺胺类药物也不应过量使用或使用时间过长，否则同样也会引起不良反应。因此，在使用药物预防时，应根据药物的特性和临床实际需要，选择不同类别的药物。对于细菌性传染病，有条件的要进行细菌培养，同时还要对分离的菌株做药物敏感试验，以选用有针对性的和高度敏感的抗菌药物，更好地提高防治效果。

第二节 发生烈性传染病时的扑灭措施

一旦发生一类动物疫病或暴发流行二类、三类动物疫病时，立即报兽医防疫员进行诊断，并迅速将病鸭、可疑病鸭隔离观察，将症状明显或死亡鸭送兽医部门检验，及早做出诊断，一旦确诊为传染病，应根据“早、快、严、小”的原则，迅速采取以下措施。

1. 提高疫病诊断水平，减少疫病造成的损失

由各种病原引起的疫病，具有一定的特点和相似之处，必须要迅速正确地进行诊断，才能做到对症下药，及时采取防制措施，防止疫病蔓延扩大，减少疫病造成的损失。疫病诊断一般应从症状、解剖病变和流行病学调查着手，对相似症状、病变进行区别诊断，在此基础上应组织实验室诊断。实验室诊断应按照诊断要求采集病料，对所采病料进行病原体观察、培养，并进一步做琼扩试验、荧光抗体试验等办法确定病原。还可继续进行药敏试验、疫苗制作

和高免抗体制作，提高防制疫病效果。

只有饲养人员随时观察鸭群动态，才能做到对鸭群疫情的早发现、早确诊、早处理，有利于控制疫病的传播和流行。因此，饲养人员要随时注意观察饲料、饮水的消耗、排粪和产蛋等情况，若有异常，要迅速查明原因。发现可疑传染性病鸭时，应根据动物防疫的有关法律、法规要求和传染病控制技术尽快确诊，隔离病鸭，封锁鸭舍，在小范围内采取扑灭措施，对健康鸭群采取紧急接种疫苗或进行药物防治。由于传染病发病率高，流行快，死亡率高，因此，无论什么地方或单位饲养的鸭群发生了传染病，都应及时通报，让近邻、近地区注意采取预防措施，防止发生大流行。

2. 严格隔离封锁

疫情发生时，要加强封锁和控制，严防传染病的流行和扩散。严禁食用病死鸭，严格隔离病鸭群。病死鸭的尸体、内脏、羽毛、污物等不能随意乱扔，必须焚烧或深埋，重症病鸭要淘汰。病鸭舍和病鸭用过的饲养用具、车辆、接触病鸭的人员、衣物及污染场地必须严格消毒，粪便经彻底消毒或生物发酵处理后方可利用。处理完毕后，经半个月如无新的病例，再进行一次终末彻底消毒，才能解除封锁。

3. 加强消毒，扑灭病原

鸭场发生疫情后在隔离封锁时，应立即对鸭舍、地面、饲槽、水槽及其他用具清洗后消毒进行彻底消毒，扑灭鸭舍周围环境中存在的病原体。

4. 紧急接种

鸭场除平时按免疫程序做好免疫接种外，当发生疫情时，应对已确诊的疫病迅速采用该病的疫苗或高免血清，对受威胁的健康鸭进行紧急接种，使其尽快得到免疫力。尽早采取紧急接种，能明显有效地控制疫情，减少损失。

5. 扑杀、无害化处理病死鸭

鸭场发生一些烈性传染病或人畜共患病的患病鸭要立即扑杀。对于无治疗意义和经济价值不大的病鸭、死鸭尽快淘汰处理，并将这些病鸭及病死鸭集中深埋或焚烧等无害化处理，将病鸭舍内的垫草焚烧或与粪便一起发酵后作肥料，禁止随意丢弃病死鸭。如果对有利用价值的病鸭进行加工处理时，需经动物防疫监督检验部门检疫认可后，在不扩散病原的情况下才能进行加工处理，减少损失。

(1)动物尸体的运送

①运送前的准备

设置警戒线、防虫：动物尸体和其他须被无害化处理的物品应被警戒，以防止其他人员接近、防止家养动物、野生动物及鸟类接触和携带染疫物品。如果存在昆虫传播疫病给周围易感动物的危险，就应考虑实施昆虫控制措施。如果对染疫动物及产品的处理被延迟，应用有效消毒药品彻底消毒。

工具准备：运送车辆、包装材料、消毒用品。

人员准备：工作人员应穿戴工作服、口罩、护目镜、胶鞋及手套，做好个人防护。

②装运

堵孔：装车前应将尸体各天然孔用蘸有消毒液的湿纱布、棉花严密填塞。

包装：使用密闭、不泄漏、不透水的包装容器或包装材料包装动物尸体，小动物和禽类可用塑料袋盛装，运送的车厢和车底不透水，以免流出粪便、分泌物、血液等污染周围环境。

注意事项：箱体内的物品不能装得太满，应留下半米或更多的空间，以防肉尸的膨胀(取决于运输距离和气温)；肉尸在装运前不能被切割，运载工具应缓慢行驶，以防止溢溅；工作人员应携带有效消毒药品和必要消毒工具以处理路途中可能发生的溅溢；所有运载工具在装前卸后必须彻底消毒。

③运送后消毒：在尸体停放过的地方，应用消毒液喷洒消毒。土壤地面，应铲去表层土，连同动物尸体一起运走。运送过动物尸体的用具、车辆应严格消毒。工作人员用过的手套、衣物及胶鞋等也应进行消毒。

(2)尸体无害化处理方法

①深埋法：深埋法是处理畜禽病害肉尸的一种常用、可靠、简易的方法。

选择地点：应远离居民区、水源、泄洪区、草原及交通要道，避开岩石地区，位于主导风向的下方，不影响农业生产，避开公共视野。

挖坑：坑应尽可能的深(2～7 米)、坑壁应垂直。

尸体处理：在坑底洒漂白粉或生石灰，可根据掩埋尸体的量来确定(0.5～2.0 千克/平方米)掩埋尸体量大的应多加，反之可少加或不加。动物尸体先用 10%漂白粉上清液喷雾(200 毫升/平方米)，作用 2 小时。将处理过的动物尸体投入坑内，使之侧卧，并将污染的土层和运尸体时的有关污染物如垫草、绳索、饲料、少量的奶和其他物品等一并入坑。

掩埋：先用 40 厘米厚的土层覆盖尸体，然后再放入未分层的熟石灰或干漂白粉 20～40 克/平方米(2～5 厘米厚)，然后覆土掩埋，平整地面，覆盖土层厚度不应少于 1.5 米。

设置标识：掩埋场应标志清楚，并得到合理保护。

场地检查：应对掩埋场地进行必要的检查，以便在发现渗漏或其他问题时及时采取相应措施，在场地可被重新开放载畜之前，应对无害化处理场地再次复查，以确保对牲畜的生物和生理安全。复查应在掩埋坑封闭 3 个月后进行。

注意事项:石灰或干漂白粉切忌直接覆盖在尸体上,因为在潮湿的条件下熟石灰会减缓或阻止尸体的分解。

②焚烧法:焚烧法既费钱又费力,只有在不适合用掩埋法处理动物尸体时用。焚化可采用的方法有:柴堆火化、焚化炉和焚烧窖/坑等,此处主要讲解柴堆火化法。

Ⅰ. 选择地点:应远离居民区、建筑物、易燃物品,上面不能有电线、电话线,地下不能有自来水、燃气管道,周围有足够的防火带,位于主导风向的下方,避开公共视野。

Ⅱ. 准备火床

十字坑法:按十字形挖两条坑,其长、宽、深分别为 2.6 米、0.6 米、0.5 米,在两坑交叉处的坑底堆放干草或木柴,坑沿横放数条粗湿木棍,将尸体放在架上,在尸体的周围及上面再放些木柴,然后在木柴上倒些柴油,并压以砖瓦或铁皮。

单坑法:挖一条长、宽、深分别为 2.5 米、1.5 米、0.7 米的坑,将取出的土堆堵在坑沿的两侧。坑内用木柴架满,坑沿横架数条粗湿木棍,将尸体放在架上,以后处理同上法。

双层坑法:先挖一条长、宽各 2 米、深 0.75 米的大沟,在沟的底部再挖一长 2 米、宽 1 米、深 0.75 米的小沟,在小沟沟底铺以干草和木柴,两端各留出 18～20 厘米的空隙,以便吸入空气,在小沟沟沿横架数条粗湿木棍,将尸体放在架上,以后处理同上法。

Ⅲ. 焚烧

摆放动物尸体:把尸体横放在火床上,最好把尸体的背部向下、而且头尾交叉,尸体放置在火床上后,可切断动物四肢的伸肌腱,以防止在燃烧过程中,肢体的伸展。

浇燃料:燃料的种类和数量应根据当地资源而定。设立点火点,当动物尸体堆放完毕、且气候条件适宜时,用柴油浇透木柴和尸体(不能使用汽油),然后再距火床 10 米处设置点火点。

焚烧:用煤油浸泡的破布作引火物点火,保持火焰的持续燃烧，在必要时要及时添加燃料。

焚烧后处理：焚烧结束后，掩埋燃烧后的灰烬，表面撒布消毒剂。填土高于地面，场地及周围消毒，设立警示牌，查看。

Ⅳ．注意事项：应注意焚烧产生的烟气对环境的污染；点火前所有车辆、人员和其他设备都必须远离火床，点火时应顺着风向进入点火点；进行自然焚烧时应注意安全，须远离易燃易爆物品，以免引起火灾和人员伤害；运输器具应当消毒；焚烧人员应做好个人防护；焚烧工作应在现场督察人员的指挥、控制下，严格按程序进行，所有工作人员在工作开始前必须接受培训。

③发酵法：这种方法是将尸体抛入专门的动物尸体发酵池内，利用生物热的方法将尸体发酵分解，以达到无害化处理的目的。

选择地点：选择远离住宅、动物饲养场、草原、水源及交通要道的地方。

建发酵池：池为圆井形，深 9～10 米，直径 3 米，池壁及池底用不透水材料制作成（可用砖砌成后涂层水泥）。池口高出地面约 30 厘米，池口做一个盖，盖平时落锁，池内有通气管。如有条件，可在池上修一小屋。尸体堆积于池内，当堆至距池口 1.5 米处时，再用另一个池。此池封闭发酵，夏季不少于 2 个月，冬季不少于 3 个月，待尸体完全腐败分解后，可以挖出作肥料，两池轮换使用。

第三章　鸭疫病的诊断

临床检查是对患病鸭只及其所在群体进行调查、研究，以收集症状资料的过程，常通过视诊、触诊、听诊和嗅诊等基本的临床检查方法完成。临床检查一般以“先群体、后个体”，“先全身、后局部”，“先静态、后动态”为原则。

第一节　鸭疫病的检查

作为饲养者，准确地诊断鸭疾病，主要应从两方面着手：一是看，二是查。

看也就是视诊，首先对发病鸭群的整体状态，如精神、食欲、饮水、营养体况、姿势、羽毛变化及粪便等状况进行全面的观察，以发现其临床症状及病理变化。

查主要是抽查个体病例机体内外的病理变化（包括外部观察和剖检），尤其是体内脏器的特殊病变，以反映出某种鸭病应有的性质，从而做出初步的诊断。这是一种对鸭病最重要的诊断手段。

一、临床体征检查诊断

(一)群体检查

为了预防鸭群疫病的发生、传播、蔓延，降低养殖成本，经常对鸭群进行定期的检疫检查，在鸭群的整个饲养过程中具有很重要的现实意义。

1. 斜坡检测

就是把鸭群赶到河塘、河流、湖泊的45°的埂坡上让鸭爬坡通过，凡是勇敢争先，一跃而过的都是健康鸭；而攀登不过或艰难攀登的是病、伤、弱鸭，应隔离逐只检疫确诊后处理。

2. 过障碍检测

就是人为的设立障碍，如铺以高30～36厘米、长2～3米的草包，或者是设置高30～36厘米、长2～3米，两边(头)有阻挡的桥形障板，赶鸭让其徐徐通过障碍。凡是一跃而过的是健康鸭；未通过的鸭隔离后逐只检疫确诊后处理。

3. 游速检测

就是把鸭群赶到水里，让鸭群在人的指挥下，定向快速游泳前进500～1000米后再继续前进，而健康的鸭依然是快速前进，一直领先；病、伤、弱鸭就逐渐落后，把落后的鸭隔开上岸围住后，逐只检疫确诊后处理。

4. 精神状态检测

健康鸭站立有神，敏感性强，翅膀收缩有力，紧贴体躯，尾羽上翘，行走有力，采食敏捷，食欲旺盛。如果体温高，精神萎靡，缩颈垂翅，离群独居，闭目呆立，尾羽下垂，食欲废绝，常见于临床症状明显期的某些急性、热性传染病，如小鹅瘟、副黏病毒病、急性型禽霍乱；体温“正常”或偏高，精神差，食欲不振，临床上见于某些慢性传染病和寄生虫病以及某些营养代谢病，如慢性鸭瘟、慢性禽副伤寒、绦虫病、吸虫病、硒或维生素 E 缺乏症等；精神萎靡，体温下降，缩颈闭目，蹲地伏卧，不愿站立，临床上见于濒死期的病鸭。

5. 采食、饮水状况检测

在正常的情况下，健康的鸭群走动活泼自如，采食正常，其采食量和食完料槽内饲料的时间是有规律的。若发现在一定时间内(1～2 小时)采食量减少，料槽中仍堆放不少未食完饲料，而饲养员感到喂料比前几天大减，则说明鸭群中有鸭只食欲减退或不食。此时，鸭群中会出现精神不振、沉郁等异常变化的鸭，说明鸭群中出现病态，应及时进一步详细观察和检查。若此种情况出现在雏鸭群，并有呼吸道症状(如打喷嚏、咳嗽、张口呼吸等)，应考虑感冒、细小病毒病或小鹅瘟等疾病的可能性。如果发现有歪头、扭颈、软脚或犬坐姿势的鸭只，应考虑鸭疫默氏杆菌病和大肠杆菌病的可能性。

6. 运动行为检测

行走摇晃，步态不稳，临床上见于明显期的急性传染病和寄生虫病等，如副黏病毒病、小鹅瘟、球虫病以及严重的绦虫病、吸虫病等。两肢行走无力，并有痛感，行走间常呈蹲伏姿势，临床上见于鸭佝偻病或骨软症以及葡萄球菌关节炎等。两肢交叉行走或运动失调，跗关节着地，常见于雏鸭维生素 E 和维生素 D 缺乏症，两肢不能站立、仰头蹲伏呈观星姿势，临床上见于雏鸭维生素 B_1 缺乏症。两肢麻痹、瘫痪、不能站立，常见于雏鸭维生素 B_2 缺乏症。企鹅样立起或行走，临床见于母鸭严重的卵黄性腹膜炎。

7. 呼吸动作检测

气喘、咳嗽、呼吸困难，临床上见于某些传染病，如曲霉菌病、禽李氏杆菌病、禽链球菌病、流行性感冒、禽霉形体、大肠杆菌病等,也可见于某些寄生虫病,如支气管杯口线虫病。

8. 神经症状检测

扭颈,出现神经症状,临床上见于某些传染病如副黏病毒病、小鹅瘟、雏鸭霉菌性脑炎、禽李氏杆菌病、螺旋体病,亦可见于某些中毒病和某些营养代谢病,如呋喃唑酮中毒,维生素 A 缺乏症、维生素 B_1 缺乏症等。

9. 声音检测

健康鸭叫声响亮,而患病鸭则叫声无力。若叫声嘶哑,临床上见于鸭疾病晚期的病例,如慢性鸭瘟、流行性感冒、结核病、禽流感以及副黏病毒病等,也见于某些寄生虫病,如寄生在鸭气管内的舟形嗜气管吸虫病以及寄生在鸭气管和支气管内的支气管杯口线虫病。

10. 羽毛检测

羽毛是鸭皮肤特有的衍生物,具有保温、散热、防水及防止外界损伤的作用。健康的成年鸭羽毛紧凑、平整、光滑。若羽毛蓬松、污秽、无光泽,临床上见于慢性传染病、寄生虫病和营养代谢病,如禽副伤寒、大肠杆菌病、鸭瘟、慢性禽霍乱、绦虫病、吸虫病、维生素 A 和维生素 B_1 缺乏症等。羽毛稀少,常见于烟酸、叶酸缺乏症,也可见于维生素 D 和泛酸缺乏症。羽毛松乱或脱落,临床上见于鸭 B 族维生素缺乏症和含硫氨基酸不平衡。头颈部羽毛脱落见于泛酸缺乏症。羽毛脱落也可见于 70～80 日龄鸭的正常换羽引起的掉毛。羽毛断裂或脱落多见于鸭外寄生虫病,如羽毛虱和羽螨。

(二)个体检查

1. 鸭的捕捉

及时将病鸭捉出,单独处理和及时淘汰,以提高养鸭经济效益。捉鸭方法不当,重者可导致鸭群停产;轻者鸭群产蛋率下降,特别是群养,因鸭胆小,神经质,遇到异常情况易惊群。

(1)捉鸭用具的制作:取 60 厘米左右的 8 号铁丝一根;1.5～2.0 米长,直径 1.5～2.0 厘米左右的竹竿或木棍一根;备少量细铁线。将 8 号铁丝一端制成开放式扁圆,然后用细铁线将其与竹竿或木棍连接即成。将做好的捉鸭用具进行调试,其开口及扁圆大小以既不过小而套不进鸭脖子,也不要因过大使鸭头漏出为宜。

(2)捉鸭方法:将欲捉鸭所在的鸭群围赶到一个空栏内,如果鸭群较大,应适当分群,将鸭群缩小(40～50 只为宜),然后将缩小的鸭群赶到围栏的一侧,捉鸭者手持捉鸭用具,站在离鸭群 3～4 米处,让鸭只在围栏和捉鸭者中间的通道中零散地、慢慢地通过,当欲捉鸭出现时,用捉鸭用具迅速、准确地朝鸭脖子勾去,即可将鸭捉住。

(3)注意事项:鸭群分群时,动作要稳、慢,让鸭群在行走间分离,而不是在飞跑中进行;捉鸭用具开口及扁圆的大小,在使用过程中应经常调整,以适应捕捉不同大小鸭只的需要;捉鸭时,身体不要快速前倾,而是身体慢行,持捉鸭用具的手突然、快速伸出,勾住鸭脖子。

2. 检查方法

检查者以右手握持鸭的两翅,举起鸭体,从头到尾视检全身。

(1)头部检查

①头部皮肤:主要观察皮肤有没有损伤、炎症,皮肤颜色变化,皮下有没有水肿等情况。外伤、打斗可造成头部皮肤的损伤和炎

症肿胀;某些传染病和中毒病可引起机体缺氧,头部皮肤颜色表现为发紫,如亚硝酸盐中毒鸭;患鸭瘟病时,头部皮下水肿。

②喙:喙的质地和形态是否改变,颜色是否正常,色泽有否消退。幼鸭患软骨病时喙发软,容易弯曲出现变形。喙色泽淡,常见于慢性寄生虫病和营养代谢病,如绦虫病、吸虫病、裂口病、幼鸭硒或维生素 E 缺乏症。喙色泽发紫,常见于小鹅瘟、禽霍乱、鸭卵黄性腹膜炎、维生素 E 缺乏症等疾病。喙变软、易扭曲,常见于幼鸭钙磷代谢障碍、维生素 D 缺乏症以及氟中毒。

③口腔:主要观察口腔内有无过多的分泌物,黏膜是否苍白、充血、出血,口腔与喉头部有无假膜覆盖,有无溃疡或异物存在等。检查者可用手指抵住鸭咽喉部皮肤或用手捏住两嘴角喙根部,令其张开口腔以观察。口腔流出水样混浊液体,临床上见于裂口线虫病、副黏病毒病、鸭瘟等。口腔流涎,见于鸭误食喷洒农药的蔬菜或谷物引起的中毒,也偶见于鸭误食万年青引起的中毒。口腔流血,临床上见于某些中毒病,如鸭敌鼠钠盐中毒。口腔内有刺鼻的气味,常见于有机磷及其他农药中毒,如有机磷农药中毒具有大蒜气味。口腔黏膜有炎症或有白色针尖大的结节,见于雏鸭维生素 A 缺乏症和烟酸缺乏症,也见于鸭采食被蚜虫或蝶类幼虫寄生的蔬菜或青草引起的口腔炎症。口腔黏膜形成黄白色、干酪样假膜或溃疡,严重者甚至蔓延至口腔外部,嘴角亦形成黄白色假膜,临床上见于鸭霉菌性口炎,即鸭口疮。

④鼻腔:鸭鼻腔有分泌物是鼻道疾病最显著的证候,鼻孔及其窦腔内有黏液性或浆液性分泌物,常见于鸭流行性感冒、鸭曲霉菌感染、大肠杆菌病、霉形体病,也见于棉籽饼中毒等。鼻腔内有牛奶样或豆腐渣样物质,则见于维生素 A 缺乏症。

⑤喉及气管:打开鸭的口腔也可观察到喉头的变化,主要观察喉头是否有充血、出血、水肿,分泌物情况,有无假膜覆盖等。如喉头干燥、有易剥落的白色假膜,多见于各种维生素缺乏症。压迫气

管，鸭即表现为疼痛反应性咳嗽、甩头、张口吸气等，多表示气管和喉有炎症。

⑥眼睛：主要观察眼结膜的颜色，有无出血、损伤，分泌物及眶下窦情况。如眼球下陷，临床上常见于某些传染病、寄生虫病等因腹泻引起机体脱水所致，如副黏病毒病、禽副伤寒、大肠杆菌病、绦虫病、棘口吸虫病以及某些中毒病等。眼结膜充血、潮红、流泪、眼睑水肿，临床上见于禽霍乱、嗜眼吸虫病、禽眼线虫病以及维生素A缺乏症。眼睛有黏性或脓性分泌物，常见于鸭瘟、禽副伤寒、大肠杆菌眼炎以及其他细菌或霉菌引起的眼结膜炎。眼结膜有出血斑点，临床上见于禽霍乱、鸭瘟等。眼结膜苍白常见于鸭剑带绦虫病、膜壳绦虫病、棘口吸虫病，住白细胞虫病以及慢性鸭瘟等。眼睛有黏液性分泌物流出，使眼睑变成粒状，则见于雏鸭生物素及泛酸缺乏症等。角膜混浊，流泪，见于维生素A缺乏症；角膜混浊，严重者形成溃疡，临床上见于慢性鸭瘟，也见于嗜眼吸虫病。瞬膜下形成黄色干酪样小球、角膜中央溃疡，临床上见于曲霉菌性眼炎。

⑦外耳孔：当禽舍卫生条件太差时，常会出现外耳孔被饲料、污泥或粪便等堵塞。这种鸭场喂养的鸭群多见生长发育不良，并逐渐衰弱、消瘦、生产性能下降等。

(2)食道膨大部检查：鸭的食道膨大部相当于鸡的嗉囊，检查者可以用手按摸以了解其内容物性质，必要时可将鸭倒提使头下垂并挤压，检查食道膨大部内有无酸臭并带气泡的液体从其口腔内流出。鸭口疮患鸭食道膨大部膨大，触诊松软，挤压或倒提即见从口腔流出酸败的带气泡的内容物。患硬嗉病时，按压食道膨大部有面团样感，有的感觉坚硬，里面充满硬内容物。

(3)胸部检查：通过触摸了解胸廓是否有疼痛、肋骨有无突起、胸骨有没有变软、变形。检查营养状况时，可触诊胸骨两侧的肌肉丰满程度。也可以听诊有无异常的呼吸音响，以考察呼吸系统的功能变化。如肺和气管的呼吸音粗厉、有啰音多说明呼吸系统有炎症。

(4)腹部检查:腹部检查常用视诊、触诊和穿刺等方法,主要了解腹围的变化和腹腔器官内容物的状态变化。腹围膨大见于产蛋鸭的卵黄性腹膜炎,有时亦见于产蛋鸭的腹围缩小,常见于慢性传染病和寄生虫病,如慢性副伤寒、裂口线虫病、绦虫病等;还有卵黄性腹膜炎时,触诊腹部有波动感,穿刺可抽出多量淡黄色或污灰色腥臭浑浊渗出液。

(5)肛门、泄殖腔检查:注意观察肛门周围有无粪便污染,泄殖腔有否肿胀、外翻,再用拇指和食指翻开泄殖腔,观察黏膜色泽、完整性及其状态。肛门周围有稀粪沾污,见于多种腹泻性疾病;肛门周围有炎症、坏死和结痂病灶,常见于泛酸缺乏症。泄殖腔黏膜充血或有出血点,见于各种原因引起的泄殖腔炎症,如前殖吸虫病、副黏病毒病等,有时也见于禽霍乱;患鸭瘟病时,肛门水肿、泄殖腔黏膜充血、肿胀,严重者泄殖腔外翻,患病公鸭阴茎不能收回。

(6)腿、关节、脚和蹼检查:主要检查腿的各部的完整性,关节的活动性,关节和韧带的连接状况,腿部骨骼的形状,脚、蹼的完整性和颜色等。如触摸腿部各关节,检查有无肿胀、骨折、变形或运动不灵活等现象,这些部位常见的证候和相应的疾病有趾关节、跗关节发生关节囊炎时,关节肿胀,并有波动感,有的还含有脓汁,通常滑膜支原体、金黄色葡萄球菌、沙门菌属病原体都可引发这些变化;跖骨软、易折,临床上见于佝偻病、骨软症,以及氟中毒引起的骨质疏松;脚、蹼前端逐渐变黑、干燥,有时脱落是由葡萄球菌引起。脚、蹼发紫,常见于卵黄性腹膜炎、维生素 E 缺乏症,亦可见于小鹅瘟等;脚、蹼干燥或有炎症,常见于 B 族维生素缺乏症,也可见于内脏型痛风病,以及各种疾病引起的慢性腹泻;脚蹼趾爪蜷曲或麻痹见于雏鸭维生素 B_2 缺乏症;锰缺乏的鸭跗关节异常肿大,常一只腿从跗关节处曲屈而无法站立,可因麻痹而饥饿死亡。

(7)体温测量:必要时可进行体温测量,将体温计插入泄殖腔的直肠部约2～3厘米深处3～5分钟,注意不要损伤输卵管。鸭的正常体温为41℃左右,其变动范围受年龄、品种、测温时间、季节、外界温度和饲料等因素的影响。某些疾病因素可造成鸭体温的升高,如禽霍乱、鸭瘟等急性传染病;体质衰弱、严重营养不良、贫血及濒死期的病鸭体温可下降。

(8)粪便:大便稀,临床上见于细菌、霉菌、病毒和寄生虫等病原引起鸭的腹泻,如禽副伤寒、小鹅瘟、绦虫病、吸虫病等,也见于某些营养代谢病和中毒病,如维生素E缺乏症、有机磷农药中毒等、误食万年青中毒以及采食寄生蔬菜、青草的蚜虫、蝶类幼虫引起的中毒等。大便呈石灰样,临床上多见于鸭痛风病,也可见于维生素A缺乏症和磺胺药中毒等。大便稀,带有黏液状并混有小气泡,临床上见于雏鸭维生素B_2缺乏症,或采食过量的蛋白质饲料引起的消化不良以及小鹅瘟等。大便稀,带有黏稠、半透明的蛋清或蛋黄样,临床上见于卵黄性腹膜炎、输卵管炎、产蛋鸭的前殖吸虫病等。大便稀,呈青绿色,临床上见于鸭副黏病毒病、慢性禽霍乱等。大便稀,呈灰白色并混有白色米粒样物质(绦虫节片),临床上见于鸭绦虫病。大便稀,并混有暗红或深紫色血黏液,临床上见于鸭球虫病、鸭裂口线虫病,有时亦见于禽霍乱。大便呈血水样,临床上见于球虫病,有时也偶见于磺胺药中毒以及呋喃丹中毒。

(9)鸭蛋:鸭蛋的蛋壳薄,临床上见于禽副伤寒、大肠杆菌病、副黏病毒病、鸭瘟以及维生素D和钙磷缺乏症等疾病,也见于夏季热应激引起蛋壳变薄。鸭蛋无蛋黄,临床上见于异物(如寄生虫、脱落的黏膜组织、小的血块等)落入输卵管内,刺激输卵管的蛋白分泌部位,使其分泌出蛋白包住异物,然后再包上壳膜和蛋壳而形成的,也见于输卵管太狭窄,产出很小的无蛋黄的畸形蛋。双黄蛋,临床上偶见于食欲旺盛的产蛋鸭,这是因为两个蛋黄同时从卵巢放出，同时通过输卵管，也同时被蛋白壳膜和蛋壳包上而形成体积特别大的双黄蛋。双壳蛋，即具有两层蛋壳的蛋，临床上见鸭产蛋时受惊后输卵管发生逆蠕动，蛋又退回蛋壳分泌部，刺激蛋壳腺再次分泌出一层蛋壳，而使蛋具有两层蛋壳。

以上这些只是一般临床检查方法，对有些特殊的传染病确诊，多数情况下是不能确定的。因为很多传染病特异的临床症状是在发病的中、后期才能表现出来。在病的初期，不同传染病大多呈现出类似的临床症状，如体温升高、心跳加快、呼吸急促、食欲不振、精神萎靡等。同时，因为病原体毒力的大小、机体抵抗力的强弱、病原体侵入的途径、环境条件的优劣等不同，可使鸭只表现出不同的临床症状。并不是所有传染病的经过都具有特征性症状，某些传染病表现为消散型、顿挫型或非典型型，有些传染病的经过是无症状的。所以，临场症状的观察不可能确定诊断，必须结合其他辅助诊断方法综合分析判断。

二、临床剖检诊断

病理剖检即是对患鸭或病死鸭的尸体进行剖解，以全面、细致地检查病鸭各个器官、组织的病理变化，为快速诊断疾病提供重要依据。在临床上，大多数鸭病没有特征性的临床症状，想从临床症状上把每种病鉴别开是比较困难的。另外，尽管实验室检查对鸭病的诊断起决定作用，但它往往要有一定的设备条件，且常需要较长的时间。而禽的病理剖检诊断方法简单易行，也比较容易掌握，因此，对于经验丰富的禽病工作者来说，病理剖检是鸭病诊断最主要的手段。

鸭病的治疗重在早治、准治。生产中由于病初发病少，死鸭少，有些养鸭户往往就把病死鸭随意处理掉，结果耽误了早期治疗而造成损失。有的因离兽医站远或因事耽搁，送诊死鸭尸体腐烂，使诊断不准确而贻误治疗，造成损失。因此，养鸭户有必要掌握一定的鸭尸体剖检技术。一旦发现病、死鸭，又不能及时诊治时，可自行剖检，并做详细剖检记录，然后带着剖检记录确诊或找兽医诊治。

(一)鸭体剖检要求

1. 正确掌握和运用鸭体剖检方法

若方法不熟练，操作不规范、不按顺序，乱剪乱割，影响观察，易造成误诊，贻误防治时机。

2. 防止疾病散播

剖检时如果剖检地点不合适、消毒不严格、尸体处理不当等，不仅引起病原在本场传播，而且能污染环境。所以，剖检地点必须远离鸭舍，注意严格消毒和病死鸭的无害化处理。

(1)选择合适的剖检地点：鸭场最好建立尸体剖检室，剖检室设置在生产区和生活区的下风方向和地势较低的地方，并与生产区和生活区保持一定距离，自成单元；若养鸭场无剖检室，剖检尸体时选择在比较偏僻的地方进行，要远离生产区、生活区、公路、水源等，以免剖检后，尸体的粪便、血污、内脏、杂物等污染水源、河流，或由于车来人往等传播病原，造成疫病扩散。

(2)严格消毒：剖检前对尸体进行喷洒消毒，避免病原随着羽毛、皮屑一起被风吹起传播。剖检后将死鸭放在密封的塑料袋内，对剖检场所和用具进行彻底全面的消毒。剖检常用的消毒药有0.1%的新洁尔灭溶液、来苏儿等，也可采用其他含溴消毒剂、含碘消毒剂等进行消毒。剖检室的污水和废弃物必须经过消毒处理后方可排放。

(3)尸体无害化处理：有条件的鸭场应建造焚尸炉或发酵池，以便处理剖检后的尸体，其地址的选择既要使用方便，又要防止病原污染环境。无条件的鸭场对剖检后的尸体要进行焚烧或深埋。

3. 病理剖检的准备

(1)剖检器械的准备:正常剖检鸭所用器械包括手术刀、手术剪、骨剪、消毒桶、搪瓷盘等。作为家庭养殖鸭,无上述器械时,也可用家用剪子、剔骨刀、塑料桶等代替。

(2)剖检防护用具的准备:在条件允许情况下剖检人员应穿工作服、戴工作帽和胶手套,穿工作靴。剖检中如遇手等部位受伤,应立即停止剖检,用碘酒消毒伤口。

对活的病鸭,应先扭颈使其死亡再剖检。

待检病死鸭应先对其外部形态变化进行认真观察、记录,然后再实施剖检。剖检前先对待检鸭进行尸体消毒处理。方法是将病死鸭在桶内的消毒液里浸湿,然后放到解剖盘里进行解剖检查。

(3)剖检消毒药的准备

①0.1%的新洁尔灭溶液:多用于剖检人员皮肤和器械的消毒;

②来苏儿(煤酚皂)、芳香来苏儿(甲酚皂):1%～2%水溶液用于皮肤和器械消毒,3%～5%水溶液用于地面、墙壁、用具、待检鸭尸体、粪便等的消毒;

③也可采用其他含溴消毒剂、含碘消毒剂等进行消毒。

(二)病理剖检的程序

剖检病鸭最好在死后或濒死期进行。对于已经死亡的鸭只,越早剖检越好,因时间长了尸体易腐败,尤其夏季,易使病理变化模糊不清,失去剖检意义。如暂时不剖检的,可装入塑料袋内暂存放在4℃冰箱内。解剖前先进行体表检查。

病理剖检一般遵循由外向内,先无菌后污染,先健部后患部的原则,按顺序、分器官逐步完成。活鸭应首先放血处死、死鸭能放出血的尽量放血，检查并记录患鸭外表情况，如皮肤、羽毛、口腔、眼睛、鼻孔、泄殖腔等有无异常。用消毒液将禽尸羽毛沾湿或浸湿，避免羽毛、尘屑飞扬，然后将鸭尸放在解剖盘中或塑料布上。

1. 体表检查

选择症状比较典型的病鸭作为剖检对象，解剖前先做体表检查，即测量体温，观察呼吸、姿态、精神状况、羽毛光泽、头部皮肤的颜色，特别是鸭冠和肉髯的颜色，仔细检查鸭体的外部变化并记录症状。如有必要，可采集血液（静脉或心脏采血），以备实验室检验。

（1）病鸭的体况：姿势，肥胖或消瘦，羽毛是否粗乱、污秽、有无光泽。

（2）面部、冠和肉髯：注意皮肤的颜色，是否苍白贫血或暗红，表面有无棕色的痘痂（鸭痘）或鳞片结痂，冠髯是否肿胀和有结节（传染性鼻炎、慢性鸭霍乱或禽痘）。

（3）口、鼻、眼：注意鼻孔和口腔有无分泌物（传染性鼻炎、传染性支气管炎），咽喉黏膜有无干酪祥物质形成的假膜（白喉型禽痘）或白色针头状小结节（维生素 A 缺乏症）、注意虹膜的色泽和瞳孔的形状，眼部是否肿胀，眼睑内有无干酪样渗出物蓄积（传染性鼻窦炎、黏膜型鸭瘟、维生素 A 缺乏症）。

（4）肛门：肛门周围羽毛有无稀粪黏污，泄殖孔附近是否有粪污或白色粪便所阻塞。

（5）肿瘤：身体各部分都可能发生肿瘤，必须仔细检查，马立克病有时在皮肤可以检查到肿瘤；鸭脚皮肤是否粗糙或裂缝，是否有石灰样物附着，脚底是否有趾瘤等。

（6）体外寄生虫：鸭羽毛根部是否有虱卵缀着。如鸭有外寄生虫感染时，表现有羽毛粗乱。

2. 鸭体剖检方法

病理剖检一般遵循由外向内，先无菌后污染，先健部后患部的原则，按顺序，分器官逐步完成。

(1)活禽应首先放血处死、死禽能放出血的尽量放血，检查并记录患鸭外表情况，如皮肤、羽毛、口腔、眼睛、鼻孔、泄殖腔等有无异常。

(2)用消毒液将禽尸羽毛沾湿或浸湿，避免羽毛、尘屑飞扬，然后将禽尸放在解剖盘中或塑料布上。

(3)用刀或剪把腹壁和两侧大腿间的疏松皮肤纵向切开，剪断连接处的肌膜，两手将两股骨向外压，使股关节脱臼，卧位平稳。

(4)将龙骨末端后方皮肤横行切断，提起皮肤向前方剥离并翻置于头颈部，使整个胸部至颈部皮下组织和肌肉充分暴露，观察皮下、胸肌、腿肌等处有无病变，如有无出血、水肿，脂肪是否发黄，以及血管有无淤血或出血等。

(5)皮下及肌肉检查完之后，在胸骨末端与肛门之间作一切线，切开腹壁，再顺胸骨的两边剪开体腔，以剪刀就肋骨的中点，由后向前将肋骨、胸肌、锁骨全部剪断，然后将胸部翻向头部，使体腔器官完全暴露。然后观察各脏器的位置、颜色、有无畸形，浆膜的情况如有无渗出物和粘连，体腔有无积水、渗出物或出血。接着剪断腺胃前的食管，拉出胃肠道、肝和脾，剪断与体腔的联系，即可摘出肝、脾、生殖器官、心、肺和肾等进行观察。若要采取病料进行微生物学检查，一定要用无菌方法打开体腔，并用无菌法采取需要的病料(肠道病料的采集应放到最后)，后再分别进行各脏器的检查。

(6)将禽尸的位置倒转，使头朝向剖检者，剪开嘴的上下连合，伸进口腔和咽喉，直至食管和食道膨大部，检查整个上部消化道，以后再从喉头剪开整个气管和两侧支气管。观察后鼻孔、腭裂及喉口有无分泌物堵塞；口腔内有无伪膜或结节；再检查咽、食道和喉、气管黏膜的颜色，有无充血、出血、黏液和渗出物。

(7)根据需要，还可对鸭的神经器官如脑、关节囊等剖检。脑的剖检可先切开头顶部皮肤，从两眼内角之间横行剪断颧骨，再从两侧剪开顶骨、枕骨，掀除脑盖，暴露大、小脑，检查脑膜以及脑髓的情况。

(三)病理剖检诊断

1. 基本病理变化及其病理意义

(1)充血：局部组织或器官的小动脉和毛细血管扩张，血液含量增多，称为充血。充血部位表现发红、增温，并有轻度肿胀。主要见于炎症初期。

(2)淤血：也称静脉充血，是静脉血液回流发生障碍所引起。表现发紫、肿胀、温度降低。切开时流出多量暗红色血液。多发生于肺脏、肝、脾、肾等实质器官。

(3)出血：血液流出血管系统之外称破裂性出血；血液中的红细胞从小血管渗出，称渗出性出血。渗出性出血大多由于病原体在血液中增殖，使血管通透性改变，表现为局部器官组织有出血点或出血斑。也可能是缺乏维生素 K，或硒-维生素 E 缺乏症等营养代谢病引起。

(4)贫血：单位容积血液中红细胞数量不足或血红蛋白的含量不足，统称为贫血。表现为皮肤、黏膜苍白。引起贫血的原因很多，有失血性的如肝破裂、营养性的如缺钴、溶血性的如鸭住白细胞虫病和再生障碍性如长期使用氯霉素等。

(5)炎症：炎症是机体的一种防卫性反应，表现为红、肿、热、痛和机能障碍。炎症发生区出现变质、渗出、增生变化。家禽的许多传染病都发生炎症，除局部组织器官炎症外还伴有全身症状，如发热、血中白细胞增多，以及整个机体抗感染机能增强。

(6)萎缩:器官组织的体积缩小和功能减退称为萎缩。生理性萎缩是家禽性成熟后某些器官正常萎缩,如法氏囊、胸腺等。而雏鸭患法氏囊病后法氏囊的萎缩是病理性萎缩。

(7)水肿和积液:组织间隙积聚过多的液体称为水肿;体腔和心包积聚多量液体称为积液。水肿和积液可见于心、肝、肾等实质器官的疾病,严重的营养不良和某些中毒等。

(8)坏死:家禽体内局部组织细胞的病理性死亡称为坏死。坏死主要是由于病原体直接破坏机体组织细胞及其周围的血管引起,如巴氏杆菌可引起肝细胞的坏死。

(9)糜烂和溃疡:皮肤或黏膜组织发生坏死后脱落,形成浅层缺损称为糜烂,较深的缺损称为溃疡。如鸭口疮患鸭上部消化道黏膜可形成假膜或溃疡。

(10)败血症:病原微生物侵入血液,并在其中增长繁殖和产生有毒代谢产物,引起严重的全身症状,称为败血症。表现血管通透性改变,红细胞渗出,许多器官或组织有出血性病变,如小鹅瘟、禽霍乱等。

(11)肿瘤:家禽机体部分细胞出现异常增生,失去正常控制,形成肿块称为肿瘤。恶性肿瘤的特点是生长快,向周围组织浸润扩散,并能向其他部位发生转移。

2. 各器官常见病变及其诊断意义

各种不同的致病因子作用所造成的病理变化有差别,因此,鸭患病时,各器官组织表现的病理变化常常有着十分重要的诊断意义。

(1)皮下组织

①皮下水肿:常发生在胸、腹部及两腿之间的皮下,患部呈蓝紫色或蓝绿色,见于鸭的渗出性素质(鸭硒或维生素 E 缺乏)。

②皮下出血:见于某些传染病,如鸭霍乱、禽流感、大肠杆菌性

败血症、包涵体肝炎、传染性贫血等。

③皮下化脓或坏死：常发生在胸骨的前部，见于由金黄色葡萄球菌、链球菌或大肠杆菌引起的胸骨(龙骨)囊肿。

(2)肌肉

①肌肉苍白：常见于各种原因引起的内出血。如住白细胞虫病、脂肪肝综合征、白痢、弯曲杆菌病、硒/维生素 E 缺乏、磺胺药中毒、肝脏破裂等。

②肌肉出血：大头针大小的出血点，见于住白细胞虫病；胸肌、腿肌的条状出血，见于传染性法氏囊病、维生素 K 缺乏症；另外在传染性贫血、鸭霍乱、土霉素中毒、黄曲霉素中毒等也可见到。

③肌肉坏死：见于维生素 E 缺乏症；由金黄色葡萄球菌、链球菌等感染性炎症引起的坏死；由厌氧梭菌感染引起的腐败变质；由注射油乳剂疫苗不当所致的局部肌肉坏死。

④肌肉表面有尿酸盐结晶：见于内脏型痛风。

⑤肌肉出现肿瘤：见于马立克病。

⑥腓肠肌断裂：见于病毒性关节炎。

⑦肌肉表面出现霉菌斑块：见于曲霉菌病。

⑧肌肉干燥无黏性：见于各种原因引起的失水或缺水，如肾型传支、痛风等。

(3)腹腔

①腹腔内腹水过多：见于腹水综合征、大肠杆菌病、肝硬化、黄曲霉素中毒；也可见于副伤寒、卵巢腺癌等。

②蛋鸭输卵管积液(囊肿)：见于传染性支气管炎病毒、沙眼衣原体感染、禽流感病毒、EDS-76 病毒感染后的后遗症、大肠杆菌病、激素分泌紊乱等。

③腹腔内有血液或凝血块：见于各种原因引起的急性肝破裂，如脂肪肝综合征、副伤寒、弯曲杆菌性肝炎、鸭住白细胞虫病等。

④腹腔有淡黄色或纤维素性或干酪样或胶冻样渗出物：见于

由大肠杆菌或沙门杆菌引起的产蛋母鸭的卵黄性腹膜炎、败血霉形体、腹水综合征等。

⑤腹腔器官表面有石灰样物质沉着：见于内脏型痛风。

⑥腹腔器官表面有许多菜花样增生物或大小不等的结节：见于马立克病、淋巴白血病、卵巢腺癌；也可见于成年鸭结核病、大肠杆菌性肉芽肿等。

(4)肝脏

①肝脏肿大，表面有圆形或不规则型的粟粒大至黄豆大小的坏死灶：见于盲肠肝炎(组织滴虫病)。

②肝脏肿大，表面有呈放射状(星状)坏死灶：见于弯曲杆菌性肝炎。

③肝脏肿大，表面有广泛密集的点状灰白色坏死灶：见于急性鸭霍乱、番鸭细小病毒病。

④肝脏肿大，表面有散在的灰白色或灰黄色坏死灶：见于急性白痢、伤寒、副伤寒、链球菌病、大肠杆菌病；也可见于衣原体病、李氏杆菌病。

⑤肝脏肿大，表面有大小不等的肿瘤结节：见于鸭网状内皮增殖症等。

⑥肝脏肿大，表面有灰白色斑纹：见于青年、成年鸭伤寒等。

⑦肝脏肿大，有斑状出血：见于包涵体肝炎、磺胺类药物中毒、雏鸭肝炎、雏鸭应激综合征等。

⑧肝脏肿大并出现肉芽肿：见于大肠杆菌性肉芽肿。

⑨肝脏肿大，表面有纤维素性物质覆盖(肝周炎)：大肠杆菌病、霉形体病、肉鸭腹水综合征、鸭传染性浆膜炎。

⑩肝脏肿大，呈青铜色或墨绿色：见于副伤寒、大肠杆菌病；也可见于葡萄球菌病、链球菌病。

⑪肝脏肿大，硬化，呈土黄色，表面粗糙不平：见于慢性黄曲霉毒素中毒。

⑫肝脏肿大，呈淡黄色或土黄色，质地柔软易碎：见于鸭脂肪肝综合征、维生素 E 缺乏症；也可见于住白细胞虫病、传染性法氏囊病。

⑬肝脏肿大，可延伸至泄殖腔处且质地柔软易碎：见于大肝大脾病。

⑭肝脏肿大，肝被膜下形成血肿：常由肝破裂引起，见于脂肪肝综合征等；肝被膜下形成血肿，有时也见于胸部肌内注射疫苗不当刺破肝脏后引起的。

⑮肝脏萎缩，硬化：见于腹水综合征的晚期、成年鸭慢性黄曲霉毒素中毒。

⑯肝脏有多量灰白色或淡黄色结节，切面呈干酪样：见于成年鸭结核病、鸭伪结核病。

⑰肝脏表面树枝状出血：见于鸭出血症。

（5）胆囊及胆管

①胆囊、胆管内有寄生虫：见于散养鸭的次睾吸虫病。

②胆囊充盈、肿大：见于急性传染病，如鸭霍乱、住白细胞虫病、某些药物中毒等。

③胆囊缩小、胆汁少、色淡或胆囊黏膜水肿：见于严重的绦虫病、蛔虫病、吸虫病、蛋白质营养缺乏症等。

④胆汁浓、呈墨绿色：见于急性传染病死亡的病例，如急性鸭霍乱、禽流感、大肠杆菌性败血症等。

⑤胆囊空虚、无胆汁：见于肉鸭猝死综合征。

（6）脾脏

①脾脏肿大、有原来的几倍甚至十几倍大：见于大肝大脾病。

②脾脏肿大、有散在的灰白色点状坏死灶：见于伤寒、副伤寒、鸭霍乱、鸭衣原体病、鸭传染性浆膜炎；也可见于禽流感、鸭瘟、葡萄球菌病、住白细胞虫病等。

③脾脏肿大、表面有大小不等的肿瘤结节：见于鸭网状内皮增

殖症。

④脾脏有灰白色或淡黄色结节，切面呈干酪样：见于成年鸭结核病。

⑤脾脏肿大、表面有灰白色斑驳：见于鸭网状内皮增殖症；也可见于伤寒、副伤寒、大肠杆菌性败血症、李氏杆菌病、螺旋体病、弯曲杆菌病等。

⑥脾脏表面树枝状出血：见于鸭出血症。

(7)腺胃

①球状肿大：表现为腺胃肿胀得较肌胃还大，如其乳头并不肿胀，则见于饲料中纤维素缺乏，也有报道认为喂给大量劣质鱼粉时也会发生；如腺胃乳头肿大，见于传染性腺胃炎。

②腺胃乳头或黏膜出血：见于新城疫、禽流感、喹乙醇中毒、急性鸭霍乱。

③腺胃黏膜溃疡、坏死：见于鸭流感。

④腺胃乳头水肿、出血：见于维生素 E 缺乏症、禽脑脊髓炎。

⑤腺胃膨大、胃壁增厚、切面呈煮肉样：见于胃肠型的鸭传染性支气管炎。

⑥腺胃上的寄生虫：见于散养鸭线虫病。

⑦腺胃与肌胃交界处形成出血带或出血点：见于禽流感、鸭螺旋体病。

(8)肌胃

①肌胃穿孔：多因肌胃内存在的铁钉或其他异物在肌胃收缩时，穿透肌胃壁所致，这种病常伴有腹膜炎。

②肌胃糜烂、角质膜变黑脱落：多见于饲喂变质鱼粉、蚕蛹、霉变饲料或胆汁反流引起胆酸或氧化胆酸的作用所致。也可见于硫酸铜中毒。

③肌胃角质膜易脱落、角质层下有出血斑点或溃疡：见于新城疫、住白细胞虫病；也可见于禽流感、李氏杆菌病及某些中毒病。

④肌胃内空虚、角质膜呈绿色：见于鸭的慢性疾病，多由胆汁反流所致。

⑤肌胃、腺胃黏膜坏死：见于赤霉菌毒素中毒。

(9)肠道

①出血性肠炎：在小肠的上 1/3 肠壁肿胀，上有白斑或出血点，黏膜表面有血液，多见于由巨型艾美球虫引起的小肠球虫病；小肠后半部肿胀，肠腔内充满红色黏液，多见于由毒害艾美尔球虫引起的小肠球虫病；盲肠肿胀，充满鲜血液或血凝块，病鸭排出鲜血样粪便，多见于盲肠球虫病。此外，新城疫、禽流感、氟乙酰胺中毒、冠状病毒性肠炎也可见到类似的变化。

②坏死性肠炎：表现为肠道变色、肿胀、黏膜出血、有炎性渗出物（在回肠处变化最明显），小肠肠管增粗，肠道黏膜坏死或肠黏膜上覆盖一层灰白色伪膜，多见于魏氏梭菌（C 型）感染。

③溃疡性肠炎：急性病例为十二指肠出血，肠壁上有小点出血。慢性时从肠壁的浆膜和黏膜面上都能看到一种边缘出血的黄色小溃疡灶或呈圆形凸起的较大溃疡，此种溃疡边缘常无出血，或由于溃疡的相互融合而形成一种大的固膜性坏死性斑块，多见于棒状杆菌病。

④十二指肠前段有芝麻粒大的出血点：见于副伤寒。也有人报道，在新城疫强毒感染后也可见此种病变。

⑤寄生于十二指肠和空肠内的寄生虫：有蛔虫、节片戴文绦虫、赖利绦虫、有伞毛细线虫。

⑥寄生于盲肠内的寄生虫：有异刺线虫、组织滴虫、鸟类圆线虫。

⑦寄生于直肠内的寄生虫：有前殖吸虫。

⑧肠道黏膜坏死：见于伤寒、副伤寒、大肠杆菌病、维生素 E 缺乏症等。

⑨小肠某节段肠管呈现出血发紫且肠腔内有出血黏液或暗红

色血凝块:见于禽肠系膜疝、肠扭转。

⑩小肠肠管膨大、阻塞:见于鸭的肠梗阻(常由饲料中的粗纤维和严重的蛔虫感染引起)。

⑪肠壁上有大小不等的肿瘤状结节:见于鸭网状内皮增殖症、棘沟赖利绦虫病。肠壁上有出血小结节,可见于住白细胞虫病。

⑫小肠内含有黄色干酪样凝固渗出物:见于小鹅瘟、雏番鸭小鹅瘟等。

⑬盲肠肿大,内含有黄色干酪样凝固渗出物:见于盲肠肝炎。

⑭盲肠不肿大,内含有干酪样凝性栓塞:见于伤寒、副伤寒;也可见于恢复期的盲肠球虫病。

⑮肠浆膜上有珍珠样结节:见于鸭结核病。

⑯卵黄蒂出血:见于鸭瘟。

⑰直肠的条纹状出血:多见于新城疫。

(10)盲肠扁桃体

①盲肠扁桃体肿大、出血:见于新城疫、传染性法氏囊病、伤寒、大肠杆菌病、禽流感、球虫病、喹乙醇中毒。

②盲肠扁桃体肿大、出血、坏死:见于住白细胞虫病。

(11)胰腺

①胰腺肿大,有灰白色坏死灶:见于鸭单核白细胞增多症。

②胰腺出血,有针尖大小的白色坏死点或坏死灶:见于禽流感。

③胰腺肿大,有出血性小结节:见于住白细胞虫病。

④胰腺肿大、出血、滤泡增大:见于新城疫、急性败血性传染病,如急性鸭霍乱、番鸭细小病毒病、伤寒、副伤寒、鸭脑脊髓炎、大肠杆菌性败血症、氟乙酰胺中毒等。

⑤胰腺出现肿瘤或肉芽肿:见于大肠杆菌、沙门杆菌引起的肉芽肿。

⑥胰腺萎缩、苍白而坚硬、腺管阻塞:见于传染性生长障碍综

合征(矮小综合征);胰腺萎缩呈棉线状,见于慢性霉败饲料中毒;胰腺萎缩、腺细胞内有空泡形成,并有透明小体,见于硒/维生素E缺乏症。

(12)肾脏、输尿管

①肾脏显著肿大,呈灰白色或有肿瘤结节:见于大肠杆菌性肉芽肿。

②肾脏肿大,淤血:见于伤寒、副伤寒、链球菌病、住白细胞虫病、螺旋体病;也可见于禽流感、雏鸭肝炎、脂肪肝肾出血综合征、食盐中毒等。

③肾脏肿大且表面有尿酸盐沉着,呈"花斑肾":见于肾型传染性支气管炎、传染性法氏囊病、磺胺药中毒、内脏型痛风、高钙日粮、维生素A缺乏症、饮水不足等。

④肾脏有霉菌结节:见于霉菌感染。

⑤肾脏苍白:见于副伤寒、住白细胞虫病、严重的绦虫病、吸虫病、球虫病;也可见于各种原因引起的内脏出血等。

⑥输尿管有尿酸盐沉积(或结石):见于内脏型痛风、肾型传染性支气管炎、传染性法氏囊病、磺胺药中毒、维生素A缺乏症、钙磷比例失调等。

(13)卵巢、输卵管或睾丸、阴茎

①卵巢形体显著增大,呈煮肉样菜花状肿瘤:见于卵巢腺癌等。

②卵泡形态不完整、皱缩、变性:见于伤寒、副伤寒、大肠杆菌病;也可见于成年鸭的传染性支气管炎、慢性鸭霍乱。

③卵泡充血、出血或卵泡血肿:见于新城疫、禽流感等。

④输卵管内有凝固性坏死物质:见于产蛋禽的卵黄性腹膜炎、伤寒、副伤寒;输卵管内有絮状凝固蛋白,则见于低致病性禽流感。

⑤输卵管内有寄生虫:见于前殖吸虫病。

⑥输卵管翻出泄殖腔外:见于产蛋鸭的输卵管脱垂。

⑦左侧输卵管细小：见于肾型传染性支气管炎。

⑧输卵管积液（囊肿）：见于传染性支气管炎病毒、沙眼衣原体感染、禽流感病毒、EDS-76病毒感染后的后遗症、大肠杆菌病、激素分泌紊乱等。

⑨输卵管炎：见于大肠杆菌、沙门杆菌等引起的感染。

⑩睾丸萎缩、变性：见于维生素E缺乏症。

⑪阴茎脱垂、红肿、糜烂或有坏死小结节或结痂：见于阴茎外伤感染。

（14）法氏囊

①法氏囊黏膜肿大、出血：见于传染性法氏囊病、鸭瘟、隐孢子虫病；偶见于禽流感、严重的绦虫病。

②法氏囊内有干酪样物质：见于恢复期的传染性法氏囊病、隐孢子虫病；也可见于其他引起法氏囊炎症的疾病。

③法氏囊萎缩：见于包涵体肝炎、肉鸭传染性生长障碍综合征、黄曲霉毒素慢性中毒、一些细菌内毒素引起的法氏囊萎缩；也可见于正常的生理性退化、萎缩。

④寄生于法氏囊内的寄生虫：有前殖吸虫、隐孢子虫。

（15）胸腔

①胸腔积液：见于敌鼠钠中毒。

②胸腔有血凝块：见于住白细胞虫病。

（16）心包和心脏

①心包膜有纤维素渗出：见于大肠杆菌病、败血霉形体病、衣原体病、鸭传染性浆膜炎。

②心包膜有尿酸盐沉着：见于内脏型痛风。

③心包积液或含有纤维蛋白：大肠杆菌病、败血霉形体病、鸭霍乱、副伤寒、肉雏鸭硒/维生素E缺乏症；也可见于禽流感、李氏杆菌病、衣原体病、住白细胞虫病、食盐中毒、氟乙酰胺中毒、磷化锌中毒。

④心肌有灰白色坏死或有小结节或肉芽肿：见于伤寒、副伤寒、大肠杆菌病、李氏杆菌病、马立克病、住白细胞虫病。

⑤心冠脂肪出血或心内膜有出血斑点：见于鸭霍乱、禽流感、鸭瘟、伤寒、大肠杆菌性败血症；也可见于食盐中毒、磺胺药中毒、棉籽饼中毒、氟乙酰胺中毒。

⑥心肌缩小、心冠脂肪呈现透明样外观：见于慢性传染病、严重寄生虫病或严重的营养不良，如结核病、慢性伤寒、副伤寒、严重的蛔虫病和绦虫病等。

⑦心内膜炎：见于葡萄球菌病。

⑧右心衰竭：见于腹水综合征。

⑨房室间瓣膜增生：见于丹毒病。

⑩心脏表面有白色尿酸盐沉着：见于内脏型痛风。

(17)肺脏和气囊

①肺脏有黄色粟粒大至豌豆大的结节：见于曲霉菌病；也可见于成年鸭结核病。

②肺脏表面有灰黑色或淡绿色霉斑：见于青年或成年鸭曲霉菌病。

③肺脏淤血、水肿：见于鸭霍乱、鸭链球菌病、雏鸭败血性鸭白痢、传染性法氏囊病、大肠杆菌性败血症；也可见于住白细胞虫病、棉籽饼中毒。

④肺脏出现肉芽肿：见于大肠杆菌病；也可见于感染气囊螨病。

⑤肺脏有出血凝块：见于住白细胞虫病。

⑥气囊浑浊、囊壁增厚、有纤维素性渗出物：见于败血霉形体病、大肠杆菌病。

⑦副伤寒、禽流感、鸭传染性支气管炎、传染性鼻炎、鸭衣原体病、鸭传染性浆膜炎、鸭变形杆菌病；也可见于链球菌病、新城疫、隐孢子虫病。

⑧气囊上有白色小点:见于气囊螨感染。

(18)口腔、食道、嗉囊

①舌头边缘有白斑:见于霉菌毒素中毒或禽舍内的湿度过低。

②口腔、咽喉部的黏膜上有"白喉型"假膜:见于鸭痘。

③口腔、食道、嗉囊上的白色假膜和溃疡:见于毛细线虫属的蠕虫、酵母菌、念珠菌、组织滴虫或某些霉菌的感染等。

④口腔、咽和食道有小的白色的脓疮,且可蔓延到嗉囊,脓疮的直径可达2毫米:见于维生素A缺乏、鸭瘟等。

⑤食道下段黏膜有出血斑:见于呋喃丹中毒。

⑥嗉囊内积满煤焦油样的液体:见于肌胃糜烂。

⑦嗉囊内充满食物:见于嗉囊异物阻塞。

⑧嗉囊内充满黄色液体:见于喹乙醇中毒等。

⑨嗉囊内充满酸臭的内容物:见于嗉囊秘结。

⑩嗉囊内容物有刺鼻的蒜臭味:见于有机磷中毒。

⑪嗉囊内积满黏液:见于新城疫。

(19)喉头、气管、支气管

①喉头、气管出血:见于新城疫、禽流感、鸭瘟。

②喉头、气管有血性黏液或淡黄色干酪样附着物:见于传染性喉气管炎。

③喉头、气管有黏液性渗出物:见于新城疫、禽流感、曲霉菌病、鸭败血霉形体病、氨气过浓、住白细胞虫病等。

④喉头、气管、支气管内的寄生虫:见于比翼吸虫(寄生于气管、支气管内)、支气管杯口线虫(寄生于气管、支气管内)。

⑤喉头、气管黏膜上有干酪样坏死斑点:见于黏膜型鸭痘。

⑥气管、支气管环充血、出血:见于新城疫、传染性支气管炎。

⑦支气管内有渗出液或淡黄色干酪样凝固栓子:见于支气管炎型的传染性支气管炎。

⑧气管内有干酪样渗出物:见于鸭变形杆菌病。

(20)胸腺

①胸腺肿大、出血:见于鸭霍乱、败血性大肠杆菌病等。

②胸腺肿大、坏死:见于住白细胞虫病。

③胸腺出现玉米粒大小的肿胀:见于鸭结核病。

④胸腺形成肿瘤:见于鸭淋巴白血病。

⑤胸腺萎缩:见于马立克病;也可见于鸭传染性贫血、肉鸭传染性生长障碍综合征、蛋白质缺乏症、慢性黄曲霉毒素中毒。

(21)甲状旁腺肿大:见于笼养鸭产蛋疲劳综合征、佝偻病、成年鸭骨软症、产蛋鸭骨质疏松症。

(22)鼻腔及眶下窦

①鼻腔肿胀,内有奶油样或豆腐渣样渗出物:见于传染性鼻炎、波氏杆菌病、维生素 A 缺乏症等。

②眶下窦肿胀:见于慢性呼吸道病、败血霉形体病。

(23)脑

①小脑软化、肿胀、有出血点或坏死灶:见于维生素 E/硒缺乏症。

②脑水肿:见于传染性脑脊髓炎。

③脑及脑膜有淡黄色结节或坏死灶:见于霉菌性脑炎。

④大脑呈树枝状充血或有出血点、脑实质水肿或坏死:见于脑炎型大肠杆菌或沙门杆菌感染。

⑤脑膜充血、水肿或点状出血:见于禽流感、中暑、酚类消毒剂中毒等。

(24)外周神经

①坐骨神经、臂神经的体积显著肿大(多为一侧):见于维生素 B_2 缺乏症等。

②迷走神经支配嗉囊的分支受损:见于嗉囊下垂。

③颈神经受损:见于肉毒梭菌毒素中毒、颈椎侧突凸出等。

(25)骨骼和关节

①后脑颅骨变薄、变软:见于维生素E缺乏症、佝偻病。

②胸骨(龙骨)呈现S状弯曲:见于佝偻病、严重的绦虫病。

③跖骨软、易弯曲:见于佝偻病、成年鸭骨软症。

④跖骨较硬、易折断:见于饲喂含氟磷酸氢钙引起的氟中毒。

⑤关节肿胀,有炎性渗出物:见于葡萄球菌、链球菌、大肠杆菌、沙门杆菌、巴氏杆菌等引起的感染。

⑥关节内有尿酸盐结晶:见于关节型痛风。

⑦腱滑脱:见于锰缺乏症。

⑧肌腱出血、断裂:见于病毒性关节炎。

⑨骨髓发黑:见于葡萄球菌、大肠杆菌、腺病毒等感染引起的骨髓炎。

⑩骨髓结核:见于鸭结核病。

⑪骨髓变黄:见于鸭包涵体肝炎。

3. 剖检结果的描述、记录

对在剖检时看到的病理变化,要进行客观的描述并及时准确地记录下来,为兽医做出诊断提供可靠的材料。在描述病变时常采用如下的方法。

(1)用尺测量病变器官的长度、宽度和厚度,以厘米为计量单位。

(2)用实物形容病变的大小和形状,但不要悬殊太大,并采用当地都熟悉的实物。如表示圆形体积时可用小米粒大、豌豆大、核桃大等;表示椭圆时,可用黄豆大、鸽蛋大等;表示面积时可用一分、五分硬币大等;表示形状时可用圆形、椭圆形、线状、条状、点状、斑状等。

(3)描述病变色泽时,若为混合色,应次色在前,主色在后,如鲜红色、紫红色、灰白色等;也可用实物形容色泽,如青石板色、红葡萄酒色及大理石状、斑驳状等。

(4)描述硬度时，常用坚硬、坚实、脆弱、柔软来形容，也可用疏松、致密来描述。

(5)描述弹性时，常用橡皮样、面团样、胶胨样来表示。

此外，在剖检记录中还应写明病禽品种、日龄、饲喂何种饲料，疫苗使用情况及病禽死前症状等。剖检工作完成后，要注意把尸体、羽毛、血液等物深埋或焚烧。剖检工具、剖检人员的外露皮肤用消毒液进行消毒，剖检人员的衣服、鞋子也要换洗，以防病原扩散。

4. 病理剖检的注意事项

(1)在进行病理剖检时，如果怀疑待检的家禽已感染的疾病可能对人有接触传染时(如鸟疫、丹毒、禽流感等)，必须采取严格的卫生预防措施。剖检人员在剖检前换上工作服、胶靴、配戴优质的橡胶手套、帽子、口罩等，在条件许可的情况下最好戴上面具，以防吸入病禽的组织或粪便形成的尘埃等。

(2)在进行剖检时应注意所剖检的病(死)禽应在禽群中具有代表性。如果病禽已死亡则应立即剖检(须于患畜禽死后立即进行，最好不超过 6 小时，夏季不超过 4 小时)，应尽可能对多只死禽进行剖检。

(3)剖检前应当用消毒药液将病禽的尸体和剖检的台面完全浸湿。

(4)剖检过程应遵循从无菌到有菌的程序，对未经仔细检查且粘连的组织，不可随意切断，更不可在腹腔内的管状器官(如肠道)切断，造成其他器官的污染，给病原分离带来困难。

(5)剖检人员应认真地检查病变，切忌草率行事。如需进一步检查病原和病理变化，应取病料送检。

(6)在剖检中，如剖检人员不慎割破自己的皮肤，应立即停止工作，先用清水洗净，挤出污血，涂上药物，用纱布包扎或贴上创可贴；如剖检的液体溅入眼中时，应先用清水洗净，再用20%的硼酸冲洗。

(7)剖检后，所用的工作服、剖检的用具要清洗干净，消毒后保存。剖检人员应用肥皂或洗衣粉洗手，洗脸，并用75%的酒精消毒手部，再用清水洗净。

第二节　病料的采取、保存

1. 病料采集的注意事项

(1)采集病料的时间：内脏病料的采取，须于患畜禽死后立即进行，最好不超过6小时，夏季不超过4小时，否则时间过长，由肠内侵入其他细菌，致使尸体腐败，有碍于病原菌的检验。

(2)采集器械的消毒：刀、剪、镊子等用具可煮沸30分钟，最好用酒精擦拭，并在火焰上烧一下。器皿在高压灭菌器内或干烤箱内灭菌，或放于0.5%～1%的碳酸氢钠水中煮沸；软木塞或橡皮塞置于0.5%石炭酸溶液中煮沸10分钟。载玻片应在1%～2%的碳酸氢钠溶液中煮沸10～15分钟，水洗后，再用清洁纱布擦干，将其保存于酒精、乙醚等液体中。注射器和针头放于清洁水中煮沸30分钟即可。

(3)采集病料的所有工序必须是无菌操作：采取一种病料，使用一套器械。并将取下的材料分别置于灭菌的容器中，绝不可将多种病料或多头禽的病料混放在一个容器内。病变的检查应在病料采集后进行，以防所采的病料被污染，影响检查结果。

(4)需要采取的病料，应按疾病的种类适当选择：当难以估计是哪种传染病时，应采取有病变的脏器、组织。但心血、肺、脾、肝、肾、淋巴结等，不论有无肉眼可见病变，一般均应采取。

(5)病料采集后，如不能立即进行检验，应立即装入塑料袋内保存于4℃的冰箱中。

2. 病料的采集方法

(1)脓汁、渗出液：用灭菌注射器无菌抽取未破溃的脓肿深部的脓汁，置于灭菌的细玻璃管中，然后将两端熔封，用棉花包好放于试管中，亦可直接用注射器采取后，放试管中，如系开放的化脓灶或鼻腔时，可用无菌的棉签浸蘸后，放在灭菌试管中。也可直接用接种环经消毒的部位插入，提取病料直接接种在培养基上。

(2)淋巴结及内脏：将淋巴结、肺、肝、脾、肾等有病变的部位各采取1～2平方厘米的小方块，分别置于灭菌试管或平皿中。若为供病理组织切片的材料，应将典型病变部分及相连的健康组织一并切取，组织块的大小每边约2厘米左右，同时要避免使用金属容器，尤其是当病料供色素检查时，更应注意。此外，若有细菌分离条件，也可首先以烧红的铁片烫烙脏器的表面，用接种环(火焰灭菌后)自烫烙的部位插入组织中缓慢转动接种环，取少量组织或液体，做涂片镜检或接种在培养基上。培养基可根据不同情况而进行选择。一般常用鲜血琼脂平板，普通琼脂平板或营养琼脂平板培养等。

(3)血液：血液是动物新陈代谢必需营养物质输送和代谢产物排除的载体，也是信息传递的重要媒介，它保证了机体正常生命活动的进行。任何致病因子对机体的有害刺激，都可以造成血液成分的变化，因此，血液的检验在动物疾病的诊断中有着广泛的应用。

根据检验所需血液量的多少，可选择鸭的不同部位采血。微量血液的采取，可选择在胫部，方法是局部常规消毒，干燥后涂抹少量凡士林，用消毒的针尖扎刺，使血液自然流出，弃去开始的几滴血后取血检查，采血完毕后局部消毒并压迫止血；较多量血液则一般从翅内静脉采取，方法是选择翅内静脉不易滑动的部位，助手保定并在翅根压迫静脉，用连接针头的注射器刺入静脉抽血；若需更多量血液时，可采用心脏采血法，方法是左手从翅根部抓住两翅膀，使鸭腹部向上，另一手持连接针头的注射器从胸骨和两锁骨连接的凹陷处贴着胸骨柄稍偏向左侧以 10°～20°角刺入 3 厘米左右，即可抽出血液。

对死亡动物采取心血时，通常在右心室采血。先用烧红的铁片烫烙心肌表面，再用灭菌注射器在烫烙处插入，吸取血液，置于无菌试管中。

（4）胆汁：先用烧红的刀片或铁片烙烫胆囊的表面，再用灭菌吸管或注射器刺入胆囊内吸取胆汁，盛于灭菌试管中。也可直接用接种环经消毒的部位插入，提取病料直接接种在培养基上。

（5）肠：用烧红的刀片或铁片将欲采取的肠表面烙烫后穿一个小孔，持灭菌棉签插入肠内擦取肠道黏膜及其内容物，将棉花置于灭菌试管内。亦可将肠内容物直接放入容器内：用线扎紧一段肠道（约 7～10 厘米）的两端，然后在两线稍远处切断，放于灭菌容器中。采取后应急速送检，不得迟于 24 小时。

（6）皮肤：取大小约 10 厘米×10 厘米的皮肤一块，保存于30％甘油缓冲液中，或 10％的饱和盐水溶液中，或 10％福尔马林溶液中。或不加保存液直接放在灭菌的密闭容器中。

（7）羽毛：应在病变明显部分采集，用刀将羽毛及其根部皮屑刮取少许放入灭菌试管中送检。

（8）脑、脊髓：如采取脑、脊髓做病毒检查，可将脑、脊髓浸入50％甘油盐水液中或将整个头部割下，包入浸过 0.1％汞液的纱布或油布中，装入木箱或铁桶中送检。

3. 病料的保存

(1)直接保存于4℃冰箱中。

(2)保存液保存:常用的有甘油盐水缓冲保存液,配比为甘油300毫升,氯化钠4.2克,磷酸氢二钾1.0克,0.02%酚红溶液1.5毫升,蒸馏水加至1000毫升。将这些配比成分混合于水中,加热溶化,校正pH为7.6,分装于试管中(约7毫升),15磅压力下,灭菌15分钟,保存于冰箱中备用。

4. 病料的运送

(1)要附带病情记录:如发病禽品种、性别、日龄,送检病料的数量和种类,检验的目的,死亡时间并附临床病例摘要等。

(2)装在试管和广口瓶中的病料密封后装在冰筒中送检,防止容器和试管翻倒。且送至检验部门的时间,应越快越好。

(3)运送整个尸体,用浸透适宜消毒液的布包好后,装入塑料袋中。

第四章　鸭疫病的用药方法

兽药指用于预防、治疗、诊断畜禽等动物疾病，有目的地调节其生理机能并规定作用、用途、用法、用量的物质(含饲料药物添加剂)。

第一节　禽药的剂型与剂量

一、禽药的剂型

1. 液体剂型

(1)注射剂：也称针剂，是指由药物制成的供注入体内的药物溶液(水针或油针，如恩诺沙星注射液)、混悬液(如恩诺沙星混悬注射液)、输入液(如生理盐水)、乳浊液(如静脉注射的脂肪乳剂)或供临用前配成溶液或混悬液的无菌粉末(粉针剂，用前现溶，如硫酸链霉素)或浓缩液。可以从皮内、皮下、肌内或静脉等部位注射给药，是当前应用最为广泛的剂型之一。水针一般可直接供肌内、皮下、皮内或静脉注射用。混悬剂(药效长)仅供肌内和局部注射，不能做静脉注射。一般对热或水不稳定的药物常制成粉针剂，如青霉素、辅酶A等均需制成灭菌粉针剂，使用时可加适当的注射用溶媒，稀释成液体后再用。注射剂的优点是药效迅速、剂量准确、作用可靠、吸收快。不宜内服的药物，如青霉素、链霉素等也常制成注射剂。缺点是注射给药不方便，且注射时往往引起应激反应而不如内服制剂受欢迎。

(2)溶液剂：是将一种或几种药物溶解于适宜的溶媒(水、醇溶液、油溶液等)制成的可供内服或外用的溶液。有些药物不能以干粉状态保存，或必须在溶液状态下才能发挥作用，如聚维酮碘、液体二氧化氯、复方维生素 B 溶液、地克珠利溶液等，前两者为消毒药，后两者供饮水内服给药。内服溶液剂给药方便，生物利用度也较高，且不存在混合不均匀的问题，但其包装贮存及运输不方便，且有些药物制成溶液以后，稳定性下降。但有些药物目前的供应方式只能是溶液形式，如过氧化氢、氨水溶液。

(3)浇淋剂和喷滴剂：系杀虫药或驱虫药的透皮吸收药液，可沿动物背部浇泼或用专用器械按规定剂量体表喷滴，如盐酸左咪唑透皮剂。

(4)酊剂：是指用不同浓度乙醇浸制生药或溶解化学药物而制成的液体剂型，如龙胆酊、碘酊。

此外，液体剂型还有煎剂、擦剂、流浸膏、合剂等。

2. 气体剂型

以气体为分散介质，是指液体或固体药物利用雾化器喷出的微粒制剂，可供皮肤和腔道局部应用，或由呼吸道吸收后发挥全身作用，也可用作空间消毒、除臭和杀虫等。现常用的气雾剂是将药物和抛射剂共同装封于有阀门的耐压容器中，借抛射剂的压力将药物喷出的制剂，如硫酸链霉素气雾剂。气雾剂通过呼吸道吸入后经肺泡毛细血管迅速吸收，速率仅次于静脉注射。气雾剂使用方便，药物分布均匀，对创面可减小局部给药的机械刺激作用，剂量准确，起效快，是近年来用于气雾免疫及治疗呼吸道疾病等的新

剂型。

3. 固体剂型

以固体为分散介质。

(1)散剂：将一种或多种药物粉碎后均匀混合而成的干燥粉末状剂型(如复方敌菌净粉、禽菌灵等)，供内服或外用，是广泛使用的一种药物剂型。药物经过研磨成粉末状，可掺合在饲料或溶于水中喂给，其特点是制法简单、在体内易分散、起效快、适于服用，不宜服用丸、片等剂型时可改服散剂。用于溃疡病、外伤流血等可起到保护黏膜、吸收分泌物及促进凝血的作用。散剂不含液体，故相对比较稳定。缺点是药物粉碎后表面积增大，故其气味、刺激性、吸湿性及化学活动性等亦相应地增加。散剂具有较大的表面积、溶出速度快、便于贮藏、容易运输和使用方便，在畜牧业养殖和兽医临床上应用很广泛。

(2)可溶性粉剂：也称饮水剂，是由一种或几种药物与助溶剂、助悬剂等辅料组成的可溶性粉末，主要以混饮方式给药，使用时加水溶解或混悬，使药物分散均匀，供动物饮用，如硫氰酸红霉素可溶粉、盐酸环丙沙星可溶性粉、阿莫西林可溶性粉等。可溶粉同时具备于散剂和溶液剂的优点，但受药物溶解度及工艺要求的限制，一些药物不能制成可溶粉。

(3)预混剂：是指一种或几种药物与适宜的基质(如淀粉、麸皮、玉米芯粉、碳酸钙粉等)均匀混合制成供添加于饲料中用的药物饲料添加剂(如杆菌肽锌预混剂、莫能菌素预混剂等)。

(4)片剂：指一种或几种药物与适宜的辅料通过制剂技术制成的扁平或上下面略有凸起的圆片剂型或呈三角形、椭圆形片状的制剂，主要供内服，如土霉素片、维生素C片等。片剂剂量准确、质量稳定、服用方便，适宜于个体给药；缺点为某些片剂溶出速率及生物利用度差。

(5)颗粒剂：指药物与赋形剂混合制成的干燥小颗粒状物，如甲磺酸培氟沙星颗粒等，主要用于内服、混饮等。

4. 半固体剂型

(1)软膏剂：是将药物与适宜的基质混合，制成易于涂布的一种外用半固体剂型，一般具有滋润皮肤和收敛、消炎防腐等局部作用，有的兽用软膏剂也内服使用，如盐酸环丙沙星口服膏。

(2)浸膏剂：是将药材的浸出液浓缩除去溶剂后的膏状或粉状的半固体或固体剂型，如甘草浸膏，除有特殊规定外，浸膏剂每5克相当于原生药2～5克。

(3)糊剂：与软膏剂相似，但含粉末状药物较多(25%～75%)，硬度较大，多由收敛药、消炎药等加适量赋形剂组成。

兽药的剂型种类繁多，对不同的养殖情况，不同病况的家禽，必须采用不同的给药方法，采用不同剂型的制剂，才能使药物产生良好的药效又便于使用，使患病个体能接受到药物并达到预期的目的。总的来讲，内服剂型投药方便，适用于多种药物，但易受胃肠内容物的影响，吸收不规则和不完全，药效出现较慢。有些药物可通过肠黏膜吸收进入血液循环，首次经门静脉至肝脏时，有一部分可被胃肠的酶和肝脏的药酶代谢消除，而使药效下降。一般药物的吸收速率顺序为注射剂、溶液剂、散剂、片剂、丸剂。必须注意，剂量相同而剂型不同，相同剂型不同厂家，甚至同一药厂不同批号的制剂，在内服后其血药浓度可相差数倍之多，这是由于原料药、赋形剂、制造工艺等因素影响药物的生物利用度所致。因此，选购兽药时，必须选择合适剂型，同时选择品质优良、质量稳定的兽药厂家的产品。

二、禽用药物的剂量

药物剂量指给药时对机体产生一定反应的用量，药量通常指

防治疾病用量，因为药物要一定剂量被机体吸收后才能达到一定药物浓度，只有达到一定药物浓度才能出现药物作用。如果剂量过小体内不能获得有效浓度，药物就不能发挥其效用。但如果剂量过大超过一定限度，药物作用可出现质变对机体可能产生不同程度毒性。因此要发挥药物效作同时又要避免其不良反应，就必须严格掌握用药剂量范围。

1. 剂量

（1）最小效量：药物达到开始出现药效的剂量。

（2）极量：指安全用药极限剂量。

（3）治疗量（常用量）：指临床常用剂量范围，它比最小效量要高又比药物极限量要低。

（4）最小中毒量：指药物已超过极量使机体开始出现中毒的剂量。

（5）中毒量：指大于最小中毒量使机体中毒剂量。

（6）致死量：引起机体死亡剂量。

（7）药物安全范围：药物安全范围指最小效量与极量之间的范围，安全范围广的药物其安全性大，安全范围窄的药物其安全性小。

2. 药物剂量表示

（1）剂量计量单位

克（g）或毫克（mg）：固体、半固体剂型，药物常用单位。1000 克＝1 千克，1000 毫克＝1 克。

毫升（毫升）：液体剂型，药物常用单位。1000 毫升＝1 升。

单位（U）、国际单位（IU）：某些抗生素、激素和维生素常用剂量单位。

（2）治疗剂量：治疗剂量包括一次量（即一次用量）、1 日量（即 1 日内应用数次总用量）及 1 个治疗疗程治疗量（即持续数日、数周总用量)。

一般书籍、资料中治疗剂量多记载一次量,而一日量及1个疗程量如果没记载就必须根据药物特性、禽体特点(如日龄、品种、性别等)、机体对药物敏感程度及疾病严重程度等才能确定合理方案。

1次量常以一定剂量范围表示,如庆大霉素家禽每只1次量为6000～8000单位,具体应用时要考虑各方面因素从而决定其剂量低限或高限。

第二节　禽药的用药方法

一、禽的用药特点

由于家禽的生理特点与其他动物不同。因此,要尽量避免套用家畜甚至人的临床用药经验,而应根据家禽的生理特点选用药物。

1. 家禽的生理特点

家禽的某些生理特点与选用的药物有密切的关系。

(1)家禽没有牙齿,舌黏膜的味觉乳头较少,所以家禽对苦味药照食不误。当家禽消化不良时,苦味健胃药不起作用,所以不宜使用苦味健胃药,而应当选用大蒜、醋酸等助消化的药物。

(2)家禽一般无逆呕动作,所以当家禽服药过多或其他毒物中毒时,不能采用催吐药物,而应采用嗉囊切开术排除毒物,疗效较佳。

(3)家禽对咸味无鉴别能力，但喜爱挑食盐颗粒，而引起食盐中毒，因此食盐在饲料中的含量一定不能很高，并且粒度一定要细小。

(4)家禽的呼吸系统中，具有其他动物所没有的气囊，它能增加肺通气量，在吸气、呼气时增强肺的气体交换。同时，家禽的肺不像哺乳动物的肺那样扩张和收缩，而是气体经过肺运行，并循肺内管道进出气囊。家禽呼吸系统的这种结构特点，可促进药物增大扩散面积，从而增加药物的吸收量，故喷雾法是适用于家禽的有效给药途径之一。

(5)家禽的消化道呈酸性，而呋喃类药物在酸性消化道内效力和毒力同时增强，使家禽发生中毒，故对家禽使用呋喃类药物时要严格控制用量。

(6)家禽的胆汁呈酸性，与胃内酸性内容物一起中和了碱性的胰液和肠液，使肠内 pH 值保持在 6 左右。

(7)家禽的蛋白质代谢产物为尿酸，故尿液的 pH 值与家畜亦有明显的区别，一般为 pH 5.3，在使用磺胺类药物时，应考虑禽尿液的 pH 值，如在治疗禽传染性支气管炎、传染性法氏囊病时应尽量避免使用损害肾脏的磺胺类和呋喃类药物，以防尿酸盐在肾脏沉积或肾衰竭。

(8)家禽无汗腺，又有丰富的羽毛，对高热十分敏感，在夏季，宜使用抗热应激药物。

此外，当大群用药时，应注意药物的残留问题，为此，要根据各种药物的特性，制定必要的停药时间。

2. 家禽对药物的敏感性

家禽对某些药物有很高的敏感性，应用时必须慎重。如雏禽对磺胺类药物特别敏感，以 0.5%浓度混饲 7 天，就会引起雏禽脾脏贫血、坏死；家禽对喹乙醇、氯化钠等也很敏感，因此在使用上述药物时应特别小心，防止中毒。

二、禽场常用药物

一个养禽场可能发生的疫病种类很多，除了搞好常规的卫生防疫工作外，应用药物进行防治也是不可忽视的一项措施。

1. 药物的作用

药物的作用具有两重性，对禽病既有抗病作用，同时又可能对机体产生有害或与治疗目的无关的副作用。

(1)治疗作用：如使用抗生素、抗寄生虫药等化学药物，对病禽体内的细菌和寄生虫有直接抑制或杀灭作用。又如应用维生素或微量元素可治疗家禽的某些营养缺乏症及代谢疾病。此外也可使用某些药物进行对症治疗，如健胃、止泻、收敛等。

(2)副作用：特别是用药量过大或用药时间过长，或个体敏感性较高，往往会产生超过禽的耐受能力的严重损害作用，甚至死亡，这类药物对机体的损害作用称为毒性反应，如喹乙醇、磺胺类药物都可能产生毒性反应。因此，应用药物时要认识药物的特性、准确掌握其剂量及禽的体况，尽量避免或减少毒性反应。

2. 养禽场常用药物的种类

养禽场常用药物包括抗生素类、抗菌增效剂、抗菌药、抗病毒药、抗寄生虫药五大类。

(1)抗生素类：青霉素类包括以苄星霉素为主的制剂，还包括一些在药效和性状上差别很大的半合成青霉素和合成青霉素。临诊中使用最广泛的为苄星青霉素，常用的包括苄星青霉素钾盐、钠盐和普鲁卡因盐等。能通过抑制细菌细胞壁的合成过程，从而对大多数革兰阳性菌、各种螺旋体和放线菌有抗菌、抑菌和杀菌的作用。可用于治疗李氏杆菌病、金黄色葡萄球菌病(鸭脚垫肿)、禽霍乱、禽链球菌病、鸭流感、鸭球虫病等疾病。当遇到铁、锌和其他金属离子时,容易失效。不宜与四环素、卡那霉素、庆大霉素、氯霉素、维生素 C、碳酸氢钠、磺胺钠盐混合使用,可分开使用。

①青霉素类:苄星青霉素钠或钾、氨苄青霉素、阿莫西林等。

②头孢菌素类:在禽病临床上应用的头孢菌素类药物很少,目前主要是头孢菌素Ⅳ、先锋霉素Ⅳ。

③四环素类抗生素:包括四环素、金霉素、土霉素、强力霉素等。

④氨基糖苷类抗生素:主要有链霉素、卡那霉素、新霉素、庆大霉素、巴龙霉素、潮霉素 B、越霉素 A 等,临床上常用链霉素、卡那霉素和新霉素的硫酸盐,在治疗和动物饲料添加剂共用的主要是链霉素、卡那霉素、潮霉素 B 和越霉素 A。

⑤大环内酯类抗生素:包括红霉素、螺旋霉素、泰乐菌素、竹桃霉素和北里霉素等。

⑥喹诺酮类药物:诺氟沙星、恩诺沙星、环丙沙星、氧氟沙星、左旋氧氟沙星、培氟沙星、二氟沙星、马波沙星等。

⑦氯霉素类:氟苯尼考、甲砜霉素等。

⑧多肽类抗生素:杆菌肽、多黏菌素。

⑨林可霉素类抗生素:盐酸林可霉素、新生霉素。

⑩硝基呋喃类:主要是呋喃唑酮。

⑪喹噁啉类:喹乙醇、卡巴氧和痢菌净。

(2)磺胺类药物:三甲氧苄氨嘧啶(TMP)、二甲氧苄氨嘧啶(DVD)、磺胺间甲氧嘧啶(SMM)、磺胺甲氧嗪(SMP)、磺胺脒(SG)、磺胺嘧啶(SD)、磺胺甲基嘧啶(SM1)、磺胺二甲基嘧啶(SM2)、磺胺甲噁唑(SMZ)等。

(3)呋喃类药物:包括呋喃西林、呋喃唑酮、呋喃它酮和呋喃妥因等。

(4)喹诺酮类药物:包括诺氟沙星(氟派酸)、环丙沙星(环丙诺氟沙星)、恩诺沙星(乙基环丙沙星)、氧氟沙星(氟嗪酸)等。

(5)其他类抗菌药:克霉唑、制霉菌素、硫霉素、两性菌素 B。

(6)抗病毒药:病毒唑、病毒灵、金刚烷胺。

(7)抗寄生虫药:是指能够驱除或杀灭畜禽体内外寄生虫的药物。

①哌嗪:本品为高效低毒驱虫药,在家禽尤其对禽蛔虫有极好的驱虫效果,对鸭裂口线虫成虫 100%有效,对未成熟的虫体也有一定的作用。但对异刺线虫作用较差。应用本品混饲或饮水给药时,必须在 8～12 小时内用完。

②左旋咪唑(左咪唑、左噻咪唑):本品为广谱、高效、低毒驱虫药之一。对禽类多种线虫如鸭丝虫等有良效。

③阿苯达唑(丙硫苯咪唑、抗蠕敏):是国内兽医使用最广泛的广谱、高效、低毒的新型驱虫药,对鸭膜壳科绦虫、假头绦虫、片形皱褶绦虫、矛形剑带绦虫、卷棘口吸虫、次睾口吸虫等有效。主要用于驱除鸭绦虫,驱虫率 100%。

④硫双二氯酚(别丁):本品可驱除禽类的各种吸虫以及鸭的剑带绦虫等。鸭对本品的敏感性比鸡强,其中又以北京鸭较敏感。

⑤氢溴酸槟榔碱:本品是传统使用的驱绦虫药,临床上主要用于驱除鸭剑绦虫、膜壳绦虫。本品用量不宜过大,瘦弱鸭用量应适当减少,幼鸭慎用。

⑥吡喹酮:本品为疗效高、抗虫谱广、毒性小、使用安全的驱虫药。对日本血吸虫、绦虫的成虫和幼虫,以及某些吸虫有效。用于禽类驱除绦虫及其他膜壳科绦虫,其疗效可达 100%。据报道本药使用 1 次,就可同时驱除鸭体内 20 余种寄生虫。

⑦氯苯胍:本品为近年来广泛应用的抗球虫药,对禽的各种球虫及鸭球虫有良好的预防作用。球虫对氯苯胍产生的耐药速率较慢,但长期连续应用仍可引起耐药性。

⑧阿的平(疟涤平、盐酸米帕林):本品能控制鸭的球虫,用药

后第 3 天，粪便内即不见球虫卵囊，国外试验证明其疗效达 100%，并能提高饲料消化率，改变全身症状。本品还是具有抗绦虫、疟原虫等作用。在禽体内排泄较慢，因此作用较持久。鸭的用量不能超过每千克体重 1000 毫克，否则会引起中毒。

⑨盐酸氨丙啉：临床上常用于鸭和其他家禽的球虫病的防治。长期应用高浓度剂量，能引起雏鸭维生素 B_1 缺乏症，增喂维生素 B_1 可减弱毒性反应，但每千克饲料中的维生素 B_1 含量超过 10 毫克时，抗球虫作用即开始减弱。

⑩地克珠利（杀球灵、三氯三嗪）：本品为新型、广谱、高效、低毒的抗球虫药，有效用药浓度低，对鸭球虫防治效果明显，优于莫能菌素和氨丙啉等。

⑪磺胺喹噁啉：本药对巨型、布氏和堆型艾美耳球虫作用最强，对柔嫩、毒害艾美耳球虫作用较强。其作用峰期在感染后第 4 天。不影响宿主对球虫的免疫力，同时具有一定的抗菌作用。主要用于球虫病的治疗。

⑫伊维菌素（艾佛菌素、灭虫丁）：本品为新型、广谱、高效、低毒、用量小的大环内酯类抗生素驱虫药。对禽各种线虫具有驱虫活性。主要用于治疗鸭的胃肠线虫病，对蜱、虱、蝇、螨等也有驱杀作用。

⑬蝇毒磷：本品属有机磷广谱驱虫药，主要通过抑制及降低虫体内胆碱酯酶活性，使虫体麻痹死亡，用量适当，可获得较高的驱杀效果。对多种动物的体内外寄生虫都有良好的驱杀作用，如畜禽的虱、螨、蚤、蜱、蝇以及毛细线虫、蛔虫、异刺线虫等均有一定的效果。

⑭马拉硫磷：本品无内吸杀虫作用，主要具有触杀和胃毒杀虫作用，也有微弱的熏蒸杀虫作用，是一种高效、速效、低毒的杀虫药。对蚊、蝇、虱、蜱、螨及臭虫等均有杀灭作用。本品切忌与碱性物质或氧化物接触，1 月龄以内的鸭禁用。

⑮敌百虫:本品为广谱杀虫、驱虫药,对畜禽的体内外寄生虫均有效。如蝇、蛆、螨、蜱、蚤、虱等以及消化道线虫和某些吸虫都有一定的作用。禽类对本品较敏感,因此一般不能作内服驱虫药,即使外用也须慎重,以免发生中毒。若发生轻度中毒,可应用硫酸阿托品解毒,每只肌内注射 0.2 毫克。

⑯溴氰菊酯(敌杀死、信特):本品为接触性的杀虫剂,对体外多种寄生虫如螨、虱、蜱、蚊等都有杀灭作用。杀虫力强,抗虫谱广,残留少,使用安全,价廉,使用方便。用于药浴或喷淋,灭蜱、虱、蚤可用,每升本品加水 1000 升,稀释后喷洒,可隔 8～10 天,再重复用药 1 次;按每平方米 1～10 毫克喷洒鸭舍、墙壁等,可有效杀灭蚊、蝇、蠓等双翅昆虫。

⑰胺菊酯:本品是合成的除虫菊酯类杀虫剂。对蚊、蝇、虱等均有杀灭作用,对昆虫击倒作用的速度居拟菊酯类杀虫药之首,但由于部分虫体又能复活,一般多与苄呋菊酯合用,则具有互补增效的作用。

⑱盐霉素(沙利霉素、优素精):本品为聚醚类广谱抗球虫药,对某些细菌及真菌也有效,为抗球虫病抗生素。

(8)常用解毒药

①阿托品:用于有机磷中毒的解毒,只能解除轻度中毒的毒性,由于本品不能恢复胆碱脂肪酶的活性,也不解除乙酰胆碱对横纹肌的作用,在鸭发生严重中毒时,应与解磷定反复应用,才能奏效。本品还用于有机氮类农用杀虫剂呋喃丹中毒的解毒,也可对抗各毒物中毒后出现似副交感神经兴奋症状。

②解磷定:本品常用对于硫磷、内吸磷、乙硫磷、特普等急性中毒的解救,而对敌敌畏、乐果、敌百虫、马拉硫磷则疗效较差。

③氯磷定:本品的作用大致与解磷定相同,但对胆碱酯酶的复活能力较解磷定强,且作用迅速,毒性较低。对内吸磷、对硫磷的疗效显著,对敌百虫、敌敌畏疗效较差,而对乐果、马拉硫磷的疗效

则无效或可疑。由于本品同样不能透过血脑屏障，所以也必须与阿托品配合应用。

④双复磷：本品对内吸磷、对硫磷、甲拌磷等有机磷农药的解救效果较好。

⑤解氟灵(乙酰胺)：本品为有机氟农药和毒鼠药氟乙酰胺、氟乙酰钠的解毒剂。解毒时宜早期应用本品，并给足剂量；严重中毒病例必须配合应用氯丙嗪或苯巴比妥钠等镇静药。

⑥二巯基丙醇：临床上常用于砷、汞、铜、锌、铋等金属中毒的解毒。

(9)鸭场常用生物制剂

①禽霍乱 G190E40 弱毒疫苗：用于预防 2 月龄以上鸭霍乱，免疫期 105 天。本品在－25℃以下阴暗处可保存 1 年，病弱鸭不宜注射，本品须在稀释后 8 小时内用完。

②禽霍乱 731 弱毒菌苗：用于预防 2 月龄以上鸭的霍乱。注射后 3 天产生免疫力，免疫期 105 天。本品在 0～4℃下可保存 7 个月，病弱或已发生、受威胁的鸭群不宜注射。须在停抗生素药 1 周后使用本苗。暴发禽霍乱的鸭群可用以紧急接种，3 天后即可控制疫情。

③1010 水禽霍乱弱毒苗：预防鸭的禽霍乱，免疫期 8 个月。使用方法为拌料，免疫鸭群 2 次。本品无不良反应，不影响产蛋率。

④小鹅瘟鸭胚化 GD 弱毒疫苗：用于预防小鹅瘟，专供产蛋前母鸭的主动免疫。产蛋前 15～30 天注射，使用时以生理盐水稀释 100 倍肌注，每年进行 1～2 次免疫。本品－20～－10℃下保存期为 18 个月，4～8℃下可保存 14 天，冻干苗－20～－10℃可保存 5 个月。不健康的鸭不能进行注射，疫苗稀释后应放在冷暗处，限 6 小时内用完。

⑤抗小鹅瘟血清：用于治疗或紧急预防小鹅瘟，免疫期 14 天。

通常皮下注射，预防时用量为 0.3～0.5 毫升，治疗时用量为 2～3 毫升。本品在 2～15℃阴冷干燥处可保存 1 年。

⑥禽流感油乳剂灭活疫苗：用于预防特定亚型禽流感病毒引起的禽流感，适用于 2 周龄以上的鸭。市售疫苗免疫持续期为 4 个月。注射时雏鸭采用皮下注射，青、成鸭采用肌注；剂量为 2～3 周龄雏鸭每只 0.3 毫升，中雏鸭每只 0.5 毫升，成鸭每只 0.5～1.0 毫升。本品使用时应充分摇匀，严禁过冷或过热。

⑦大肠杆菌油乳剂灭活疫苗：用于预防由大肠杆菌所引起的大肠杆菌病，适合于各种日龄的鸭，如采用本场的菌株制作的灭活疫苗效果更好。市售的疫苗注射后 7 日产生免疫力，免疫期 4～6 个月。注射剂量为雏鸭 0.5 毫升，青、成鸭 1 毫升。市售疫苗在 4～8℃下可保存 1 年。

⑧鸭的鸭瘟活疫苗：用于预防鸭的鸭瘟病毒症。注射前将疫苗加灭菌蒸馏水做 1∶200 倍稀释，5 日龄雏鸭肌内注射 0.2 毫升，20 日龄以上的鸭肌内注射 1 毫升，免疫期约 6 个月。青年鸭和成年鸭接种疫苗后免疫期可达 1 年。疫苗注射 1 周后才能产生有效的免疫力。

⑨生物制菌王（噬菌蛭弧菌微生态制剂）：用于治疗、预防畜禽细菌性疾病和促进畜禽生长，可治疗鸭下痢、大肠杆菌病及其他肠道细菌病。注射后 2～4 小时内产生免疫力。可加入饮水中混匀口服，重症灌服，每日 1 次，连用 3 天。预防时雏鸭剂量为 1 毫升，20 日龄以上的鸭用量为 2 毫升。本品在 2～10℃下可保存 1 年，37℃以下避光常温可保存 8 个月。注意应在 45℃以下使用，禁止直接加入抗菌药物中配伍使用，对病毒、寄生虫、支原体等混合感染性疾病须严格诊断，不可超量使用。

以上药物的使用剂量详见疾病的防治部分。

三、鸭的给药方法

药物种类繁多，有些药物需要通过固定的途径进入机体才能发挥作用；另外一些药物，不同的给药途径，可以发挥不同的药理作用。因此，临床上应根据群体或个体不同的用药目的选择不同的给药方法。

1. 群体给药法

(1)混饮给药：混饮法适用于短期投药和紧急治疗投药。假若病鸭不再吃食，但可饮水时，通过饮水投药更有效。混饮法用药时，除注意拌料给药的一些事项外，还应注意药前停水，寒冷季节停水 4～5 小时；气温较高季节应停 2～3 小时，然后再饮已均匀拌入药剂的饮水，以保证药效。使用时要准确、认真、按量给水。

(2)混饲给药：即将药物均匀拌于饲料中，随鸭采食时吃进药物。拌料法用药简便易行，节省人力，药效可靠。生产中常采用分级混合法，即先将药物全量均匀地与少量饲料混匀；然后再加入多一点的饲料，再混拌均匀，这样逐步把饲料量加大混匀，最后一次加入所有要拌药的饲料，再拌匀后即可给鸭喂食。

在应用混料给药时，一要准确掌握混料浓度；二要确保用药混合均匀；三是用药后，必须密切注视有无不良反应的发生。对磺胺类和呋喃类药物尤其应注意，严防中毒发生。

(3)气雾给药：是通过呼吸道吸入或作用于皮肤黏膜的一种给药法。由于鸭肺泡面积很大，并有丰富的毛细血管，所以用此法给药时，药物吸收快，药效出现迅速，不仅能起到局部作用，也能经肺部吸收后呈现全身作用。

(4)喷、涂法给药：此法多用于鸭的体表，以杀灭体外寄生虫或体表微生物。常用的外用给药法有喷雾、药浴、喷洒、熏蒸等。

2. 个体给药法

(1)口服法:水剂、片剂、丸剂、胶囊及粉剂都可采用此给药法。投喂时用左手食指伸入鸭的舌基部,将舌尽量拉出,并与拇指配合将舌固定在下腭上,右手即将药物投入,此法适用于片剂、丸剂、胶囊及粉剂。也可用左手抓住鸭头部皮肤使之向后仰,当喙张开时,右手将药物投入,此法较适用于剂量较少的水剂药物。对剂量较大的水剂,可用细塑料管插入食管后,另一头装上吸有药液的注射器,慢慢推入食管内。

(2)肌内注射法:注射法常用的有皮下注射和肌内注射,适用于逐只治疗,尤其是紧急治疗。对于难被肠道吸收的药物,为了获得最好的效果,可用注射法给药。某些抗菌药(如新霉素等)由于有毒性,不能直接注射;有些肠道驱虫药,一般只经口腔投药。注射法用药一定要注意针头和注射器的煮沸消毒,一只鸭原则上使用一个针头,尤其是已发生疫情的鸭群,切忌用一个针头注射到底,以防由针头加速疾病传播。

(3)静脉内注射法:静脉注射的方法是将鸭仰卧,拉开一翅,在中部羽毛较少的凹陷处(称肱窝)可见一静脉,用左手压住静脉根部,使血管显露,将装有药液的针头刺入静脉内,当血液回流时,说明已注入静脉内,即放开左手,将药液缓缓注入。此法可将药物直接注入血液循环中,因而运用于急性重症病例。

(4)气管内注入法:此法适用于鸭肺部疾病,鸭气管线虫病、气管吸虫病时的治疗。注射时,在鸭的喉下、颈部腹侧偏右、气管软骨环之间,针头刺入后,缓慢注入药液。注意量不能太多。

(5)食道膨大部注入法:当鸭张喙困难,且急需用药时可采用此法。注射时,左手拿双翅并提举,使头朝前方,右手持注射器,在鸭的食道膨大部向前下方斜刺入针头,进针深度为0.5～1厘米左右,进针后推入药液即可。

3. 种蛋用药法

(1)浸泡法:首先将种蛋表面洗净,然后将种蛋浸入一定浓度的药液中,浸泡3～5分钟即可。此法主要杀灭蛋壳表面的微生物。

(2)熏蒸法:将经过洗涤或喷雾消毒的种蛋放入罩内、室内或孵化器内,然后关闭室内门窗或孵化器的进出气孔,用福尔马林熏蒸消毒,熏蒸半小时后方可进行孵化。

(3)照射法:常用紫外线照射消毒,将种蛋平放,紫外线光源离种蛋高40厘米,照射1分钟,然后将种蛋翻转,再照射1分钟。

4. 鸭用药注意事项

(1)应根据每种药物的适应证合理地选择药物,并根据所患疾病和所选药物自身的特点选用不同的给药方法。

(2)用药时用量应适当、疗程应充足、途径应正确。本着高效、方便、经济的原则,科学地用药物。

(3)应充分利用联合用药的有利作用,避免各种配伍禁忌和不良反应的发生。

(4)应注意机体耐药性和病原体抗药性的可能产生,并通过药敏试验、轮换用药等手段加以克服。

(5)注意预防药物残留和蓄积中毒。长期使用的药物,应按疗程间隔使用,某些易引起残留的药物在鸭宰杀前15～20天内不宜使用,以免影响产品质量和危害人体健康。

(6)饮水给药,应确保药物完全溶解于水后再投喂,并应保证每个鸭都能饮到;拌料给药,应确保饲料的搅拌均匀。否则不仅影响效果,而且可能造成中毒。

(7)在使用药物期间,应注意观察鸭群的反应性。有良好效果的应坚持使用;应用后出现不良反应的,应立即停止用药;使用效果不佳的,应从适应证、耐药性、剂量、给药途径、病因诊断是否正确等多方面仔细分析原因，以便及时调整方案。

四、保健饲料添加剂的应用

饲料添加剂是指配合饲料的添加成分，它可提高日粮的全价性与饲料转化率，促进动物生长和疾病预防，提高饲料贮存质量和改进动物产品品质。

饲料添加剂包括非营养和营养性添加剂。营养性饲料添加剂已按相应性质列入上述的蛋白质饲料(氨基酸)、矿物质饲料(微量元素添加物)、维生素饲料(单一或复合维生素制剂)。

1. 抗菌驱虫促生长添加剂

抗菌驱虫促生长添加剂均为非营养性添加剂，其作用能抑制微生物的生长、繁殖，增进禽体健康和刺激消化道吸收能力。

(1)抗生素添加剂

①杆菌肽锌预混剂：由杆菌肽锌与载体物质(豆粉、淀粉、麦麸等)混合而成，用于抗菌(抗革兰阳性菌)、促生长。对提高家禽生产水平、抗热应激均有良效。口服较难吸收(防治消化道感染效果好)，禽产品中很少残留。在养禽业中被广泛应用。

②硫酸黏杆菌素预混剂：为白色粉末，易溶于水。对革兰阴性菌如大肠杆菌、沙门菌等抑制作用强，用于促生长和防治肠道感染。口服难吸收。

③万能霉素：为杆菌肽锌与硫酸黏杆菌素的复合制剂，对革兰阳性菌和阴性菌均有良好的抗菌作用。

④恩拉霉素预混剂：对革兰阳性菌尤其对肠道内梭状芽孢杆菌作用强。产蛋禽不宜用。

此外，还有弗吉尼亚霉素、黄霉素等，产蛋禽禁用的弗吉尼亚霉素、土霉素钙、金霉素钙等。

(2)合成抗菌药物

①喹乙醇预混剂:又称快育灵,对革兰阴性菌和部分阳性菌(如葡萄菌、链球菌等)抗菌作用强。呈淡黄色粉末、味苦、微溶于水。一般饲料中用量均为 30 毫克/千克,用量过大易导致中毒,主要用于促生长,产蛋禽禁用。

②对氨基苯砷酸:为有机砷化合物。用于抗菌、促生长、提高产蛋率。谨防中毒。

③硝呋烯腙:可促进营养物质消化吸收、促生长,防治禽霍乱、球虫等。

(3)驱虫保健剂

①莫能霉素:为一种广谱抗球虫药,对革兰阳性菌也有较高的抗菌药性。

②拉沙霉素:为广谱高效抗球虫药,能明显改善禽群生长速度和饲料转化率。

③盐霉素:为广谱高效抗球虫药。对多数革兰阳性菌、霉菌也有良效,但安全范围较窄,对雏鸭、火鸡毒性较大。

④氨丙啉:抗球虫范围小,宜与其他药物合用,毒性较小。

⑤马杜霉素:抗球虫活性高,广谱,具促生长作用。

⑥二硝苯甲酰胺:又名球痢灵。广谱抗球虫药,不易产生耐药性,毒性较小。

上述药物不宜用于产蛋禽。

2. 酶制剂

目前已广泛使用于养禽业,可以提高禽类对各种饲料成分的消化率。生产中使用的有蛋白酶、淀粉酶、脂肪酶、纤维素酶、β-葡聚糖酶、木聚糖酶、乙型甘露聚糖酶、植酸酶等,以及复合酶制剂。市售的有和美酵素、溢多利酶、爱维生等。对养鸭业而言,纤维素酶制剂能更有效地利用青绿饲料。

3. 饲料保藏添加剂

包括抗氧化剂与防霉剂两类。

(1)抗氧化剂

①二丁基羟基甲苯:在饲料工业中广泛应用,一般饲料用量为60～120毫克/千克。

②乙氧基喹啉:用于保护蛋白质、脂肪、维生素等免受氧化破坏。

③丁羟基茴香醚:主要用于保护脂肪,并可抑制饲料中霉菌生长。

④乙氧喹:饲料中添加150毫克/千克。

此外,还有天然抗氧化剂如维生素E、维生素C、没食子酸-异戊酯等。

(2)防霉剂主要有丙酸(盐)、甲酸钙、富马酸、柠檬酸等。

4. 营养添加剂

营养添加剂是一类常用的添加剂,主要成分是氨基酸、维生素、微量元素等营养物质。通常在家禽的饲料中添加的氨基酸是植物性饲料中最缺乏的必需氨基酸——蛋氨酸和赖氨酸,特别是蛋氨酸。维生素类添加剂主要有维生素A、维生素D、维生素E、维生素K、维生素B_1、维生素B_2、维生素B_6、维生素B_{12}、氯化胆碱、烟酸、泛酸钙、叶酸、生物素。微量元素添加剂主要有铜、钴、锰、锌、铁、碘、钼等。

5. 抗氧化添加剂

迄今为止,已知可作抗氧化剂的化合物有30多种,如羟丁基甲苯醚、山道喹、五倍子酸酯、丙基五倍子酸盐、抗坏血酸及其酯、生育酚等,其中具有经济实用意义的仅是前三种。抗氧化剂一般只在饲料长途运输或长期贮存时才用,平时可以不用,因对家禽的肠胃和消化有所影响。

6. 其他添加剂

（1）益生素类添加剂为活菌制剂，也称生菌剂，可以保持禽类肠道内微生态的平衡，提高禽类的健康水平。

（2）着色剂用于加深蛋黄、皮肤的黄色以提高产品的外观品质。

（3）流散剂用于防止饲料中某些原料吸湿、结块现象的出现。

（4）光合菌制剂用于补充营养，提高禽类生产水平。

（5）重分配剂（β-肾上腺素能兴奋剂）用于提高瘦肉率、产蛋量和饲料转化率。

（6）非常规饲料添加剂，如沸石（添加量 2%～5%）、麦饭石（添加量 1.5%～5%）、泥炭（添加量 5%～10%）。

（7）黏结剂，用于颗粒饲料和饲料的制作，减少粉尘损失，提高颗粒料的坚实度，减少压模耗损。

（8）中草药添加剂，来源于天然的动植物或矿物质，可补充营养，促进生长、增强体质、提高抗病力，具有毒性低、无残留、副作用小，对人类医学用药不影响的优越性。

7. 注意事项

（1）弄清添加剂量：按照配合全价料的要求，有的添加剂用量极微，常用毫克/千克来表示，除维生素添加剂在某些特殊情况（如鸭处于应激状况）时可提高添加量外，一般情况下都要按产品说明用量添加。有些养殖户不管是何种添加剂都错误地认为，剂量越大，效果越好，于是加倍添加，导致中毒或死亡，造成重大经济损失。

（2）配料时混合要均匀：因添加剂用量微小，在没有高效搅拌机的情况下，应采取多次稀释的方法，使之与其他饲料充分混匀。如 1 千克添加剂加 100 千克配合饲料时，应将 1 千克添加剂先与少量饲料(1～2 千克)充分拌匀后,再加 2～4 千克饲料充分拌匀,这样少量多次混合,直到全部拌匀为止。

(3)妥善保管添加剂预混料应存放于低温、干燥和避光处,与耐酸、碱性物质放在一起。包装要密封,启封后要尽快用完,注意有效期,以免失效。

五、药品保管方法

1. 保管方法

(1)一般药品都应按兽药规范中该药“贮藏”项下的规定条件,因地制宜地贮存与保管。

①密闭:是指将容器密闭,防止灰尘和异物进入,如玻璃瓶、纸袋等。

②密封:是指将容器密封,防止风化、吸潮、挥发或者异物进入,如带紧密玻璃塞或木塞的玻璃瓶、软膏管等。

③熔封或严封:是指将容器熔封或以适宜材料严封,防止空气、水分侵入和防止污染,如玻璃安瓿等。

④遮光:是指用不透光的容器包装,例如棕色容器或用黑纸包裹的无色玻璃容器及其他适宜容器。

⑤干燥处:是指相对湿度在 75%以下的通风干燥处。

⑥阴凉处:是指温度不超过 20℃。

⑦凉暗处:是指避光并温度不超过 20℃。

⑧凉处:是指温度 2～10℃。

(2)根据药品的性质、剂型,并结合具体情况,采取“分区分类,货物编号”的方法妥善保管。堆放时要注意兽药与人药分区存放;外用药与内服药分别存放;杀虫药、杀鼠药与内服药、外用药远离存放;外用药与内服药以及名称易混淆的药均宜分别存放。

(3)建立药品保管账,经常检查,定期盘点,保证账目与药品相符。

(4)药品库应经常检查清洁卫生,并采取有效措施,防止生霉、虫蛀和鼠咬。

(5)加强防火等安全措施,确保人员与药品的安全。

2. 药品的有效期

(1)有些稳定性较差的药品,在贮存过程中,药效有可能降低,毒性可能有增高,有的甚至不能药用,为了保证用药安全有效,对这类药品必须规定有效期,即在一定贮存条件下能够保证质量的期限。

(2)对有效期内的产品,严格按照规定的贮存条件进行保存,要做到近期先出,近期先用。

3. 购买注意事项

(1)兽药包装必须贴有标签,注明“兽用”字样并附有说明书。标签或者说明书上必须注明商标、兽药名称、规格、企业名称、产品批号和批准文号,写明兽药的主要成分、作用、用途、用量、有效期和注意事项等。

(2)兽药出厂时必须附有产品质量检验合格证,无合格证的不要购买。

第五章　鸭场常见疫病的防治

鸭病是鸭业生产的最大障碍，目前常见的和严重危害鸭业生产的疾病有数十种。根据鸭病的性质，一般分为病毒性疾病、细菌性疾病、寄生虫病、营养性疾病、中毒性疾病等几大类。

病毒性疾病、细菌性疾病是由致病微生物（如病毒、细菌、霉菌、霉形体等）侵入鸭的机体，在一定的部位定居、生长繁殖，并释放出大量的毒素和致病因子，当感染的病原体具有相当的毒力和数量，鸭就表现出一定的临床症状，同时遭受感染的鸭也具有相应的传染性。当病原体从受感染的机体排出，通过直接或间接接触传染给健康鸭，即造成传染病在鸭群中的传播流行。尤其是鸭瘟、雏鸭肝炎等急性传染病，发病后常可使鸭群大批死亡。还有一些人畜共患病，不但会造成重大的经济损失，甚至会影响和危害人类的健康。

寄生虫病是由寄生虫（如绦虫、吸虫、棘头虫、球虫等）寄生于鸭的机体，损害鸭的器官和组织，并吸取体内营养物质，或产生毒素，从而使鸭群消瘦、贫血、营养不良，严重者甚至导致死亡。寄生虫病与传染病有相同之处，即具有侵袭性。如雏鸭球虫病，一旦发生感染就会引起雏鸭致病。

营养代谢病和中毒病的产生，与饲养管理不当、饲养环境差、营养代谢失调以及误食各种有毒有害物质或其他外界应激因素引起，虽然不像传染病和寄生虫病那样具有传染性或侵袭性，且大多为零星发生，但是严重的营养代谢病和中毒病也会引起大批鸭发病死亡，造成严重的经济损失，也不可忽视。

鸭病的防治应坚持预防为主，防重于治的原则。要保证鸭群的健康，必须要建立健全的鸭群卫生防疫制度，掌握鸭病传播流行的基本规律，强化饲养管理、环境卫生，合理调配饲料营养，正确使用药物，以及采用综合防治措施，预防和控制鸭病的发生和流行。

第一节　常见病毒性疾病的防治

一、鸭　瘟

本病又名鸭病毒性肠炎，俗称“大头瘟”，是由鸭瘟病毒引起的一种高死亡率的急性、热性传染病。本病对不同品种、日龄及性别的鸭均可感染，在秋季和低洼多水的污染地区最易发生和流行。

【病原】鸭瘟病毒属疱疹病毒科，疱疹病毒属，鸭疱疹病毒Ⅰ型。病毒粒子为球形，直径为 90～120 纳米。病毒存在于病鸭的排泄物、分泌物、各内脏器官、血液、骨髓及肌肉中，以肝和脾含毒量最高。

本病毒对热和普通消毒药都很敏感，56℃10 分钟、80℃5 分钟死亡；在肝组织的病毒保存于－20～－10℃的环境中，经 347 天仍存活；在－7～－5℃，经 3 个月其毒力下降不明显；病毒在 pH7～9 或在 pH3 和 pH11 时，可迅速死亡；在 1％～3％苛性钠溶液、10％～20％漂白粉混悬液和 5％甲醛溶液中均能较快地杀灭病毒。75％酒精 5～10 分钟、0.5％漂白粉 30 分钟和 5％生石灰 30 分钟都能减弱病毒的毒力或杀灭病毒。

【发病特点】鸭瘟是由疱疹病毒引起的鸭、鹅、天鹅的一种急性、高度传染性疾病，各种年龄和品种的鸭均可感染，特别是以番鸭、产蛋母鸭的发病率和死亡率最高。但在鸭瘟流行时，成年鸭发病和死亡比较严重，1 月龄以下的小鸭发病较少。本病一年四季均可发生，但以春夏之交和秋季最易流行。其传染源主要是病鸭和带毒鸭，以及其他带毒的水禽、飞鸟之类。当健康鸭一旦接触这些带毒的禽类所排出的粪便及其分泌物污染的饲料、饮水、饲养工具等，即感染发病。本病的主要传染方式是消化道感染，也可通过滴鼻、泄殖腔、注射及某些吸血昆虫等引起发病，从而造成疫病流行。

【临床症状】潜伏期一般为 2～4 天，病鸭初期表现精神萎靡，头颈缩起，呼吸困难，常伴有湿啰音，食欲降低，渴欲增加，不愿下水；两肢发软，步态蹒跚，经常卧地，难于走动，驱赶时两翅扑地而走；眼四周湿润、怕光、流泪，有的因附有脓性分泌物而两眼黏合；鼻孔内流浆液性或黏液性分泌物；部分病鸭头颈部肿胀；体温急剧升高达 43～44℃，呈稽留热型；病鸭下痢、排绿色稀便，有时为灰白色，肛门周围羽毛被污染，常附有稀粪结块。后期，病鸭体温下降，体质衰竭，不久死亡。产蛋鸭群的产蛋量减少 30％左右，随着死亡率的增高，可减产 60％以上，甚至停产。病鸭在出现症状后 1～5 天内死亡。

【病理剖检】鸭瘟的病变，以全身性急性败血症为主要特征。

(1)皮下组织有不同程度的胶样浸润，尤以“大头瘟”典型病例较为严重。口腔舌下部、咽喉周围见有溃疡灶。食管黏膜具有纵行排列的灰黄色伪膜覆盖。腺胃黏膜有出血斑点，有时在腺胃与食管膨大部交界处，有一条灰黄色坏死带或出血带，肌胃角质膜下层充血，有时出血。肠黏膜有充血和出血性炎症。泄殖腔黏膜有出血性斑点和不易脱落的伪膜或溃疡。

(2)肝脏表面有坏死灶及出血斑，肠道黏膜充血、出血，坏死或溃疡，肠道淋巴集合组织可能形成“纽扣状”坏死灶，脾脏表面或切面也常见出血点和坏死灶。

(3)心脏、肌肉、脂肪等均可能出血。产蛋禽还可见卵泡充血、出血、萎缩、变形，并出现卵黄性腹膜炎。

【诊断】根据本病的流行病学、症状和病变的资料进行综合性分析，可以做出初步诊断。但在该病的初发地区，应按要求采取肝、脾组织，送兽医检验部门进行实验室诊断。

在诊断时，应注意与小鸭病毒性肝炎、鸭霍乱、鸭球虫病和种鸭坏死性肠炎进行鉴别诊断。

【治疗方法】一旦发生疫情，立即向当地动物防疫监督机构上报疫情，按法定要求采取封锁、隔离、焚尸、消毒等综合措施扑灭疫情。

(1)患疫场舍等也可用3%热氢氧化钠液或菌毒特1∶100热水稀释后喷洒消毒。对疫区或威胁区内的健康鸭群或疑似感染群，应立即使用鸭瘟鸡胚弱毒苗等接种，1～2头份/只。

(2)早期治疗可取抗鸭瘟高免血清，肌注0.5毫升/只，有一定疗效；也可肌注聚肌胞，0.5～1毫升/只，1次/3天，连用2～3次。有的用盐酸吗啉胍可溶性粉或恩诺沙星可溶性粉，按2克/升拌水混饮，1～2次/天，连用3～5天(产蛋鸭禁用，肉用鸭停药8天)。

(3)清瘟败毒散＋蜂胶疫苗，一般3～5天即可治愈。

(4)鸭感康饮水：用鸭感康100克兑水，供800只鸭或鸭病康100克兑水，供800～1000只鸭，使鸭在每日上午1小时之内全部饮完，饮药并停水1.5～2小时；用鸭维他或肥鸭王，按说明拌料饲喂，连用3～5天。

【防治措施】

(1)严防从疫区引进种蛋或病鸭，严格做好各环节防检疫及消毒工作，日常定期用10%石灰乳或5%漂白粉液消毒场舍等。

(2)加强饲养管理，提高鸭群健康水平，适当添喂多维，增强机体免疫力。

(3)定期注射鸭瘟弱毒疫苗：肉用鸭1～7日龄每只肌注

0.5毫升；蛋用鸭20日龄肌注0.5毫升，80日龄肌注1毫升，保护期1年。发生本病之初，或疫病流行时可用弱毒苗紧急接种，鸭每只1毫升；鸭瘟弱毒冻干苗，2月龄以上每只胸肌注射1毫升，免疫期6个月，雏鸭按每只2毫升加水拌入饲料内，早餐空腹一次喂给。

(4)在疫病流行区或流行季节用鸭感康或鸭独利康按每袋拌料200千克，每次连用3天；平时可用祛瘟神按每袋拌料500千克，每次连用3天，可起到有效预防作用。

(5)发生鸭瘟流行时，应仔细检查，及早剔出病鸭，隔离可疑病鸭，健康鸭群另行隔离饲养，用10%～20%生石灰水或热草木灰水，对鸭棚、场地、工具等进行消毒，对健康鸭进行紧急疫苗接种。

二、禽流感

禽流感是一种世界范围的禽类传染病，可全年流行，鸡、火鸡、鸭、鹅、鸽均可发病，近年来鸭、鹅的发病率逐年增高，曾给养禽生产造成巨大损失。世界各国对禽流感的防治都十分重视，世界卫生组织将该病列为A类动物疫病。

【病原】禽流感的病原体是正黏病毒群的A型禽流感病毒，对多种动物的红细胞有凝集作用，适于在鸭胚中培养生长，还可以在肠道和泄殖腔黏膜上皮细胞内大量增殖，并从粪便中排出，污染环境。病毒的不同毒株，对鸭的致病力也不同，例如捷克分离一强毒株，能引起40%的病鸭死亡；我国台湾省分离一强毒株，可使4周龄鸭群75%死亡；也有许多毒株是无致病力的。

本病毒对乙醚、氯仿、丙酮等有机溶剂、热及紫外线均敏感，使用常用消毒药、56℃加热30分钟、60℃加热10分钟、65～70℃加热数分钟、直射阳光下40～48小时均可灭活该病毒。在自然条件下，存在于鼻腔分泌物和粪便中的病毒，由于受到有机物保护，具有极大抵抗力。

近年来研究表明,有一种 H5N1 亚型流感毒株对各种日龄和各种品种的鸭群均具有高度致病性。雏鸭的发病率可高达100%,死亡率也可达 50%以上,其他日龄的鸭群发病率一般为80%～100%,死亡率一般为 40%～80%,产蛋种鸭发病率近100%,死亡率为 40%～80%。

【发病特点】

(1)本病在养鸭业发达的国家都曾有过报道,但在大多数国家,只引起较轻的呼吸道症状或无症状,仅是带毒鸭。但最近几年引起鸭发病的主要是 H5N1 亚型。

(2)本病主要是通过密切接触传播,接触或食入患禽的羽毛、肉尸、排泄物、分泌物以及被污染的水源、饲料、用具、车辆而造成传染。

(3)该病一年四季均可发生,但在寒冷、交替变化的季节多发。

(4)各种日龄均可感染。雏鸭的发病率可达 100%,死亡率可达 95%以上;成年鸭主要引起产蛋严重下降,甚至绝产。

(5)各种品种的鸭均易感,纯种鸭较其他品种更易感。

【临床症状】发病时鸭群中先有几只出现症状,1～2 天后波及全群,病程 3～15 天。病仔鸭废食,离群,羽毛松乱,呼吸困难,眼眶湿润;下痢,排绿色粪便,出现跛行、扭颈等神经症状;干脚脱水,头冠部、颈部明显肿胀,眼睑、结膜充血出血,舌头出血。育成期鸭和种鸭也会感染,但其危害性要小一些,病鸭生长停滞,精神不振,嗜睡,肿头,眼眶湿润,眼睑充血或高度水肿向外突出呈金鱼眼样子,病程长的仅表现出单侧或双侧眼睑结膜混浊,不能康复;发病的种鸭产蛋率、受精率均急剧下降,畸形蛋增多。

【病理剖检】大多数患鸭皮肤毛孔充血、出血,全身皮下和脂肪出血。头肿大的患鸭下颌部皮下水肿,呈淡黄色或淡绿色胶样液体。眼结膜出血,瞬膜充血、出血。颈上部皮肤和肌肉出血,鼻腔黏膜水肿、充血、出血，腔内充满血样黏液性分泌物，喉头黏膜不同程度出血，大多数病例有绿豆至黄豆大凝血块，气管黏膜有点状出血。脑壳和脑膜严重出血，脑组织充血、出血。胸腺水肿，或萎缩出血。脾脏稍肿大，淤血、出血，呈三角形。肝脏肿大，淤血、出血。部分病例肝小叶间质增宽，肾脏稍肿大充血，胰腺有出血斑和坏死灶或液化状，胸壁有淡黄色胶样物，腺胃黏性分泌物多。部分病例黏膜出血，腺胃与肌胃交界处有出血带，肠局灶性出血斑或出血块，黏膜有出血性溃疡病灶，直肠后端黏膜出血。多数病例心肌有灰白色坏死灶，心内膜出血斑。肺淤血、出血。产蛋母鸭卵泡破裂于腹腔中，卵巢中卵泡膜充血，有出血斑并变形，输卵管浆膜充血，出血腔内有凝固蛋白。病程较长患病母鸭的卵巢中的卵泡萎缩，卵泡膜充血、出血或变形。患鸭法氏囊出血。有些病例十二指肠与肌胃处有出血块。部分病例盲肠出血。

【诊断】当小鸭群中迅速出现鼻炎、窦炎等呼吸道炎性症状时，就应考虑到禽流感。单从上述临床症状，很难与其他出现呼吸道症状的疾病相鉴别，因此，必须依靠实验室诊断进行确诊。

关于该病的鉴别诊断，在雏鸭应注意与雏鸭病毒性肝炎相区别；对于雏番鸭，该病极易与“三周病”相混淆；对于出现三炎（心包炎、肝周炎、气囊炎）且又有流感病变的肉鸭流感病例，应与单一的鸭传染性浆膜炎、鸭大肠杆菌病等相区别；在种鸭、蛋鸭，由于发生流感后极易并发或继发大肠杆菌病，因此在临诊中也应注意与单一的大肠杆菌病加以区别。

【治疗方法】一旦发生疫情，要立即上报，在动物防疫监督机构的指导下按法定要求采取封锁、隔离、焚尸、消毒等综合措施扑灭疫情。消毒可用5%甲酚、4%氢氧化钠、0.2%过氧乙酸等消毒药液。对疫区或威胁区内的健康鸭群或疑似感染群，应使用农业部指定的禽流感灭活苗紧急接种。

(1)经多个病例用药治疗，“感毒清”(50千克料/500克)+“奇强”(100 千克水/100 克)饮水,“清瘟败毒散”(100 千克料/袋)拌料有明显效果。

(2)经多个病例用药治疗,“强效感康”(125 千克水/瓶)+“征宇消刻”(200 千克水/袋)或“强效感康+征宇肠泰”(100 千克水/瓶)饮水,“清瘟败毒散”(30 千克料/袋)拌料有明显效果。将全天饮水量集中于上、下午 2 次饮水,每次饮水 2～3 小时,每天用“洁王”带鸭喷雾消毒,用药 3 天后,鸭群精神好转,采食、饮水量明显升高。待鸭采食饮水、精神恢复正常时用“健鸡增蛋散”(125 千克料/袋)+“21 维他王”(250 千克料/50 克)拌料,“征宇消刻”+电解多维+超浓缩鱼肝油饮水,产蛋可逐渐上升到 80%以上。

(3)每天每 1000 只病鸭使用喘毒必治 2 瓶(每瓶 100 克)、双黄连口服液 5 瓶(每瓶 100 毫升)、黄芪金丝 1 袋(每袋 100 克)、病毒威 3 袋(每袋 100 克)、感康 3 袋(每袋 100 克)、浆炎速康 2 袋半(每袋 100 克)共同混水 1500 毫升。早晨喂食前每只病鸭用无针头注射器灌服 2～3 毫升,每天灌服一次也有明显效果。

【防治措施】控制本病的传入是关键,应做好引进种鸭、种蛋的检疫工作,坚持“全进全出”的饲养方式,平时加强消毒,做好一般疫病的免疫,以提高鸭的抵抗力。

(1)严禁从疫区或发病禽场引进水禽。

(2)禽场实行“全进全出”制度,禁止鸡、鸭、鹅混养。

(3)对禽舍内、外环境加强消毒。消毒剂两种以上交替使用,如含氯类、季铵盐类、碘制剂、火碱等消毒剂。

(4)严格控制进入禽场的人员、车辆和物品,彻底消毒后方允许进入禽场。饲养员更换鞋帽,消毒后才能进入禽舍,要经常灭鼠、蚊、蝇,阻止飞鸟和昆虫进入禽舍。

(5)鸭群发病后,要及时上报有关部门,按照 A 类疾病的处理措施进行,封锁发病禽场或禽舍,人员、用具和饲料要隔离,不能串舍或混用,病禽要隔离或淘汰,死亡禽及其粪便、分泌物进行焚烧或深埋，病愈禽不能留做种用，病禽所产种蛋，不能用于孵化，防止雏禽的早期感染。并对未发病禽群紧急免疫接种。鸭淘汰后，禽舍要严格消毒，空舍1～2个月后方可进鸭。

(6)做好免疫工作，增强鸭的特异性抵抗力：鸭的流感目前是由禽流感病毒特定亚型引起，必须用含特定型的禽流感油乳剂灭活苗免疫才有效。青岛易邦公司生产的水禽流感油乳剂灭活苗含有当前流行毒株，对目前流行的鸭的流感有很好的预防效果。

①免疫方法：禽流感灭活苗分肌内注射和皮下注射。小日龄的采取皮下注射，大日龄采取肌内或皮下注射。

②免疫程序：禽流感免疫程序的制定和实施受许多因素的影响，除疫苗外，还与免疫方法、母源抗体水平、疫情流行情况、饲养方式和管理水平、水禽的日龄和应激状态、技术条件等因素有关。

③免疫剂量：应根据环境污染程度和鸭的体重来确定。一般2千克以下注射0.3～0.8毫升，2千克以上注射1～1.5毫升。

三、番鸭细小病毒病

本病是由细小病毒引起的一种急性、败血性、高度致死性传染病。本病又叫番鸭喘泄病或“三周病”，是一种急性接触性传染病。

【病原】本病的病原为细小病毒科、细小病毒属的番鸭细小病毒。该病毒在电镜下有实心和空心两种粒子，呈圆形等轴立体对称的20面体，无囊膜，直径20～25纳米。该病毒对乙醚、胰蛋白酶、酸和热等灭活因子作用有很强的抵抗力，但是病毒对紫外线照射很敏感。

【发病特点】本病多流行于饲养番鸭较多的地区，一年四季均可发病，但以冬春季发病较多。本病在自然情况下只有雏番鸭发病，7～35日龄为该病的易感日龄，尤以7～20日龄最易感。一般发病的死亡高峰在10～18日龄，自然感染该病的3周龄内雏番鸭群的发病率为27%～62%，而病死率为22%～43%，且随着日龄的增长其发病率及病死率也随之下降。病愈鸭大多成为僵鸭。人工感染试验表明经肌肉、皮下、腹腔、滴鼻和口服等各种途径都可引起雏番鸭感染发病。

【临床症状】本病多呈急性或亚急性经过，患病雏番鸭精神沉郁，食欲不振或废绝，怕冷；腹泻，粪便呈绿色或灰白色，常黏附于肛周羽毛；软脚，行走不便，喜蹲伏；多数病鸭呼吸困难，甩头流鼻涕，严重时张口呼吸或喘气。病后期喙发绀，喘气频繁，最后衰竭而死。病程一般2～5天，有的达1周以上。少数耐过的雏番鸭成为生长不良的僵鸭，个体小、明显消瘦。

【病理剖检】病死雏番鸭的病变主要为胰腺苍白或充血，局灶性或整个表面出血，表面有数量不等的针尖大、灰白色的坏死点；肝稍肿大，胆囊胀大；少数病例脾脏肿大，充血；肠道均有明显的病变，肠黏膜呈卡他性炎症，黏膜有少量出血点，肠壁变薄，肠内容物呈淡白色或灰黄色；肾脏呈暗红色或灰白色，似煮熟样；其他脏器未见明显变化。

【诊断】该病可根据其流行病学和特征性的临床症状、病理变化做出初步诊断，确诊需应用实验室手段。在临诊上该病易与雏番鸭小鹅瘟、雏番鸭流感、雏番鸭出血症、雏番鸭肝炎等相混淆，需根据各病的临诊特征加以鉴别。

【治疗方法】本病无特效药物。一旦发生雏番鸭细小病毒病，必须立即注射高免血清或卵黄抗体治疗。

(1)高免血清：每羽皮下注射0.8～1毫升，连用2次(2天)效果最好。采用卵黄抗体时，可加入利巴韦林一起注射。

(2)利巴韦林混料喂服，每25千克料加入1克，连用3～4天。也可同时在饮水中加入抗病毒灵。

(3)复方金刚乙胺，用于饮水每50克加水250千克，1天1次，连用3～5天。

【防治措施】

(1)平时应加强饲养管理，日粮中必须配有适量的维生素和矿物质。同时要注意卫生消毒工作。

(2)用高免血清或高免蛋黄液在雏番鸭于1周龄时或本病发生初期，给雏番鸭每只注射1毫升，可起到最好保护作用；若重复使用，效果更好。

(3)鸭感康或鸭独利康饮水，或用祛瘟神250克，用水2千克，浸泡半小时，再兑水100千克左右，让雏番鸭自由饮水，每周2次，连用3周，药渣拌料，也可有效防治本病的发生。

(4)严格按照消毒计划进行消毒。用水禽碘福或菌毒清带鸭喷雾消毒。

(5)于母鸭产蛋前20～30天和产蛋中期，采用雏鸭细小病毒病弱毒疫苗作免疫接种，肌注，2～4头份/只。母鸭经过上述免疫接种，一般可使其生产的雏鸭获得对本病的抵抗力。上述疫苗亦可以用于雏鸭1日龄时作免疫接种，以预防本病。

(6)应当注意，因雏鸭在感染鸭细小病毒的同时，往往合并感染小鹅瘟病毒，故在防治雏鸭细小病毒病的同时，应配合防治雏鸭感染小鹅瘟(上述用于母鸭或1日龄小鸭的疫苗加入等量小鹅瘟弱毒疫苗，用于病雏鸭的高免抗体或高免血清最好是雏鸭细小病毒、小鹅瘟二联抗体或血清)。

四、雏番鸭小鹅瘟

雏番鸭小鹅瘟是侵害雏番鸭又一特定的病毒性传染病，临床上以传播快、死亡率高、剧烈下痢、纤维素性肠炎、小肠中段和(或)后段内形成腊肠样栓子为特征。本病多发于冬季和早春季节。

【病原】本病病原为鹅细小病毒，直径20～25纳米，无囊膜。该病毒无血凝活性，但能凝集黄牛精子。目前该病毒只有一个血清型。

【发病特点】

(1)易感动物:在自然条件下只有雏番鸭和雏鹅发生本病,其他禽类和哺乳动物不发病。

(2)易感日龄:本病多发于5～25日龄的雏番鸭,随着日龄的增长,易感性降低,但1月龄以上的番鸭也有发病,而成年番鸭不发病。

(3)发病率和病死率:20日龄内雏番鸭发病时死亡率常高达70%～95%,发病日龄愈小,发病率和死亡率越高,而20日龄以上的雏番鸭发病时,死亡率一般不超过60%。

【临床症状】易感雏番鸭的临床症状随日龄的变化而不同,10日龄的雏番鸭发病后迅速出现厌食、腹泻、衰竭,突然倒地抽搐后不久而死亡,病程为2～5天。而日龄稍大的雏番鸭发病后最初表现厌食,嗉囊空虚,内有混合液体和气体,喙部和蹼表发绀。病雏番鸭排出大量黄白色或淡黄绿色水样稀粪。

有的番鸭场,20～45日龄段的番鸭有时发生上喙变短、软脚、腹泻、低死亡率为特征的疾病,有人认为是雏番鸭感染小鹅瘟的一种疾病。

【病理剖检】本病的病变主要在消化道,肠道病变较为明显。肌胃和腺胃黏膜出血,交界处黏膜溃疡、糜烂、腺胃角质层糜烂脱落;肠道(尤其十二指肠)黏膜出血;肠道外观肿胀,特别时小肠的中、后段整片肠黏膜坏死脱落,与纤维素性渗出物凝固形成特征性栓子或假膜,包裹在肠内容物表面,状如腊肠质地坚硬,堵塞肠腔;有时肠管外壁见环状细纹,外观似蚯蚓样,肠腔内积有脱落的肠黏膜碎片或黏稠内容物,肠壁变薄,内壁光滑,呈淡红色或苍白色。

【诊断】根据本病流行病学、临床症状和特征性的消化道病变,一般可做出初步诊断。在临诊上雏番鸭小鹅瘟易与雏番鸭“三周病”相混淆,但两者在流行病学、临床症状和剖检病变等方面存在差异，该病病死率更高，有神经症状，腹泻严重，一般无白色坏死点。此外，应注意临床上两病有出现混合感染的可能。

【治疗方法】

(1)全群立即注射小鹅瘟抗血清，每只皮下注射 1 毫升，隔 3 日再用一次。辅以锋杀素、病毒唑、肾肿解毒药进行治疗，并投服大量维生素。

(2)病重鸭隔离饲养，病死鸭一律深埋；加强饲养管理，注意栏舍卫生消毒，同是做好其他病的预防工作。

【防治措施】

(1)该病主要通过孵坊传播和早期感染，因此孵化室加强消毒和出壳后加强饲养管理显得特别重要。

(2)雏番鸭在 1～2 日龄内注射小鹅瘟弱毒疫苗，每只一头份。一旦发病，应及时注射抗小鹅瘟高免血清或高免卵抗体，同时适当应用抗生素以防继发感染。

五、病毒性肝炎

鸭病毒性肝炎是雏鸭的一种急性高度致死性传染病，该病的主要特征是发病急、传播快、发病率高、致死率高。

【病原】本病的病原为鸭肝炎病毒，属小 RNA 病毒科成员。已报道鸭肝炎病毒有 1、2、3 三个血清型，而国内外所报道的雏鸭病毒性肝炎绝大多数是由 1 型肝炎病毒引起，另外还可能存在 1 型肝炎病毒变异株。在英国曾有过 2 型雏鸭肝炎病毒的报道，但经过实验可能为星状病毒。3 型肝炎仅在美国有正式报道。

【发病特点】本病主要发生于 3 周龄以内的雏鸭群。病鸭和带毒鸭是主要传染源。被病毒污染的场地、饲料、水面、饲养用具、人员和车辆等都是该病的传染途径。易感鸭群可通过消化道和呼吸道感染，一旦感染便迅速传播。本病一年四季都有发生，冬春季节较多。

【临床症状】本病潜伏期1～4天，突然发病，病程短促。病初精神萎靡，不食，行动呆滞，缩颈，翅下垂，眼半闭呈昏迷状态，有的出现腹泻。不久，病鸭出现神经症状，不安，运动失调，身体倒向一侧，两脚发生痉挛，数小时后死亡。死前头向后弯，呈角弓反张姿势。本病的死亡率因年龄而有差异，1周龄以内的雏鸭可高达95%，1～3周龄的雏鸭不到50%；4～5周龄的幼鸭基本上不死亡。

【病理剖检】剖检病死鸭，特征性病变在肝脏。所有剖检病例肝脏均肿大、质脆，肝脏表面有大小不等的出血斑点，色暗淡或发黄，呈斑驳状，有的肝脏呈土黄色或红黄色；胆囊肿大，充满胆汁，胆汁草青色或淡红色；脾脏肿大，呈斑驳状花纹样；大多数病例肾脏肿胀，呈树枝状充血；胰脏充血呈粉红色；心肌质软，脑充血及软化。病理组织学变化为肝细胞弥漫性变性坏死，其间有大量红细胞，肝小叶之间的血管和胆管的纤维组织内有单核细胞聚集，胆管和结缔组织增生等病理变化。

【诊断】根据本病发病急，传播迅速，病程短；3周龄内死亡率高，成年鸭不发病；病鸭有明显的神经症状；病变主要表现为肝脏的变性和出血，这些特点可做出初步诊断。

确诊可用病毒分离物接种1～7日龄的敏感雏鸭。复制出该病的典型症状与病变，而接种同一日龄的具有鸭病毒性肝炎母源抗体的雏鸭，则有80%～100%的保护率，即可确诊。将病鸭肝细胞悬液或血液无菌处理后，接种9日龄鸡胚，根据所出现的鸡胚特征性病变也可确诊。也可利用直接荧光技术在自然病例或接种鸭胚的肝脏进行快速准确诊断。临床上诊断鸭病毒性肝炎还应注意与鸭疫默氏杆菌病、雏鸭副伤寒、禽霍乱、曲霉菌病等作鉴别。

【治疗方法】鸭群发病后立即与其他假定健康鸭群严格隔离，并实行专人管理，禁止无关人员进入或接近，以避免病情进一步向周围扩散。淘汰的病重鸭与死鸭，经过焚烧或在远离水源的地方深埋处理。污染的垫料、粪便和饲料用具等未经消毒处理不能随便运出场外。对发病鸭棚的周围环境，用过氧乙酸进行喷雾消毒，每天 1 次，直至鸭群出栏。对发病鸭群，用百毒杀带鸭消毒，每天 1 次，直至病情完全康复，带鸭消毒时要预先提高育雏室的温度 2～3℃，以避免应激而造成鸭群病情加重。

(1)对发病初期死亡较少的鸭群，立即逐只注射鸭病毒性肝炎高免血清，每只 0.5 毫升，对有发病症状的鸭只，可注射 0.8 毫升；没有高免血清时，可注射高免蛋黄抗体，根据体重分别注射 1～2 毫升。在注射血清和蛋黄抗体的同时，应用 1 瓶禽用白细胞干扰素溶于 10 升干净饮用水，供 500～1000 只饮用，每天 3 次，连用 3～5 天。

(2)对发病鸭群，用雏鸭病毒性肝炎高免蛋黄液皮下或肌内注射每只 0.5～1 毫升，一般 2～3 天内可控制病情，为避免针头接种性传染，要做到一只一个针头注射。

(3)0.01％病毒唑、0.01％恩诺沙星饮水，同时饮水中加入倍量电解多维，连用 3～5 天。

【防治措施】对本病的防治，目前尚无特效药物，除了做好一般性的生物安全措施外，主要是依赖特异性的免疫预防和防治。

在疫区，可用商品鸭肝炎弱毒苗或以本地分离的鸭肝炎病毒制备的灭活疫苗免疫 7～10 日龄雏鸭或种鸭，其保护效果较好。免疫种鸭的方法是在开产前 2～4 周肌内注射 1 头份，14 天后倍量加强免疫接种 1 次，这样母鸭所产的蛋中就含有母源抗体，所孵出的雏鸭因此而获得被动免疫，其免疫力能维持 3～4 周。

也可采用鸭瘟鸭病毒性肝炎二联弱毒疫苗免疫，打一针同时预防鸭瘟和鸭病毒性肝炎，适用于 1 月龄以上鸭，胸部腿部皮下注射 1 毫升。第一次注射疫苗后，鸭瘟免疫期 9 个月，鸭病毒性肝炎免疫期 5 个月。产蛋前可进行第二次免疫，二次后，鸭瘟和鸭病毒

性肝炎的免疫期均将达到 9 个月。疾病流行严重地区可于 55～60 周龄时再加强免疫 1 次。本疫苗配有专门稀释液，如没有该稀释液则可以用无菌生理盐水或无菌蒸馏水、冷开水等代替。一旦发生本病，可在发病初期及时使用以本地分离的病毒制备的高免蛋黄抗体或高免血清，配合使用多维和中草药制剂，如“鸭肝康”进行治疗，可使病鸭群的死亡率控制在 2%～5%以下。

六、番鸭“花肝病”

番鸭“花肝病”是近年来才出现的番鸭传染病，传染性强，是目前危害番鸭的主要传染病之一。由于患病雏番鸭的肝脏具有特征性病灶，在其表面形成大量灰白色小点或花斑点，故称“花肝病”。

【病原】“花肝病”病原为番鸭呼肠孤病毒。该病毒呈球形，正二十面体，立体对称，在超薄切片电镜中有时呈晶格状排列，粒子直径为 42～70 纳米，无囊膜，属无囊膜的 RNA 病毒。该病毒对氯仿不敏感，耐热，耐酸，不被 DNA 抑制物所抑制。不能凝集豚鼠、鸡、鸭、鹅、山羊、人的 O 型红细胞。该病原与禽呼肠孤病毒有一定的抗原相关性，可致死敏感番鸭胚、半番鸭胚和鸡胚，并能经接种种蛋感染出壳番鸭。

【发病特点】该病潜伏期为 2～4 天，发病率可达 100%，死亡率可高达 95%。该病多见于 10～25 日龄的番鸭，以两周龄内的番鸭易发。其发病急，散播快，几天内即可波及全群。出现死亡鸭后，病势发展较快，1～2 天内死亡率达 40%～50%。本病一年四季均可发生，天气炎热、潮湿可以诱发该病。该病还常与鸭疫默氏杆菌病、大肠杆菌病及番鸭细小病毒病等并发或继发。该病原有较严格的宿主特异性。多数报道该病只感染番鸭，其他品种雏鸭不敏感，但也有报道半番鸭发病的。该病原可通过滴鼻、饮水、肌内注射、同居等感染。

【临床症状】患病雏番鸭精神沉郁，全身乏力，软脚，多蹲伏；食欲减退；腹泻，排白色或绿色稀粪。重病鸭呼吸急促，患鸭机体脱水，迅速消瘦，最后因衰竭而死亡。

【病理剖检】剖检的特征性病变主要见于肝脏。肝稍肿大，色棕褐，散布许多针头大至粟米大的灰白色坏死小点；脾稍肿大，亦可见如肝脏的类似病变；肾苍白，有小点坏死出血；间或见胰腺水肿及小点状坏死，部分肺淤血、水肿。

【诊断】可根据流行特点、临床症状和病理变化做出初步诊断，但要注意其与禽霍乱、禽伤寒、禽副伤寒和番鸭细小病毒病的区别。

【治疗方法】对本病的控制，目前尚未有理想的特效药，但采用下列措施可减少发病死亡。

(1)发生本病时，应尽快注射“花肝病”高免卵黄抗体，并配合使用抗病毒药和抗菌药物以防继发感染。

(2)金刚烷胺和环丙沙星配合使用，在 20～40 千克水中加入金刚烷胺和环丙沙星各 1 克，连用 2～3 天。

(3)阿奇菌素用于饮水，每 400 千克水加入 100 克；用于拌料，每 200 千克料加入 100 克。

临床上，花肝病常伴发或继发番鸭细小病毒、鸭疫默氏杆菌和大肠杆菌等病。已发病鸭群建议采用抗“花肝病”高免卵黄抗体并结合抗生素，如硫酸丁胺卡那霉素、菌得治、先锋霉素等治疗。

【防治措施】发病鸭出现死亡时，很多病鸭病变已很严重，因此在未发病时预防注射是关键。花肝病是病毒病，目前主要靠注射抗花肝病蛋黄抗体防治。10～20 日龄最易发，同时亦是番鸭三周病、鸭浆膜炎易发日龄，并且经常 2 种或 3 种病并发。综合防治措施是在 8～10 日龄注射抗番鸭花肝病、三周病双价蛋黄抗体(商品名番鸭细小病毒双价高免蛋黄抗体)，一般注射一次可维持 6～7 天，在 15～16 日龄根据情况再注射一次。另外要加强饲养管理

和环境卫生清洁。

七、副黏病毒病

鸭副黏病毒病又叫鸭新城疫，是由鸭Ⅰ型副黏病毒引起的导致鸭发生消化道和呼吸道症状的传染病。本病对鸭的危害较大，常常引起大批死亡，尤其是雏鸭，死亡率可高达95%以上，也是目前全球性流行的鸭重症传染病之一。

【病原】副黏病毒属副黏病毒科，腮腺病毒属，禽副黏病Ⅰ型。病毒粒子为球形、有囊膜、单股 RNA 病毒，大小约 100～250 纳米，平均 120 纳米。囊膜上有纤突，具有血凝素和神经氨酸酶。病鸭的脾、脑、肝、肺、气管分泌物、卵泡膜以及肠管和排泄物中都含有大量病毒。本病毒对鸭和鸭胚、鸡和鸡胚均具强毒力。

病毒的抵抗力不强，容易被干燥、日光及发酵所杀死。常用的消毒药物如2%苛性钠溶液、3%石炭酸溶液、1%臭药水和11%来苏儿等均可3分钟内将病毒杀死。在阴暗、潮湿、寒冷的环境中，病毒能够生存很久，例如存在于组织和绒尿液中的病毒在0℃环境中至少可以存活1年以上；在掩埋病鸭尸体的土壤中，病毒能够存活1个月。而在室温或较高的温度下，病毒的存活期较短。

【发病特点】番鸭、半番鸭、产蛋麻鸭、肉鸭发病在8～30日龄之间(删掉)，日龄越小，发病越严重。中大鸭病情相对较轻或成隐性感染。在产蛋鸭可造成产蛋性能下降。本病一年四季均可发生，但以冬春季节多见。

【临床症状】病初病鸭食欲减少，羽毛松乱，饮水增加，缩颈，两腿无力。早期拉白色稀粪，中期粪便可转为红色，后期则成绿色或黑色。部分病鸭出现呼吸困难、甩头、口中有黏液蓄积。有些病鸭出现转圈或向后仰等神经症状。发病率可达50%，死亡率可高达20%～30%。在产蛋鸭可出现产蛋率下降和蛋品质下降等症状。

【病理剖检】肝、脾肿大，表面有大小不等的白色坏死灶，十二指肠、空肠和回肠出血、坏死，胰腺也有白色坏死点，结肠可见不同形状大小的溃疡。腺胃与肌胃交接处有出血斑。鸭口腔黏液较多，喉头出血，食道黏膜有灰白色或淡黄色结痂。在产蛋鸭可出现卵巢变性，输卵管炎症以及卵黄性腹膜炎等病变。

【诊断】本病的确诊有赖于病毒分离和 PCR 鉴定。在临床上需与 H5N1 亚型禽流感、番鸭细小病毒病进行鉴别诊断。

【治疗方法】禽群一旦发病，应该及时隔离淘汰病禽，消毒禽舍和设施，并进行紧急预防接种。

(1)病禽群以禽Ⅰ型副黏病毒血清(或鸡新城疫蛋黄液)与灭活苗联合注射或者 30 日龄以上的病禽群每只肌注 10 头份鸡新城疫Ⅰ系弱毒疫苗，效果良好，通常在一周左右可控制本病。若仅以灭活苗紧急预防接种，效果往往不佳。

(2)使用阿尔法饮水，同时配合使用浆特威、浆膜康、鸭病先锋饮水，鸭感毒克拌料。

【防治措施】

(1)加强鸭群的饲养管理，提高鸭饲养营养，增加机体的抵抗力。

(2)注意鸭场的环境卫生消毒，对外来车辆、人员等一切物品都要严格消毒，防止野兽的侵袭。另外，鸭场中不应饲养鸡、鹅及其他禽类，避免相互传播。

(3)做好预防接种工作，增强禽群的免疫力，是防制本病的关键。副黏病毒病油佐剂灭活苗于 7～15 日龄肌内注射免疫，每只 0.25～0.5 毫升，在 7～10 天左右产生免疫力，可有效地预防鸭和番鸭发病。也可用鸡新城疫 Lasota 弱毒疫苗 5～10 头份肌内注射免疫。种鸭应在产蛋前 1～2 周再以灭活苗接种一次。使用阿尔法(干扰素)也同样起到很好的预防和治疗作用。

(4)定期进行免疫检测,按照检测的抗体水平,结合环境污染状况的因素及时调整免疫程序。

八、出血症

鸭出血症是由新型疱疹病毒引起的可侵害各品种、各日龄鸭的传染病。因患病鸭双翅羽毛管、上喙端及爪尖足蹼常出血呈紫黑色,俗称为鸭“黑羽病”、鸭“乌管病”和鸭“紫喙黑足病”。我国的南方数省均有该病发生,且发病的鸭群易并发或继发细菌性传染病(如鸭传染性浆膜炎、鸭大肠杆菌病等)或病毒性传染病(如雏鸭病毒性肝炎、鸭流感等),因而易被人们所忽视。

【病原】该病病原初步定为鸭疱疹病毒Ⅱ型,有囊膜,病毒粒子直径为 80～150 纳米无血凝活素性。

【发病特点】各品种鸭均可感染发病,但以番鸭最易感。目前尚未发现其他禽类和哺乳类动物发生本病。本病多发于 10～55 日龄的鸭群,但其他日龄段鸭也有发病。发病率、病死率高低不一,而且与发病鸭日龄密切相关。在 35 日龄内,日龄愈小,发病率、病死率愈高,有时高达 80%;35 日龄以上单一感染本病的鸭群,随着日龄的增长,日死亡率为 1%～1.7%。本病的发生无明显季节性,但在气温骤降或阴雨寒冷天气时发病较多。

【临床症状】本病的特征性临床症状为病鸭或病死鸭双翅羽毛管内出血或淤血,外观呈紫黑色,出血变黑的羽毛管易断裂和脱落。病死鸭上喙端、爪尖、足蹼末梢周边发绀,也呈紫黑色。病死鸭口、鼻中流出黄色液体,沾污上喙前端和口部周围羽毛,有的羽毛甚至被染成黄色。

【病理剖检】本病的特征性剖检病变为双翅羽毛管内出血及组织脏器出血或淤血。具体表现为肝脏稍肿大,呈树枝样出血或淤血,并偶见个别白色坏死点;胰腺常出血,可见出血点或出血斑,或整个胰腺均出血呈红色。小肠、直肠、盲肠明显出血，有时在小肠段可见出血环。脾脏、肾脏、大脑、法氏囊等轻度出血或淤血。

【诊断】据患病鸭的特征性临床症状和剖检病变，不难做出诊断。该病的确诊有赖于实验室方法。在临诊上该病易与雏鸭病毒性肝炎、鸭瘟、禽流感、鸭球虫病、种鸭坏死性肠炎等病相混淆，应根据各病的临床症状和特征性剖检病变加以区别。种鸭坏死性肠炎是多发生于种鸭的一种疾病，秋冬季节多发，临诊上以病鸭体弱、食欲缺乏、不能站立并突然死亡和肠道黏膜坏死为特征。而本病可发生于不同日龄的鸭，种鸭发生出血症时除肠道出血外，胰腺、肝脏、肾脏等均有不同程度的出血。

【治疗方法】鸭群发生本病时，应尽早注射鸭出血症高免卵黄抗体(1.5～3 毫升/只)，也可加入利巴韦林注射液一起注射。同时投服头孢氨苄可溶性粉，以防继发细菌性感染；若无鸭出血症卵黄抗体，可采用利巴韦林和聚肌胞合剂肌内注射或饮水治疗，每天 1 次，连用 2～3 天，也可与抗生素同时使用；复方金刚乙胺饮水，每 50 克加水 250 千克，1 天 1 次，连用 3～5 天。

【防治措施】可根据其不同的发病特点采取不同的预防措施。在肉鸭，有的鸭场本病的发生多集中于某一日龄段(如 20～35 日龄)，而其他日龄少见或不发病，对于这种情形，仅需要易感日龄前 2～3 天注射鸭出血症高免卵黄抗体(1～1.5 毫升/只)即可；而有的鸭场在某一日龄(如 20 日龄)以上均有发病，对于这种情形则需于 10 日龄内肌注鸭出血症弱毒疫苗(0.2～0.5 毫升/只)。对于种鸭或蛋用鸭，除在育雏阶段同雏鸭免疫接种外，在开产前 10～12 天于颈部背侧皮下或腿部腹股沟皮下需再注射鸭出血症灭活疫苗(0.5～1 毫升/只)，即可预防该病引起的产蛋下降。

九、鸭“白点病”

鸭“白点病”是由鸭疱疹病毒Ⅲ型引起番鸭、半番鸭和麻鸭等的一种传染病，又称鸭新病。该病发病率、病死率均较高，是目前危害养鸭业的又一大敌。

【病原】鸭疱疹病毒Ⅲ型。

【发病特点】番鸭、半番鸭和麻鸭等均有发病死亡，但以番鸭易感性最强、死亡率最高。经调查发现该病多发于8～90日龄鸭，番鸭多集中于10～32日龄、50～75日龄两个日龄段发病，尤其是前一日龄段的雏番鸭发病更为多见；麻鸭多见于产蛋前后的发病；半番鸭多见于1月龄以上的发病。

不同品种、不同日龄鸭感染该病后发病率、病死率差异较大，日龄愈小，其发病率、病死率愈高。以8～25日龄雏番鸭发病率、病死率最高，发病率高达100%，病死率95%以上；其次是50日龄以上番鸭，发病率80%～100%，病死率60%～90%。在半番鸭，发病率20%～35%，病死率60%；在麻鸭，尤其是开产的成年麻鸭，发病率低，病死率也较低，主要表现为产蛋下降。

目前，该病在我国福建、浙江、广东等地均有发生，但无明显的季节性，一年四季均有发生。有的患病鸭可并发或继发鸭传染性浆膜炎或雏鸭副伤寒(在雏鸭)、大肠杆菌病、鸭霍乱(在中、大鸭)。

【临床症状】病鸭精神高度沉郁、不愿活动；全身乏力，软脚，多蹲伏；无规则地摆头，有的扭颈或转圈；食欲和饮欲减退；严重腹泻，排白色或绿色稀粪，肛周羽毛沾有多量粪便。

【病理剖检】病死鸭最具有特征的剖检病变为肝脏、脾脏、胰腺、肾脏有数量不等、针尖大的白色或红白色坏死点。肠道(主要是十二指肠、直肠)可见出血及出血环。此外，脑壳内壁、脑膜等轻度出血，胆囊充盈胆汁、极度臌胀。

【诊断】根据该病的特征性病变一般不难做出初步诊断。在临诊上该病易与鸭霍乱相混淆，但可通过各自的剖检病变特点（患鸭霍乱病鸭肝脏表面有大量白色坏死点、心冠脂肪及心肌外膜出血、肠道严重出血）、抗菌药物治疗是否有效及细菌分离鉴定相区别。

此外，还应将本病与雏番鸭“花肝病”区分开，雏番鸭“花肝病”多侵害雏番鸭，其主要剖检病变为肝脏、脾脏、胰腺、肾脏、肠道出现白色坏死点，而无肠道黏膜出血及出血环病变。

【治疗方法】注射鸭“白点病”高免卵黄抗体 1～2 毫升，并结合用金刚烷胺和环丙沙星各 1 克加水 20～40 千克，饮用 2～3 天；杀毒金星（每包含利巴韦林 2 克）混水饮用，每包加水 150 千克，连用 2～3 天；复方金刚乙胺每 50 克加水 250 千克，1 天 1 次，连用 3～5 天。

【防治措施】应用鸭“白点病”疫苗可有效地预防本病，目前已有鸭“白点病”灭活蜂胶疫苗、油乳剂疫苗和弱毒疫苗可供选用。

十、产蛋下降综合征

鸭产蛋下降综合征是由一些传染性因素，如禽流感、禽Ⅰ型副黏病毒感染、鸭瘟等；及某些营养缺乏因素，如蛋氨酸、精氨酸、维生素 E、维生素 A 缺乏等；某些应激因素引起成鸭的以产蛋下降为特征症状的疾病。

【病原】

（1）环境因素：主要包括鸭舍、陆地运动场和水上运动场，以及影响蛋鸭采食、嬉戏、产蛋、休息的湿热环境。

①鸭舍的温度：蛋鸭产蛋的适宜温度是 13～23℃，高于 29℃的空气温度不仅使产蛋减少，也会对蛋重、蛋的大小和蛋壳品质带来不利的影响。夏季鸭舍用油毛毡搭盖，鸭舍周围没有种植遮荫

树木，容易引起鸭舍长时间高温，严重影响产蛋量，甚至中暑引起发病、死亡。冬季温度低，白天和夜晚温差大，如鸭舍的外围防护结构缺乏良好的保温设施，冷空气吹到鸭身上，容易患感冒、腹泻等疾病，造成机体抵抗力下降，诱发病原微生物感染及暴发性传染病。

②鸭舍潮湿：高温高湿有利于病原性真菌、细菌和寄生虫的生长发育，传染病易于流行，在低温高湿的环境中，蛋鸭容易患感冒和其他疾病，对产蛋均有不利影响。

③通风不良：鸭舍中 NH_3、H_2S、SO_2、CH_4 等不良气体增多，容易诱发蛋鸭呼吸道病。冬季鸭舍通风过于畅通，导致保温不足，容易影响蛋鸭健康。

(2)饲料品质：饲料营养不良，饲料营养成分波动较大，不根据气候条件调整饲料配方都会对蛋鸡的产蛋量带来不利影响。

(3)引发产蛋下降的传染性因素：病原微生物感染鸭群是母鸭产蛋下降的主要原因。在生产中，由于饲养者不重视疫苗的免疫接种，或者免疫程序不合理，或者用药防治不当，均可造成鸭群发病。病原有细菌、病毒和寄生虫三大类，并且以混合感染和继发感染的形式存在。

①以细菌感染为主引起的产蛋下降的因素：主要有大肠杆菌、沙门菌、巴氏杆菌、支原体等。这些病原菌在母鸭体内为常在菌(即条件性病原菌)，当鸭群受到应激因素影响，或在鸭群饲养不良、机体抵抗力下降的情况下，趁机大量繁殖，引起肠炎。如果不及时用药治疗或治疗方法不当，这些细菌随同开放的泄殖腔进入子宫或卵巢，引起子宫炎和卵巢炎，蛋鸭出现产沙壳蛋、变形蛋。

②以病毒感染为主引起的产蛋下降的因素：主要有鸭瘟病毒、禽流感病毒、细小病毒和呼吸肠孤病毒等。尤其是蛋鸭感染了流感病毒，降低了机体的抵抗力，促进厌氧细菌在生殖器官内定植，引起产蛋下降。

③以寄生虫感染为主引起的产蛋下降的因素：主要有吸虫、绦虫、球虫以及体外寄生虫（如虱、螨等），这些寄生虫一方面吸收机体营养，另一方面吸虫也能直接进入子宫，刺激子宫引起收缩，造成母鸭产软壳蛋、畸形蛋。

【发病特点】疫情多见于深秋与冬季，发病急，传播快，容易造成大区域性流行。本病主要侵害各种产蛋阶段的蛋鸭、种鸭，初产鸭比经产鸭更易感。发生本疫情时，鸭场所在区域的其他禽种，包括肉鸭、肉鸡、肉鹅、种鹅往往有相关病原感染的疫情。

【临床症状】病鸭食料大幅度下降；肿头，流泪，眼眶周围羽毛潮湿；下痢，粪便稀薄，呈白色或淡黄色；产蛋量急剧下降，产蛋率在2～3天内比原产蛋率下降达70%～80%，并且持续2～3周，所产蛋软壳、无壳、壳粗糙，易破裂，或产小蛋等。发病过程极少见患鸭发生死亡。

【病理剖检】剖检患鸭多数仅见眼结膜充血，肠道可能有一定程度的充血和不明显的出血，卵巢萎缩，卵子充血变形变性等，有的病例可能发生腹膜炎。个别死亡的病鸭，其口腔、食道黏膜可能有条纹状灰白色坏死性伪膜，肠道黏膜有出血、坏死、溃疡的病理变化。

【诊断】依据病鸭流泪，产蛋量急剧下降，产畸形蛋，以及部分病鸭眼结膜充血、出血等症状、病理变化可做出初步诊断。对发病鸭群有关血清抗体水平进行测定有助于进一步诊断。另外，诊断时应注意鉴别由大肠杆菌、葡萄球菌、败血支原体等感染所致的产蛋下降疾病，及由其他营养缺乏因素和环境应激因素所致的产蛋下降疾病。

【治疗方法】本病治疗原则是早发现，早治疗。因本病鸭群发生率较鸡小，发病迅速且发病初期症状不明显，故一般容易被忽视而延误治疗，从而影响种鸭生产性能恢复的最佳时期，导致产蛋量不易恢复。因此在病变早期发现有利于疾病的治疗和生产性能的恢复。

发病时，根据实验检验结果，选用含有相应抗体的多联、多价高免血清作注射治疗，一般在注射血清1天后开始逐渐回升产蛋量，一周后基本恢复到原产蛋量的80%～90%。在使用血清治疗的同时，可在饲料中适当添加复合维生素和氨基酸。

【防治措施】非传染性因素是诱发母鸭产蛋下降的诱因，而病原微生物的感染、定植、破坏生殖器官的内环境是造成产蛋下降的根本原因。在生产实践中，可以采取以下综合防治措施。

（1）正确选择场址：应选择远离疾病传染源的地方建造母鸭舍，鸭场要求水源干净、水质清新没有污染。鸭场建造应包括鸭舍、陆地运动场和水上运动场三个部分。鸭舍要做到能保温又能通风，保持鸭舍安静、舒适、干燥、卫生，满足其正常产蛋的生理需要。

（2）科学的饲养管理鸭群：供给鸭群配方稳定的饲料。饲养人员饲喂时要做到定点、定时、定量，要勤于观察鸭群采食、饮水、休息的状态，要勤于观察粪便的状态和蛋壳的品质，发现问题及时采取措施解决。要勤于清扫卫生和定期消毒鸭舍。水上运动场要定期排放污水并进行全面消毒。

（3）制定严格的疫苗防疫程序：对种鸭群，从幼龄期起，坚持用“鸭产蛋下降综合征油乳剂灭活疫苗”实施合理的免疫接种程序：于15～20日龄接种该疫苗一次，皮下注射0.5毫升/只，产蛋前1个月接种，1次肌注1～1.5毫升/只，以后每年春末、冬初（或中秋）各接种一次，1.0～1.5毫升/只。在此免疫接种过程可以同时考虑配合免疫接种大肠杆菌灭活苗和鸭瘟疫苗，并做好常规的饲养管理与卫生消毒工作。

（4）定期对鸭群投喂保健性预防药物：采用以中药制剂和广谱抗生素为主，如“肠霍康”、“冰丹散”等药物。

（5）控制好环境

①由于此病是垂直传播，因此要严格注意从非疫区引种，杜绝EDS-76病毒的传入，以减少发病机会。坚决不能使用来自感染鸭群的种蛋。

②病毒能在粪便中存活，具有抵抗力，因此要有合理有效的卫生管理措施。严格控制外人及野鸟进入鸭舍，以防疾病传播。

③对肉用鸭采取“全进全出”的饲养方式，对空鸭舍全面清洁及消毒后，空置一段时间方可进鸭。对种鸭采取鸭群净化措施，即将产蛋鸭所产蛋孵化成雏后，分成若干小组，隔开饲养，每隔6周测定一下抗体，一般测定10%～25%的鸭，淘汰阳性鸭，直到100%阴性小鸭继续养殖。

十一、冠状病毒性肠炎

鸭冠状病毒性肠炎俗称烂嘴壳，是由冠状病毒属的鸭肠炎病毒引起的以剧烈腹泻为特征的急性传染病。

【病原】为冠状病毒属的肠炎病毒，该病毒外有囊膜，囊膜外有许多突起，规则排列，颇似日冕。对外界环境有较强抵抗力。

【发病特点】病原主要随传染源的排泄物向外界排出，以水平传播的方式传播。20日龄前后的鸭发病率最高，甚至凶猛暴发流行。开始少数发病，1～2天后出现死亡高峰，发病率和死亡率几乎100%。

【临床症状】发病急，病雏缩头凸背，畏寒，眼半闭。开始排稀粪，进而腹泻，粪呈白色或黄绿色。喙壳由黄变紫，喙上皮脱落破溃。眼有黏液性分泌物，有的表现神经症状，两脚后蹬、直伸，头向后弯曲，呈观星状，稍加驱逐可促进死亡。

【病理剖检】病鸭咽喉黏膜呈卡他性炎症，黏膜易脱落，整个肠管充血、水肿。尤以十二指肠为严重，十二指肠及肠系膜出血，外观呈紫红色，内有血性黏液，黏膜脱落，并形成溃疡。盲肠盲端黏膜有白色附着物。

【诊断】临床症状和病理变化只能作为诊断的参考依据，通过接种鸭胚或1～4日龄雏鸭，检查其感染性。采用免疫电镜、病毒中和实验、直接荧光抗体等方法进行确诊。

【治疗方法】目前对本病尚无特效治疗药物，可采用河欣大抗毒或河欣毒康注射控制继发感染，可降低死亡率，减少经济损失。

【防治措施】

(1)加强鸭舍及其周围环境的卫生消毒工作，做到全进全出。空舍后应闲置3～4，并严格清洗和消毒，可预防和控制本病。

(2)雏鸭应饲养在消毒后的育雏室，与成年鸭隔离饲养1个月。

(3)可在种鸭产蛋前建立主动免疫，使雏鸭出壳时即具有母源抗体，到10日龄时再给予高免抗体，对预防本病有明显效果。

十二、传染性法氏囊病

鸭传染性法氏囊病是由于鸭感染了传染性法氏囊病病毒引起的一种接触性传染病，多见于1月龄左右的雏鸭。

【病原】病原体为传染性法氏囊病毒，属于双RNA病毒科、禽双RNA病毒属。本病毒无红细胞凝集特性，有较多亚型，一般认为不同型毒株的存在是造成弱毒疫苗免疫失败的原因之一。本病毒对乙醚、氯仿和胰蛋白酶有抵抗力，耐热，56℃经3小时病毒的效价不受影响，在56℃可存活5小时，60℃可存活90分钟。耐酸、不耐碱，pH2的环境1小时能够存活，pH12时经1小时可灭活病毒。对消毒药抵抗力强，1%煤酚皂、1%石炭酸、1%福尔马林、70%酒精等在30分钟不能使病毒灭活，而必须经过1小时才能将其灭活；3%煤酚皂、3%石炭酸、3%福尔马林、0.2%过氧乙酸、2%次氯酸钠、5%漂白粉等在30分钟内可使病毒灭活。

【发病特点】传染性法氏囊病多发生于鸡，但在鸡法氏囊病流行高峰期，雏鸭由于与鸡频繁接触导致感染发病和较高的死亡率。

【临床症状】患病鸭初期采食减少，精神萎靡，行动缓慢，羽毛蓬乱，有些怕冷聚堆，呆滞，喙端变暗，高热，排稀便；逐渐卧地不起或站立不动，排白色或黄绿色水样粪便(粪中混有尿酸盐)，泄殖腔周围羽毛被粪便污染；后期病鸭精神极度萎靡，显著消瘦，排除绿色黏性含有泡沫的粪便，体温下降；最后衰竭而死。病程3～7天。

【病理剖检】病死鸭尸体严重脱水、干瘪，胸肌、腿肌有明显出血点，呈斑驳状，有的甚至全腿、全胸肌都出血。腹腔积有多量半透明淡黄色液体。肌胃和腺胃交界处有出血带，腺胃乳头肿胀。整个肠道黏膜均有密集的出血斑点。盲肠扁桃体出血。心、肝、脾多无异常，但部分病例有肿大，出血。肾脏表面及输卵管内有尿酸盐沉积。长形的法氏囊外周胶样浸润，肿大2～3倍，表面暗紫色，切开后可见腔内有黏性渗出物或干酪样物，或有出血或呈紫黑色。

【诊断】根据特征性的病变，结合症状和流行病学情况，可以做出初步诊断。但在初发地区，应做琼脂扩散的血清学试验，或分离鉴定病毒。

【治疗方法】鸭一旦发生传染性法氏囊病后，就应停止外出放牧；对鸭舍周围环境及用具用0.3%过氧乙酸或5%福尔马林进行严格消毒；加强饲养管理，注意鸭舍的温度和通风；在饲料中增加维生素用量；饮水中加入适量的葡萄糖；同时，对病鸭每只肌内注射鸡传染性法氏囊病高免卵黄液1.5毫升，往往具有显著疗效，特别是发病早期，其治愈率很高。

【防治措施】由于该病的发生不是很普遍，所以，在该病的防治措施上尚无丰富的资料。但由于鸭感染传染性法氏囊病病毒可能与外界环境中传染性法氏囊病病毒的大量存在有关，所以，加强环境消毒，避免鸡鸭混养，尽量减少鸡和鸭的直接或间接接触的机会，有利于防治鸭传染性法氏囊病的发生。

十三、鸭　痘

鸭痘是由痘病毒引起的一种急性传染病，其临床特征是在皮肤、口腔或眼睛上出现痘斑。

【病原】病原是一种比较大的痘病毒，直径约(143～192)纳米×(298～320)纳米。在病变的皮肤表皮细胞和感染鸡胚的绒尿膜上皮细胞的细胞浆内，可以看到一种嗜酸性染色、卵圆形至圆形的包涵体，直径可达5～30微米，比细胞核还要大。痘病毒即存在在包涵体内，称为原质小体。痘病毒对干燥的抵抗力很强，在外界环境中能够长期生存，从皮肤病灶脱落下来的干痘痂的毒力可以保存几个月之久。病毒可以在土壤中生存数周。常用的消毒药物能在10分钟内杀死病毒。50%的甘油可以长期保存病毒。

【发病特点】鸭虽然可发生痘病，但一般并没有鸡发生鸡痘那么严重。鸭痘一年四季都能发生，尤其多流行于秋冬季节。鸭痘的传染途径，主要是通过皮肤或黏膜受损伤口侵入体内。蚊子(库蚊属和伊蚊属)能传带病毒。因此，夏、秋季由于蚊子较多，往往可成为鸭痘流行的一个重要传染媒介，此时发病的鸭只以种鸭为主，也有部分“反季节”的早鸭。蚊子吸吮过病鸭的血液可以带毒10～30天。

【临床症状】各种日龄的鸭均可感染，雏鸭比成年鸭易感。该病分为皮肤型、口腔型和眼型三种不同的临床类型。其中以皮肤型较多见，约占90%，眼型约占7%，口腔型约占3%。有时，也出现皮肤型与眼型或与口腔型的混合型鸭痘。病初体温稍高，迟钝，食欲下降，产蛋下降或完全停止。

(1)皮肤型：在鸭的嘴角和与鸭喙连接的皮肤上、眼睑处的皮肤上，出现大小不等的结节状痘样疹，并经常汇集成较大的疣状结节。其他如跗关节以下的足部趾或蹼上，也会出现结节状痘样疹，这样的病例约占 3%。

（2）口腔型：最初在口腔黏膜上出现灰白色痘疹，在口角处有结节样疹，痘疹逐渐变黄，后期形成溃疡，经 10～15 天愈合，不形成伪膜。

（3）眼型：病初有水样分泌物，后来逐渐形成脓性结膜炎，常将上下眼睑黏合在一起，严重时，可导致一侧或两侧眼睛失明。

一般鸭痘的病变除化脓外，痘样结节状病变干涸后成痂，痂脱落后留下一暂时性的瘢痕。

【病理剖检】一般鸭痘的病变除化脓期外，与鸡痘各阶段相似，痘样结节状病变干涸后成痂，痂脱落后留下一个暂时性的瘢痕。皮肤结节在上皮层发生坏死，破坏了正常的细胞结构，表皮下层细胞增生，个别细胞明显膨大似"气球"。真皮下层基底部发生水肿，有异嗜性细胞，其中有包涵体。真皮下层基底部发生水肿，有异嗜性细胞和其他炎性细胞聚集。该处毛细血管扩张，充满血液细胞。

【诊断】一般根据临床症状和病理变化可以做出诊断。为进一步确诊，可采取皮肤痘痂及病变组织送兽医检验部门做病毒分离和病理组织学检查。

【治疗方法】

（1）大群鸭用吗啉胍按照千分之一的量拌料，连用 3～5 天，为防继发感染，饲料内应加入 0.2%土霉素，配以中药鸭痘散（龙胆草 90 克，板蓝根 60 克，升麻 50 克，野菊花 80 克，甘草 20 克，加工成粉，每日成年鸭 2 克/只，均匀拌料，分上下午集中喂服，一般连用 3～5 天）疗效更好。

（2）对于病重鸭，皮肤型可用镊子剥离痘痂，伤口涂抹碘酊或紫药水；白喉型可用镊子将黏膜假膜剥离取出，然后再撒上少许"喉症散"或"六神丸"粉，每日 1 次，连用 3 天即可。

（3）对于痘斑长在眼睑上、造成眼睑粘连、眼睛流泪的鸭可以采用注射治疗的方法给予个别治疗。用法为：青霉素 1 支（40 万单位），链霉素 1 支（10 万单位），病毒唑 1 支，地塞米松 1 支，混匀后肌注，40 日龄以下注射 10 只鸭，40 日龄以上注射 5～7 只鸭。一般连续注射 3～5 次，即可痊愈。

【防治措施】鸭痘鸡胚化弱毒疫苗肌内注射，其他通常采取一般综合性防治措施。

十四、网状内皮组织增殖病

鸭网状内皮组织增生病的临诊表现特征是贫血和生长迟缓。主要病理变化是肝脏或脾脏坏死，细胞浸润或增生，发病率和死亡率均较低。

【病原】禽网状内皮组织增殖病是由一组与禽白血病病毒不同的反转录病毒引起，有囊膜，为禽 C 型肿瘤病毒亚属，有 1 个血清型，3 个亚型，称 T 株病毒。本病包括免疫抑制、致死性网状细胞瘤、生长抑制综合征（矮小综合征）和淋巴组织以及其他组织的慢性肿瘤。

【发病特点】在自然条件下，病鸭与健康鸭同群饲养，可因接触而传染。雏鸭较成鸭易感，家鸭的传染来源可能来自野鸭。家鸭因自然感染而发病者较少见。病鸭和带毒鸭是传染源。经消化道、呼吸道和眼结膜等途径传播，也经种蛋垂直传播。其他应激因素（寒冷、过热）可促进本病发生。

【临床症状】潜伏期 24～48 小时。病型可分为急性和慢性两种。急性病例死亡很快，除精神萎靡外，很少出现其他明显的临床症状。慢性病例体质衰弱，生长迟缓或停顿，羽毛稀少，全身性贫血。发病鸡死亡率 7%～10%，混合感染时可达 30%。

【病理剖检】本病毒群可引起三种类型的病变，即内脏增生型、神经增生型和坏死病变型。

(1)内脏增生型:主要发生在肝脏和脾脏,其次是肠道。肝肿大,表面有斑驳状白色的增生性病变。脾脏肿大显著,表面也有增生性病变,有时有坏死性病变。肠道病变主要是肠壁增生性变厚,有网状细胞性浸润区和坏死性病变。

(2)神经增生型:在肝脏细胞浸润区,经常见到浸润细胞沿神经纤维排列,有的神经水肿,并发生分离现象。

(3)坏死病变型:主要见于脾脏,还有大区域性出血。其次是肠道上皮组织坏死,上皮细胞脱落,并残留有溃疡灶,有时延伸到肌层。

【诊断】本病主要依靠病理变化、病毒的分离与鉴定和血清学试验来进行诊断。

【治疗方法】本病目前尚无治疗方法。

【防治措施】主要应加强预防措施,禁止用病鸭的种蛋孵化雏鸭,对种鸭场进行检测监督,淘汰阳性鸭,发现被感染的鸭群应采取隔离措施并扑杀,烧毁或深埋病鸭。对污染的鸭舍要进行清洗,消毒。

第二节　常见细菌性传染病的防治

一、大肠杆菌病

鸭大肠杆菌病是一种急性败血性传染病,因而又名鸭大肠杆菌败血病。本病的临诊特征是发病急,死亡快,主要侵害2～6周龄的小鸭,会给养鸭业造成较大的损失。

【病原】大肠杆菌病的病原体为大肠埃希氏菌。本菌广泛分布于自然界，也存在于健康鸭的肠道中成为肠道中的专性寄生菌，部分菌株具有致病性或条件致病性。菌体形态两端钝圆，有的近似球状，革兰染色阴性，不形成芽孢，有鞭毛，运动或不运动，多数菌株有荚膜或微荚膜。一些菌株的菌体表面有一层具有黏附性的纤毛，黏附纤毛是一种毒力因子。

大肠杆菌的抵抗力中等，在潮湿、阴暗而温暖的外界环境中存活不超过 1 个月，但在寒冷而干燥的环境中存活较久，对热抵抗力不强，60℃15～30 分钟死亡，石炭酸、升汞等一般消毒药在常用浓度下数分钟即可将其杀死。本菌对氯十分敏感，水中游离氯达 0.2 毫克即可将该菌杀死。

【发病特点】大肠杆菌在自然界中分布广泛，鸭不分大小均易感染，以雏鸭最易感染。2～6 周龄鸭群多发，发病多在秋末、春初。病禽和带菌的禽类为主要传染源。发病鸭场往往卫生条件差，地面潮湿，舍内通风不良，氨气味浓，饲养密度过大。

【临床症状】

(1)胚胎期感染表现为死胚增加，胚胎尿囊液混浊，卵黄稀薄或明显的吸收不良。

(2)卵黄囊感染的雏鸭主要表现为脐炎(大肚脐)。雏鸭精神沉郁，行动迟缓和呆滞，拉稀以及泄殖腔周围粪便沾染等。

(3)雏鸭和中鸭大肠杆菌性败血症，其临床表现与鸭传染性浆膜炎基本相似，精神沉郁、蹲伏、缩颈和采食减少；呼吸道型大肠杆菌病主要表现为呼吸困难，发病率高、病死率低。

(4)成年鸭大肠杆菌性腹膜炎多发生于产蛋高峰期之后，病程发展比较缓慢，表现为精神沉郁、喜卧、不愿走动，站立或行走时腹部有明显的下垂感。种(蛋)鸭生殖道型大肠杆菌病常表现为鸭群产蛋量下降或达不到预期的产蛋高峰，或出现产软壳蛋、薄壳蛋、小蛋、粗壳蛋、无壳蛋等。

【病理剖检】

（1）卵黄囊感染可见腹部膨胀，卵黄吸收不良以及肝脏肿大等。

（2）大肠杆菌性败血症的特征性病变为心包炎、肝周炎、气囊炎，可见心包粘连、心包内充满淡黄色纤维素性渗出物，肝脏肿大、表面有一层纤维素膜，气囊壁增厚、浑浊、表面有干酪样渗出物。呼吸道型大肠杆菌病可见肺脏出血和淤血。

（3）大肠杆菌性腹膜炎可见腹膜增厚、混浊、腹腔有蛋黄样凝块和干酪样渗出物；肝脏肿大，有时可见表面有纤维素性渗出物。

（4）生殖道型大肠杆菌病可见卵泡膜充血、出血，卵泡破裂、畸形等；输卵管黏膜出血，并有胶胨样或干酪样渗出物。

【诊断】可根据发病鸭的日龄、临床症状、剖检病变做出初步诊断，但确诊要进行细菌的分离鉴定。

在临诊中，雏鸭或中鸭大肠杆菌性败血症与鸭传染性浆膜炎相类似，种（蛋）鸭生殖道型大肠杆菌病易与鸭流感、减蛋综合征、新型疱疹病毒病等相混淆，呼吸道型大肠杆菌病与鸭流感相类似，可根据各病的临床特点和病原的分离鉴定加以区别。

【治疗方法】应选择敏感药物在发病日龄前1～2天进行预防性投药，或发病后做紧急治疗。

（1）抗生素：氨苄青霉素按0.2克/升饮水或按5～10毫克/千克拌料内服；阿莫西林按0.2克/升饮水；庆大霉素2万～4万微克/升饮水；土霉素类按0.1%～0.6%拌饲或0.04%饮水，连用3～5天。

（2）合成抗菌药：磺胺嘧啶0.2%拌饲，0.1%～0.2%饮水，连用3天；磺胺喹恶林0.05%～0.1%拌饲，0.025%～0.05%饮水，连用2～3天，停2天，再用3天；呋喃唑酮0.03%～0.04%混饲，0.01%～0.03%饮水，连用3～5天，一般不超过7天。

【防治措施】加强饲养管理，提高鸭的抵抗力，改善环境，改善卫生条件，能有效预防本病的发生。

(1)搞好种蛋消毒：孵化室及禽舍内外环境清洁卫生，并按消毒程序进行消毒，以减少种蛋、孵化和雏鸭感染大肠杆菌。

(2)防止水源和饲料污染：可使用颗粒饲料，饮水中加消毒剂，如含氯或含碘消毒剂；水槽、料槽每天应清洗消毒。

(3)采用大肠杆菌苗对种鸭进行免疫注射。使用该苗时，应注意振荡均匀，免疫剂量为每只鸭皮下注射 1 毫升。5 周龄左右免疫注射 1 次，产蛋前 2～4 周免疫 1 次，必要时可于产蛋后 4～5 个月再免疫 1 次。鸭免疫后 10～14 天产生免疫力，免疫期 4～6 个月。

二、传染性浆膜炎

鸭传染性浆膜炎又名鸭疫默氏杆菌病，是侵害雏鸭的一种慢性或急性败血性传染病。本病发病率和死亡率均很高，成为危害养鸭业的一种重要传染病。

【病原】鸭疫默氏杆菌病的病原是小杆菌，革兰染色阴性，无鞭毛，不运动，不形成芽孢。呈单个、成双或短链状排列，部分呈椭圆形，偶见长丝状。细菌大小为 0.2～0.5 纳米，丝状菌体可长达 11～24 纳米。瑞氏染色可见大多数菌体呈两极着色，用印度墨汁和姬姆萨染色可见荚膜。

本菌可在血液琼脂、巧克力琼脂、胰酶大豆琼脂以及马丁肉汤琼脂等固体培养基和胰酶大豆肉汤、马丁肉汤、胰蛋白肉汤以及胰蛋白葡萄糖硫胺素肉汤等液体培养基上生长，不能在普通琼脂和麦康凯琼脂上生长。在血液琼脂或巧克力琼脂呈黏性生长，菌苔黏稠。在血清琼脂培养基上也可生长，菌落半透明。在含血清的肉汤培养基中，37℃培养 48 小时，培养基呈轻度混浊，管底有少量灰白色沉淀物。在血液琼脂平皿上 37℃培养 48 小时，细菌不生长或生长较差,菌落细小,呈露珠状。

本菌在5%～10%的 CO_2 环境中生长旺盛,初次分离时对 CO_2 的依赖性更强,因此通常在 CO_2 培养箱或蜡烛缸内培养。最适培养温度为37℃。大多数菌株能在45℃下生长,但在4℃时不生长。

【发病特点】本病常发生于低温、阴雨、潮湿的季节,冬季和春季较为多见,其他季节也偶有发生。本病可通过污染的饲料、饮水、飞沫和尘土经呼吸道、消化道、足部皮肤伤口和蚊子叮咬等多种途径传播。

本病的发生、流行以及造成危害的严重程度与应激因素关系密切。感染而未受应激的鸭通常不表现临床症状或症状轻微。卫生及饲养管理条件较好的鸭场常表现为散发且多为慢性。气候寒冷,阴雨,饲养密度过高,禽舍通风不良,垫料潮湿且未及时更换,场地潮湿、肮脏,从育雏室转移到育成舍饲养,从温度较高的鸭舍转移到温度较低的鸭舍,从舍内转移到舍外饲养或池塘内放养,缺乏维生素及微量元素,运输应激,先前其他病原微生物的感染或并发感染等因素均能诱导和加剧本病的发生和流行。

【临床症状】本病潜伏期一般为1～3天,有时可长达7天。临床常表现为最急性、急性和慢性发病。

(1)最急性型:常见不到任何明显症状而突然死亡。

(2)急性型:病初表现眼流出浆液性或黏性的分泌物,常使眼周围羽毛粘连或脱落。鼻孔流出浆液或黏液性分泌物,有时分泌物干涸,堵塞鼻孔。轻度咳嗽和打喷嚏。粪便稀薄呈绿色或黄绿色。嗜睡,缩颈或嘴抵地面,腿软,不愿走动、步态蹒跚。濒死前出现神经系统症状,如痉挛、背脖、两腿伸直呈角弓反张状,尾部摇摆等,不久抽搐而死,病程一般2～3天。

(3)慢性型:多见于日龄较大的小鸭,病程一周以上。病鸭表现精神沉郁,少食,共济失调,痉挛性点头运动、前仰后翻、翻转后仰卧、不易翻起等症状。少数鸭出现头颈歪斜，遇惊扰时不断鸣叫和转圈、倒退等，而安静时头颈稍弯曲，尤如正常，因采食困难，逐渐消瘦而死亡。

【病理剖检】急性病例心包液增多，心外膜表面覆有呈淡黄色的纤维素性渗出物，病程较慢者心脏被淡黄色的纤维样物所包裹。肝呈土黄色或棕红色，肿大质脆，胆囊肿大。有的病例气囊上覆有纤维素性膜。肌胃实质部剖面有出血，有的角质易剥离。

【诊断】根据流行病学、临床症状、病理变化进行综合分析，可以做出初步诊断。如果要进行确诊，可采取镜检和细菌培养等实验室手段，在细菌分离培养时，可用血液培养基培养再接种到鉴别培养基上进行鉴定。

【治疗方法】

(1)一旦发生本病，氯霉素按 0.04%～0.06%比例拌料口服 3～5 天；庆大霉素按 4000～8000 单位/千克体重肌注，每天 1～2 次，连用 2～3 天；利高霉素按药物有效成分 0.044%拌料口服 3～5 天；复方敌菌净按 0.04%比例拌料口服 4～6 天；磺胺喹沙啉，按 0.1%～0.2%比例拌料口服 3 天，停药 2 天后再喂 3 天；青霉素、链霉素肌注，雏鸭各 0.5 万～1 万单位，中幼鸭各 4 万～8 万单位。注意四环素对本病无效。

(2)最有效的治疗措施是单独肌内注射链霉素和双氢链霉素，剂量为每一种药物 83 毫克。在发病前期或疾病的极早期，利用三甲氧苄氨嘧啶、磺胺嘧啶(8%/40%)联合饮水给药(每 4 升饮水加入 1 毫升，给药 3～5 天)亦能取得较为满意的效果。治疗用药也可用林肯霉素和壮观霉素联合肌注或青链霉素联合肌注。青链霉素剂量为每千克体重各 2 万～4 万单位，每天 2 次，连用 3 天。还可肌注 2.5%海达注射液，每千克体重 0.5 毫升，每天 2 次，连用 3 天。

(3)将发病鸭进行隔离并注射 4%左旋氧氟沙星注射液，每千克体重 0.2 毫升。大群鸭全天分 2 次在水中加入喘痢健(大观霉素),每瓶兑水 150 千克。晚上在水中加入电解多维以增强机体抵抗力,如果采食量下降,可在饲料中加入食母生,根据体重大小每只鸭子 1～2 片。另外,发病期间将平时每周 2 次的带鸭消毒改为每天 1 次,并在水槽中按 1∶8000 的比例加入百毒杀对饮水进行消毒。将死鸭进行焚烧或深埋,防治疫情的蔓延和病原的残留。

通过采取以上措施,一般 2 天后死亡率可大大降低,采食量明显上升,3 天后疫情得以控制。

【防治措施】

(1)加强饲养管理:要有良好的育雏设备,育雏舍冬季防寒,夏季防暑,便于消毒。要有合理的饲养密度,通风良好,防止潮湿,勤换垫草。采用"全进全出"的育雏方式。

(2)合理的饲养管理可以有效地预防本病,特别是注意环境污染和应激。饲料中混饲磺胺喹噁啉(125×10^{-6})效果很好。还可使用泰维露,每 50 千克清水中加入泰维露 100 克,让小鸭自由饮用 3～5 天。

(3)接种鸭疫默氏杆菌苗,7～10 日龄时注射 1 次,20～25 日龄再注射 1 次,保护率可达 90%以上。

(4)发病的鸭场,应采取综合防治措施,消除和切断传染源,达到控制和预防本病的目的。可用抗毒威带鸭消毒,每 2 周带鸭消毒 1 次。烧毁死鸭,隔离发病鸭群,以制止疾病传播。鸭舍经彻底清洁消毒后,空闲 2～4 周方能使用。不同年龄的鸭群应分开饲养。

三、禽霍乱

禽霍乱又称禽巴氏杆菌病、禽出血性败血病,是由一种多杀性巴氏杆菌所引起的危害家禽和野禽的急性、败血性传染病,具有较高发病率和致死率,常未见明显临床症状就突然死亡。

【病原】多杀性巴氏杆菌是本病的致病源,长1～1.5微米,宽0.3～0.6微米,不形成芽孢,也无运动性。本菌对物理和化学因素的抵抗力比较低。在自然干燥的情况下,很快死亡。在37℃保存的血液、猪肉及肝、脾中,分别于6个月、7天及15天死亡。在浅层的土壤中可存活7～8天,粪便中可活14天。1%石炭酸、1%漂白粉、5%石灰乳、0.02%升汞液数分钟至十数分钟死亡。日光对本菌有强烈的杀菌作用,薄菌层暴露阳光10分钟即被杀死。热对本菌的杀菌力很强,马丁肉汤24小时培养物加热60℃1分钟即死亡。

【发病特点】禽霍乱是养鸭业最为主要的疾病之一,出现气温较高、多雨潮湿、天气骤变、饲养管理不良等多种因素,都可促进本病的发生和流行。各种日龄的鸭群均可因接触病禽污染的场地、饲料、饮水、运输工具及往来人员等而感染发病,但以30日龄内的雏鸭发病率和死亡率最高。

【临床症状】依据鸭体抵抗力和病菌致病力的强弱及流行期而表现病状有差异。一般可分为最急性、急性和慢性三种。

(1)最急性型:常发生在刚暴发的最初阶段,不显现任何症状,常在放牧或奔跑中,突然倒地,扑动翅膀即死亡,有的在食后突然倒地死亡。或者晚间一切正常,翌日早晨即发现不少鸭死亡。肥胖的鸭容易发生最急性型。

(2)急性型:病鸭精神呆顿,离群独处,尾翅下垂,打瞌睡,不愿走动,也不愿下水游泳。此时食欲减少或不食,体温升高,口渴增加。从鼻和口中流出黏液,呼吸困难,张口呼吸,摇头。病鸭剧烈腹泻,排出恶臭绿色或白色稀粪,有时混有血丝或血块。病鸭瘫痪,不能走动,常在1～3天内死亡。

(3)慢性型:在流行过程中,能耐过急性型的可转为慢性型。病鸭进行性消瘦,食欲持续性减退。有些病鸭一侧或两侧关节肿胀、发热、疼痛，行走困难，跛行或完全不能行走，病程常为几周甚至1个月以上。

【病理剖检】最急性病例常无明显的剖检病变，有时只见心冠沟脂肪有少量出血点。急性型病例剖检病变较为典型，皮下组织有少数散在性出血斑点；心包液增多；心冠沟脂肪、心肌有出血点或出血斑；肝脏稍肿大，表面散布数量不等的针尖大小的灰白色坏死点；肠道以十二指肠和大肠黏膜充血最严重，呈卡他性或出血性肠炎，肠内容物混有血液。

【诊断】根据临床症状和病理变化能做出诊断，但确诊则必须分离和进行细菌鉴定。在鉴定本病时要注意和鸭病毒性肠炎、大肠杆菌病、鸭疫默氏杆菌病及丹毒病区分。

【治疗方法】治疗禽霍乱药物很多，必须结合本场以往用药情况，选择有效的抗菌药物。

(1)本病治疗选用磺胺类和抗生素类药物效果较好，尤以肌注＋拌料(饮水)效果明显。如青霉素钠盐用复方氨基比林液稀释后，肌注1万～2万单位/只，每天1次，连用3天；同时取土霉素粉按60～250毫克/升拌水混饮，连喂5～7天。

(2)肌注链霉素5万～10万单位/只，磺胺二甲基嘧啶按0.1%拌水混饮，或按0.5%拌料混饲病鸭群。

(3)肌注强效阿莫仙20～50毫克/只，每天1次。

(4)双黄连口服液按2.5毫升/升拌水混饮，连用3～5天。

(5)青霉素加链霉素肌内注射，每只5万～10万国际单位，每天1～2次，连用2天。并在饲料中加喂复方敌菌净或禽菌净，拌料喂服3天。

(6)氟苯尼考与丁胺卡那霉素组合配方(奇能)注射或口服。用针剂时，每千克体重0.4毫升肌内注射，1日1次，用1～2次。喂料时，奇能粉剂每袋拌料250千克，用3～5天。

【防治措施】该病主要是平时加强饲养管理，搞好清洁卫生和消毒工作，尽可能避免从疫区购进鸭苗。经常发生本病的地区或鸭场，应定期预防接种。

(1)日常加强饲养管理和防疫消毒工作，对各阶段的鸭群分群饲养，严防外来畜禽及鸟等入场。不从疫区引进种鸭或雏鸭，引进鸭群要隔离饲养20天，确认无病后方能入场。一旦发生疫情，要及时上报并按法定要求做好扑疫工作。消毒灭疫可用0.5%优安净、0.5%漂白粉、0.3%过氧乙酸等。

(2)常发病地区或疑发病地区，可组织健康鸭群接种禽霍乱菌苗。预防禽霍乱的疫苗有灭活菌苗、弱毒活菌苗及荚膜抗原苗三类。

四、沙门菌病

鸭沙门菌病又叫鸭副伤寒，是由多种沙门杆菌引起的疾病的总称，其他幼禽都能感染。

【病原】病原为沙门杆菌属的多种细菌，有6～7种，最主要的是鼠伤寒沙门菌。革兰阴性菌，无芽孢，有鞭毛能运动，能在多种培养基生长。其抵抗力不强，60℃时5分钟死亡，一般消毒药很快杀死。病菌在土壤、粪便和水中生存时间很长。

【发病特点】本病主要传染途径是经消化道感染，各品种鸭均可感染发病。1～3周龄的雏鸭最易感，呈流行性发生，死亡率10%～20%，严重时达80%以上。成年鸭感染后其肠道内、种蛋外壳、种蛋内均长期带菌。病鸭、带菌鸭和带菌种蛋是主要的传染源。该菌既可经蛋垂直传播，又可通过污染的饲料、饮水等直接感染，还能经垫料、用具、人员、鼠类等媒介传播。鸭舍的卫生状况和饲养管理不良时会增加该病的发病率和死亡率。

【临床症状】本病潜伏期一般为10～20小时，少数潜伏期长。其症状分急性、慢性和隐性三种类型。

(1)急性:常发生在3周龄以内的雏鸭。感染的雏鸭精神不振,不思饮食,两翅下垂,缩颈呆立,不愿活动,两眼流泪或有黏性分泌物。常见腹泻、颤抖和共济失调,最后常因抽搐、角弓反张而死,病程一般1～5天。

(2)慢性:常发生在1月龄左右的雏鸭和中鸭中,表现为精神萎靡,食欲不振,粪便软稀,严重时下痢带血,逐渐消瘦,羽毛松乱,也有喘气,关节肿胀,跛行等症状。通常死亡率不高,只有在其他细菌继发感染情况下,才呈现较高死亡率。

(3)隐性:不表现临床症状,但其粪便中带菌,能导致本病流行。

【病理剖检】最急性暴发可能看不到病变,病程稍长者,消瘦、失水、卵黄囊吸收不良。肝脏肿大,呈青铜色,有灰色坏死灶,气囊轻微浑浊,有黄色纤维蛋白样斑点,盲肠扩张,内含干酪样物质,直肠肿大、出血。心包、心外膜及心肌发生炎症。

【诊断】根据该病流行病学、临床症状、剖检病变和高敏药物治疗有效等可做出初步诊断,确诊有赖于实验室诊断。但应注意与鸭霍乱、雏番鸭"花肝病"、鸭"白点病"等相区别。

【治疗方法】鸭群一旦发生沙门菌病,应及时选用先锋类、喹诺酮类或磺胺类药物进行治疗。

(1)磺胺甲基嘧啶和磺胺二甲基嘧啶,将两者均匀混在饲料中饲喂,用量为0.2%～0.4%,连用3天,再减半量用1周。0.05%～0.1%磺胺喹噁啉连用2～3天后,停药2天,再减半量用2～3天,也有较好的效果。

(2)呋喃唑酮混在饲料中,用量为0.02%～0.04%,连用1周,再减量至0.01%～0.015%,连用1～2周。

(3)土霉素、金霉素和四环素等混入饲料中,用量为0.02%～0.06%,可连用2周。

(4)链霉素或卡那霉素,肌内注射,每只每日2.5毫升,连用

4～5天。

(5)磺胺甲基嘧啶与复方新诺明，按0.3%均匀拌料饲喂；饮水中加入0.04%呋喃唑酮，连用7天。

(6)复方新诺明每天饮用2次，连用3天。

(7)水溶性乳酸恩诺沙星1克加水90～100千克，1天2次，连用3～5天。用时可加入头孢菌素，以增强治疗效果。

(8)复方阿莫西林可溶性粉每50克加水250千克，连用3～5天。

【防治措施】预防禽副伤寒的方法，首先要加强鸭群的环境卫生和消毒工作，地面的粪便要经常清除，防止沾污饲料和饮水。雏禽和成年禽分开饲养，防止直接或间接的接触。种蛋外壳切勿沾污粪便，孵化前应进行必要的消毒。坚持灭鼠，消灭传染源。

此外，常用的抗生素也可进行防治，如土霉素0.2～0.4克，或加入氯霉素0.4克，连用5天。呋喃唑酮每千克饲料加入0.11克，连用7～10天。诺氟沙星、强力霉素按每千克饲料加100毫克拌料饲喂。将大蒜洗净捣烂，一份大蒜加5份清水，供鸭群饮服也有一定预防效果。

五、链球菌病

鸭链球菌病是由链球菌引起的急性传染病，又叫做鸭链球菌感染，主要引起雏鸭的急性死亡，但成年鸭或种鸭也患病。虽然在鸭群中并不常见，但是一旦发生，损失也是惨重的，应当引起养鸭者的足够重视。

【病原】病原菌是链球菌，兽疫链球菌主要引起成年禽类发病，粪链球菌以及各种变异型主要引起雏禽发病。链球菌为革兰氏染色阳性球菌，老龄培养物有时出现阴性，成对或成链状排列，不形成芽孢，属于兼性厌氧菌。在液体培养基中成长链状，在固体培养基中成对排列；在血液琼脂上兽疫链球菌呈β型溶血，且不使牛乳变酸，能发酵甘露醇和海藻糖。

本病菌在自然界分布广泛，在4℃可保存几个月，在血液中－70℃可存活1～2年，冻干可存活20年。

【发病特点】本病通过呼吸道或接触传染。成年禽往往通过污染的饲料和饮水而感染，粪链球菌对各种年龄的禽均可感染致病，尤其对幼禽和胚造成很大的危害和损失。成禽有时不出现临床症状而成为带菌者，可通过排泄物和分泌物将本病传给另一个易感群。当急性败血性病例转为慢性时，病禽常发生心内膜炎。本病可经蛋传播或入孵时被粪便污染，可造成晚期胚胎死亡及幼禽不能破壳。禽类抵抗力下降时，可引发本病和促进病情发展。

【临床症状】不同日龄临诊表现的症状和病变也有所不同。

(1)幼雏：表现体弱，缩颈合眼，精神萎靡，羽毛松乱，呆立一旁，不愿走动，腹围膨胀，脐部炎肿，常因严重脱水或败血症死亡。有的幼雏卵黄吸收不全，不仅脐发炎肿胀，有时化脓。

(2)中雏：多发生于10～30日龄的雏鸭，常呈急性败血症经过。临诊表现为两肢软弱，步态蹒跚，驱赶时容易跌倒，食欲废绝，最后因全身痉挛而死。中雏肝脏浊肿，质地较软，呈淡绿色，被膜下有局限性密集的小出血点。脾脏肿胀，呈紫黑色，偶有坏死灶。肺淤血紫绀，有时水肿。心包发炎，有淡黄色炎性渗出液，心外膜有小点状出血。胰腺有出血点。肾淤血稍肿。肠黏膜有卡他性炎症，偶有出血点。

(3)成鸭：常见跗关节或趾关节肿胀，腹部肿胀下垂，不愿走动，在无其他临床症状的情况下，突然死亡。病理变化与中雏相似，常有腹膜炎，腹腔内积有炎性分泌物。

【病理剖检】急性败血型病死禽常出现内脏器官的坏死、出血和渗出性素质。多数病例出现纤维蛋白性心包炎和腹膜炎，实质器官变性，肝、肾有坏死点和坏死灶，心内膜、肠黏膜点状出血。慢性病例常见到纤维素性关节炎，腱鞘炎，输卵管炎，心包炎，心瓣膜上有赘生物，呈黄白色或黄褐色，心脏增大、苍白，心肌松弛，肝肿胀，有点状灰色坏死小结节。个别病例脑膜充血、出血。

【诊断】本病临诊表现和病理变化，与大肠杆菌病、沙门菌病、传染性浆膜炎等难以鉴别诊断。因此，必须进行细菌的分离培养、染色镜检、生化试验，才能做出确诊。

【治疗方法】可选用大剂量对革兰阳性菌有效的抗生素或磺胺类药物治疗，根据药敏试验进行治疗效果更好。青霉素，按每千克体重 2 万单位，肌内注射，连用 3～5 天；氯霉素按 0.2%比例拌在饲料中混饲，连用 3～5 天；磺胺嘧啶以 0.2%～0.4%比例混饲，连用 5～7 天；也可用链霉素、庆大霉素肌内注射，有一定的疗效。据报道，临床应用结晶生霉素每只 10 毫克，每天 2 次，能迅速扑灭本病。

【防治措施】

(1)加强饲养管理，尽量减少应激的发生，如气候变化、温度降低、环境污秽不卫生、阴暗潮湿、空气混浊、饲养密度过大和体况低下等，以提高鸭群对病原菌的抵抗力；搞好卫生防疫工作，保持场舍和环境的清洁卫生，健全消毒制度，消灭可能存在的病原菌。

(2)定期投服药物预防，可通过药敏试验选择几种高敏药物交替使用，以免细菌产生耐药性。

六、葡萄球菌病

鸭葡萄球菌病是由金黄色葡萄球菌引起的一种急性或慢性传染病。幼雏感染发病后，常呈急性败血症经过，发病率高，死亡严重。中鸭感染发病后，经常引起关节炎，也会造成一定的经济损失。

【病原】本病原为金黄色葡萄球菌，呈革兰阳性菌，直径 0.7～

1.0 微米。菌体呈圆形，常单个、成对或排列成葡萄串状。本菌对外界的抵抗力较强，在 60℃温度下 30 分钟才能将其杀死。在干燥脓液或血液中病菌能生存数月。常用的消毒药以 3%～5%石炭酸的杀菌效果最好。

【发病特点】

(1)本病是一种条件致病性疾病。金黄色葡萄球菌广泛的存在于自然界中，如空气、地面、鸭的体表、鸭蛋表面、粪便等。

(2)本病一年四季均可发生，主要的感染途径是通过创伤感染。另外幼雏还可通过脐孔感染，引起脐炎。造成鸭创伤的因素有很多，如笼的铁丝刺伤、啄食癖、刺种疫苗、吸血昆虫的叮咬等。

(3)鸭群过大、拥挤、通风不良、营养不良等因素，也能促进本病的发生。

【临床症状】本病可区分为脐炎型、皮肤型、关节炎型和内脏型 4 种。

(1)脐炎型：经常发生于 7 日龄以内的雏鸭。临床特征是体质瘦弱，缩颈合眼，不思饮食，卵黄吸收不良，腹围膨大，脐部发炎肿胀，常因败血症死亡。

(2)皮肤型：经常发生于 3～10 周龄雏鸭，多因皮肤外伤感染，引起局灶坏死性炎症或腹部皮下炎性肿胀，皮肤呈蓝紫色，触诊皮下有液体波动感。

(3)关节炎型：经常发生于中鸭和成鸭，趾关节和跗关节肿胀，跛行。

(4)内脏型：经常发生于成鸭，表现食欲减退，精神不振，有的腹部下垂，俗称“水裆”。

【病理剖检】

(1)脐炎型病死雏鸭，脐部坏死，卵黄吸收不良、稀薄如水。

(2)皮肤型病鸭，皮下有出血性胶胨样浸润，胶胨液呈黄棕色或棕褐色，有的病例也有坏死性病变。

(3)关节炎型病鸭，在关节囊内或滑液囊内有浆液性或纤维素性渗出物；病程稍长的病鸭关节囊内有干酪样坏死物质。

(4)内脏型病死鸭，肝脏肿胀、质地较硬、表面呈黄绿色，脾脏稍肿，泄殖腔黏膜有时可见坏死性溃疡灶，腹腔内有腹水和纤维素性渗出物。

【诊断】根据本病流行病学、临床症状和剖检病变，可做出初步诊断。还可取病死鸭心血、肝、脾或关节囊为病料，分离出致病性金黄色葡萄球菌，根据细菌形态、染色特性和几种特征性的生化特性即可确诊。

【治疗方法】根据药敏试验，敏感药物有庆大霉素、红霉素和卡那霉素等。

(1)庆大霉素注射液，每只雏鸭用量 2000～4000 单位，每日肌内注射 1 次，连续治疗 2～3 天。注射时用生理盐水稀释 2～4 倍。

(2)卡那霉素注射液，每只雏鸭用量 5000～8000 单位，每日肌内注射 1 次，连续治疗 2～3 天。注射时用生理盐水稀释 2～4 倍。

(3)红霉素粉剂，每只雏鸭 10～15 毫克，拌入饲料内服用，每日 2 次，连用 3～5 天。

【防治措施】由于葡萄球菌病是一种条件性疾病，其发生与饲养管理、环境卫生、气候、外伤等多因素相关，应采取综合预防措施。

(1)平时应注意鸭舍通风，保持舍内和运动场的清洁，避免拥挤，光照适当，饲料中要有足够的维生素和矿物质。

(2)注意避免各种可以导致皮肤损伤的各种条件存在，如运动场上不能有碎石、碎玻璃等杂物，免疫操作应注意消毒等。

(3)葡萄球菌感染的人员，不得接触雏禽和种蛋。

(4)鸭舍、运动场、用具应定期消毒，并应特别把好孵化环节和种蛋的消毒。

(5)由于葡萄球菌的血清型较多，本病的免疫预防宜采用当地分离的致病性强的菌株制成单价或多价苗。目前较为常用的是葡萄球菌灭活苗,使用后有较好的保护力。

七、曲霉菌病

本病又称为曲霉菌肺炎,是由真菌中的曲霉菌引起的,主要侵害呼吸器官的急性传染病。本病常在雏鸭中暴发,发病率和死亡率均较高,成年鸭多为散发。

【病原】禽曲霉菌病的病原主要是真菌半知菌纲曲霉菌属的烟曲霉菌。此外,黄曲霉、黑曲霉等也有不同程度的致病力。它们在生活过程中有些能产生毒素,对动物血液、神经和组织等具有毒害作用。

霉菌和它所产生的孢子,在自然界中分布甚广,稻草、谷物、木屑、发霉饲料以及墙壁、地面、用具及空气中都可能存在。

霉菌孢子对外界抵抗力很强,120℃、1 小时或煮沸 5 分钟才能杀死,一般消毒药液 1～3 小时才能致死。而黄曲霉能产生毒性极强的黄曲霉毒素,常规煮沸几乎不被破坏。

【发病特点】本病的发生有一定的季节性,主要多见于南方温暖、多雨潮湿的季节。

雏鸭最易感染,常呈急性暴发,成年鸭常个别发生。出壳后的雏鸭进入被烟曲霉污染的育雏室后,48 小时左右即可有病雏出现并开始死亡;4～12 日龄是流行高峰期,以后逐渐减少,至 30 日龄基本停止死亡。如果饲养管理条件不好,则疫情可延续到 60 日龄。

本病主要是经呼吸道吸入霉菌孢子感染,经消化道、眼结膜、伤口也可感染。污染的木屑、稻草等垫料,发霉的饲料,是引起本病的主要传播媒介。育雏期饲养管理差,室内温差大,通风换气不良,过分拥挤,阴暗潮湿,营养不良及患某些疾病情况下,可促进本病发生和死亡。

【临床症状】潜伏期为3～10天。病初见雏鸭精神不振，眼半闭，羽毛松乱无光，食欲减退或废绝，随着病情发展，病鸭气喘、呼吸困难、加快，胸膜部明显扇动，渴欲增加，嗜睡，常呆立或伏卧在地喘气，口腔和鼻腔常流出浆液性分泌物，粪便稀薄，呈白色或绿色，急剧消瘦直至死亡。

【病理剖检】剖检病死鸭，主要病变在肺和气囊，肺充血、切面流出红色泡沫液，肺实质中有大量大头针帽或小米粒大小的灰黄色结节，有的在胸部气囊也可见，病程稍长的鸭肺部结节融合成更大的黄白干酪样结节，结节切面呈明显的层状结构，气囊增厚、混浊，肝脏轻度肿大，肠黏膜充血，有的可见腹膜炎。

【诊断】根据症状、流行病学情况、剖检病变及了解有无发霉的垫料和饲料可做出初步诊断。确诊需查到霉菌，取病变结节或病斑，显微镜下看到菌丝或培养出丝绒状菌落。

【治疗方法】本病无特效疗法，可试用制霉菌素气溶胶吸入，有较好的治疗效果，或在饲料中拌入制霉菌素，按每80只雏鸭1次用50万单位，每天2次，连用3天。口服碘化钾有一定的疗效，每升饮水中加碘化钾5～10克。还可将碘1克、碘化钾1.5克溶于1500毫升水中，进行咽喉注入。另据报道，用两性霉素B或克霉唑(三苯甲咪唑)治疗也有一定效果。口服灰黄霉素，每只鸭服500毫克，每天2次，连服3天也有疗效。

【防治措施】

(1)加强饲养管理，搞好环境卫生，特别是鸭舍的通风和防潮湿。

(2)不用发霉的垫草和禁喂发霉饲料。

(3)鸭舍可用福尔马林熏蒸消毒，或用0.5%新洁尔灭和0.5%～1%甲醛消毒。

(4)注意孵化器的消毒，孵前用福尔马林熏蒸消毒，以杀灭孵化器和蛋壳表面的霉菌或霉菌孢子以及其他细菌和病毒。

(5)如果鸭群已被污染发病,则应及时隔离病雏,清除垫草和更换饲料,消毒鸭舍,并在饲料中加入0.1%硫酸铜溶液,以防再发病。

(6)放牧鸭群发病后应更换牧地,脱离污染环境。

八、衣原体病

鸭衣原体病(又名鸟疫、鹦鹉热)是由鹦鹉热衣原体引起的一种接触性传染病。一般不表现临床症状。在有并发症或逆境条件下,可引起大批发病,死亡率较高,从而造成严重的经济损失。

【病原】本病的病原体为鹦鹉热衣原体,寄生在细胞内,呈球形颗粒状,直径约为0.3～1.5微米,不能运动,只能在易感动物体内或细胞培养基上生长繁殖。鹦鹉热衣原体对酸类和碱类消毒药液的敏感性较低,但5%碘酊、70%酒精和3%过氧化氢溶液,在几分钟内可以破坏其感染性。在抗菌药物中,对四环素类药物最为敏感,对红霉素也较敏感,对庆大霉素、链霉素、卡那霉素等敏感性很差。

【发病特点】不同品种的鸭均可感染本病,但以幼鸭最易感。病鸭和带有衣原体的鹦鹉等鸟类是主要的传染源。本病主要通过空气传播,也可通过皮肤伤口侵入及吸血昆虫传播。

【临床症状】中鸭和成鸭感染后,无临床症状。幼龄鸭感染发病后,表现全身颤抖,步态不稳,食欲废绝,严重腹泻,排水样绿色粪便,眼和鼻孔中流有浆液性或黏液性分泌物,附近羽毛粘连结痂或脱落。病鸭逐渐消瘦,肌肉萎缩,呈恶病质状态,终因体质衰竭、痉挛而死。感染的鸭蛋出雏率下降,而且1日龄幼雏死亡率会显著增高。

【病理剖检】病变可见气囊增厚、结膜炎、眶下窦炎及眼球炎,胸肌萎缩和全身性多发性浆膜炎，胸腔、腹腔和心包腔中有浆液性或纤维素性渗出物，肝、脾肿大，偶有灰色或黄色小坏死灶，有肝周炎。

【诊断】本病与鸭传染性浆膜炎、沙门菌病、大肠杆菌病等多种鸭病相似，单从临床症状、剖检病变不易诊断。所以，必须采取病料进行实验诊断才能确诊。

【治疗方法】

(1)罗红霉素可溶性粉，每千克水加10～20毫克，饮用3～5天；用于拌料时罗红霉素含量为0.01%～0.03%，喂料3～5天。

(2)氟苯尼考每20千克饲料加1克，1天1次，连喂3～5天，也可用肌内注射，每千克体重20～50毫克。

(3)泰乐菌素每千克水加1克，饮用3天。

(4)土霉素或金霉素粉每千克饲料加0.2～0.4克，连用1～2周。

(5)复方阿奇霉素可溶性粉每50克加水300千克，用于拌料每50克加料150千克，每日1次，连用3～5天。

(6)复方氟苯尼考可溶性粉，每50克加水200千克，1天2次，连用3～5天(产蛋期禁用)。

【防治措施】首先是种蛋应来自无衣原体病的种鸭群，入孵种蛋不要有衣原体污染。其次是要重视孵化室和孵化设备的消毒工作，防止种蛋在孵化过程中污染。新孵出的雏鸭，在育雏舍内密度不要过大，通风良好，精心饲养管理，不要与其他禽类接触。目前尚无商品疫苗或菌苗预防该病。

九、慢性呼吸道病

鸭慢性呼吸道病可能是由鸭霉形体引起的一种疾病，其临诊特征是出现眶下窦炎，故又名“鸭窦炎”。该病的发病率高，但死亡率较低。一般病鸭均可自愈,但产蛋量减少,生长发育受阻,对养鸭业会造成较大的损失。

【病原】本病病原是霉形体,革兰阴性,常与流行性感冒并发,多发生于秋末冬初。霉形体对低温抵抗力较强,一般消毒药均能将它迅速杀灭。

【发病特点】本病主要发生于2～3周龄的雏鸭,发病率可高达80%,传染源为病鸭和带菌鸭。可经呼吸道传染,也可经污染的种蛋垂直传染。雏鸭孵出后带菌,如果育雏舍温度过低,空气污浊,饲养密度过大,很容易导致本病的发生。一年四季均可发生。

【临床症状】初期病雏打喷嚏,从鼻孔流出浆液性渗出物,以后变成黏性,在鼻孔周围形成结痂。病久则成干酪样变化。病鸭用脚踢抓鼻额部,露出红色的皮。部分病鸭呼吸困难,频频摇头,患病后期,眶下窦积液,一侧或两侧肿胀,按压无痛感,一般保持10～20天不散。严重的病例眼结膜潮红,流泪,并排出脓性分泌物,有的甚至眼睛失明。

【病理剖检】眼结膜炎,鼻腔、喉、气管等上呼吸道黏膜有炎症,有分泌物附着,气囊增厚、水肿、混浊。眶下窦有浆液、黏性分泌物或干酪样物,窦黏膜肥厚,淤血、水肿。肺有不同程度的充血、淤血,颜色似肝。

【诊断】根据眶下窦显著肿大和上呼吸道疾患,结合流行病学及参考病理变化即可做出诊断。至于病原分离,可借有条件的实验室进行。

【治疗方法】发病鸭舍,将鸭子全部转走,用清水冲洗网子和地面后,再用火碱水刷洗,最后用烟熏王或福尔马林熏蒸消毒,可以大大降低发病率。对病鸭用2%硼酸水清洗鼻腔,再用青霉素、链霉素液滴鼻。剪开肿胀的眶下窦皮肤,挑出积液或干酪样物,伤口内外涂消毒药膏,可自愈。也可用青霉素5万国际单位或链霉素0.1克肌内注射,每只每天1～2次,连用3～4天。另可用泰乐菌素或抗支原体药治疗，可获良效。

【防治措施】饲养管理条件差，密度过大，通风不良，舍内温度忽高忽低，是引起发病的主要诱因。因此加强饲养管理，提高雏鸭的抵抗力，是预防本病的重要一环。

(1)加强舍饲期鸭群的饲养管理，注意舍内清洁卫生，及时通风换气，做好冬季防寒保温工作，防止地面过度潮湿，饲养密度不宜过大。

(2)要实行“全进全出”的制度，成批进雏，成批转群，空舍后要严格消毒。

(3)及时淘汰病鸭或隔离育肥。

(4)严重污染的鸭舍，常是本病延续发生的重要传播途径，在有条件的鸭场可以对新生雏采取异地饲养，待原污染鸭舍经彻底消毒后再进雏鸭。

(5)疫场的新生雏鸭可采用药物防治，如用泰乐菌素加入饮水中自由饮用，预防用量为0.05%，治疗量为0.1%～0.2%，连续用3～5天。

十、念珠菌病

念珠菌病又称鹅口疮，是由白色念珠菌引起的一种真菌性传染病。其主要特征为上消化道黏膜发生白色的假膜和溃疡病变，临床上以幼鸭多见。

【病原】本病的病原是一种酵母状的真菌，称为白色念珠菌，菌体小而椭圆，长2～4微米，能够发芽、伸长而形成假菌丝。革兰染色为阳性，但着色不甚均匀。在培养基上的菌落有白色金属光泽。

【发病特点】我国主要有鸡、火鸡、鸽、鸭、鹅发病的报道。本病以幼龄禽多发，成年禽亦有发生。该病多发生在夏秋炎热多雨季节，病禽和带菌禽是主要传染来源。病原通过分泌物、排泄物污染饲料，饮水经消化道感染。

【临床症状】病鸭呼吸急促，频频伸颈张口，呈喘气状，时而发出“咕噜”声，叫声嘶哑，濒死抽搐。

【病理剖检】病理变化主要集中在上消化道，可见喙缘结痂，口腔、咽和食道有干酪样假膜和溃疡。嗉囊黏膜明显增厚，被覆一层灰白色斑块状假膜，易刮落。假膜下可见坏死和溃疡。少数病禽引起胃黏膜肿胀、出血和溃疡，颈胸部皮下形成肉芽肿。

【诊断】因本病无特征性的临床症状，必须经尸体剖检与微生物检验方可确诊。因许多健康雏鸭也常有白色念珠菌寄生，在进行微生物检查时，只有发现大量菌落时方有诊断意义。

【治疗方法】本病常用 1∶2000 硫酸铜溶液或在饮水中添加 0.07%的硫酸铜连服 1 周，制霉菌素按每千克饲料加入 50～100 毫克(预防量减半)连用 1～3 周，或每只每次 20 毫克，每天 2 次连喂 7 天。投服制霉素时，还需适量补给复合维生素 B，对大群防治有一定效果。

【防治措施】平时注意卫生管理，防止鸭舍潮湿，经常通风，保持干燥的环境。避免过多地使用抗菌药物，以免影响消化道正常菌群。预防其他疾病的发生，避免产生继发感染或使机体衰弱的一些应激因素。

十一、变形杆菌病

鸭变形杆菌病是由奇异变形杆菌引起雏鸭的一种散发性的细菌性传染病。过去该病少见发生，人们也常认为变形杆菌为环境污染菌或条件致病菌，然而近些年来随着养鸭场规模及鸭群饲养密度的加大，该病的单一感染或混合感染时有发生，不容忽视。

【病原】奇异变形杆菌是肠杆菌科变形杆菌属中的一个种，为革兰阴性菌，周身具有鞭毛，运动活泼，无荚膜，无芽孢，呈单个或成对的球状、球杆状、杆状、长丝状。

【发病特点】多发于3～35日龄的雏鸭。该病的发病率、病死率与发病鸭日龄密切相关，日龄愈小，其发病率、病死率愈高。本病多见于冬春寒冷季节和春夏之交的潮湿季节，且有时与其他常见的鸭病（如鸭传染性浆膜炎、鸭大肠杆菌病、雏鸭病毒性肝炎、雏番鸭细小病毒病、雏番鸭“花肝病”、鸭球虫病等）混合感染。

【临床症状】患病鸭主要表现为体温升高、张口呼吸、打喷嚏、咳嗽、流涎、排白色或绿色稀粪，羽毛脏乱。

【病理剖检】喉头和气管黏膜出血，气管内充满大量的干酪样物或积有血凝块；肺水肿、弥漫性出血或淤血，切面呈大理石样；肝、脾肿大稍出血；气囊炎，气囊壁上附有大量的干酪样物；胆囊臌胀。

【诊断】根据发病鸭的临床症状和病死鸭的剖检病变，一般可做出初步诊断。该病的确诊有赖于实验室的细菌分离、鉴定以及人工感染试验。在临诊中该病易与鸭呼吸道型大肠杆菌病、鸭流感等相混淆，应注意区别。

【治疗方法】可用庆大霉素、诺氟沙星进行病鸭治疗。先肌内注射庆大霉素，每鸭5000单位，每日1次，3日为1个疗程。注射后病情即可得到控制，采食量很快恢复，可改用诺氟沙星拌料饲喂，每雏每日29毫克，连喂3天，停2天再喂1个疗程，鸭群很快恢复正常。

【防治措施】

(1)加强饲养管理，清洁环境，防止鸭群过度拥挤和舍内温度过高或过低，加强鸭舍消毒。

(2)接种免疫用分离菌株制成甲醛菌苗和灭活油乳剂菌苗，有较好的免疫效果，油乳剂灭活苗的免疫效果更理想。每鸭以11天的间隔，共注射2次菌苗，每次每雏0.5毫升，第2次免疫后经28

天即可抵抗强毒菌的攻击。

十二、嗜水气单胞菌病

鸭嗜水气单胞菌病发病症状与鸭病毒性肝炎相似，是与其极易混淆的传染病。

【病原】嗜水气单胞菌是弧菌科气单胞菌属，革兰染色阴性菌。两端钝圆杆菌，能运动，不形成芽孢和荚膜，是兼性厌氧菌。该菌产生多种外毒素，具有溶血性，可引起接种部位皮肤肿胀坏死及肠毒性作用。毒素对热敏感，56℃加热 10 分钟，即可消除溶血作用、细胞毒性作用和肠毒性。

【发病特点】嗜水气单胞菌广泛存在于自然界的淡水、污水、土壤中，国内外报道其对鱼、虾、蛇、蛙、水禽、猪、牛都可感染发病，而我国大部分地区素有多种不同品种的畜禽混养和立体养殖的习惯，加上畜禽粪便多不经过任何无害化处理而任意排放，对土壤、水源的污染日益严重，使嗜水气单胞菌这种水生动物的致病菌对鸭也具有同样的致死性威胁。

不同日龄的肉鸭均易发病，系急性败血性传染病，以鱼、鸭混养场所多见。突然发病，先是有个别突然死亡，第 2 天开始出现大量死亡，日死亡数可达 10%；传播迅速，迅速波及全群，发病率为 50%～80%，死亡率为 15%～53%，病程一般 7～10 天。

【临床症状】病鸭多出现精神沉郁，呼吸困难，食欲减退或废绝，腹泻，粪便呈灰白色或淡绿色；随着病程发展，病鸭双腿麻痹，行动迟缓或共济失调，濒死期倒地不起，双腿呈划桨状，可见角弓反张。

【病理剖检】剖检可见腹腔内有少量淡黄色或红色腹水；肝脏肿大褪色，呈土黄色，有出血点或出血斑，呈斑驳样，或淤血呈乌黑色；肺脏弥漫性出血，有黑紫色出血斑或整个肺脏严重出血，切面有红色泡沫样液体；脾脏肿胀、淤血、出血；肠黏膜脱落，弥漫性出血；肾脏淤血或出血；气管黏膜环状出血。

【诊断】根据流行特点和临床症状、剖检变化可以怀疑是本病，最终确诊必须做细菌学检查。

【治疗方法】本病早期应用庆大霉素、新霉素，能收到良好的效果。

(1)庆大霉素，每只每天 2 万国际单位饮水，连用 2～3 天。

(2)新霉素混料 70～140 毫克/千克，连用 3～4 天。

另丁胺卡那霉素等亦有效。

【防治措施】养鸭的鱼塘，水质营养丰富，病菌易生长繁殖，鸭在水中活动时易感染发病，可定期用漂白粉或抗病毒威消毒，以预防本病。

十三、结核病

鸭结核病是由禽型结核分枝杆菌引起的一种慢性传染病，主要发生于成年和老年的鸭、鹅，特别是在种鸭群流行。

【病原】结核病的病原体是禽型结核分枝杆菌。菌体为棒状、串珠状，单个排列，偶尔成链，分支，不形成芽孢，不运动，最大特点是具有抗酸性染色体。

结核分枝杆菌分为人型、牛型和禽型三型。禽型结核分枝杆菌主要侵害家禽，猪最易感染禽型结核分枝杆菌而得病。根据试验的结果表明，水禽中鸭对禽结核分枝杆菌最敏感，对牛型次之，对人型几乎不感染。

禽型结核分枝杆菌比人型和牛型的抵抗力强。埋在地下的病禽尸体中的结核菌能保持毒力达 3～12 个月；在河水中经 3～7 个月仍有生活力；在土壤和粪便中，结核杆菌可保持活力达 7～12 个月。结核杆菌对热力的抵抗力比较弱，加热至 60～70℃15～20 分钟、80℃2 分钟、100℃1 分钟即可将其杀死。对干燥和化学消毒药物的抵抗力特别强。在干燥的培养物中和冷冻的条件下可以保存生活力达 3 年。化学药品对本病的消毒效力，常取决于消毒药物能否溶解菌体表面的类脂物质。经常采用 3 千克苛性钠与等量福尔马林，加上 100 千克水作为消毒剂，其效果良好。用粗制的石炭酸和 10%的苛性钠溶液的等量混合液配成 5%的水溶液，4 小时可杀死结核杆菌。5%石炭酸或 2%煤酚皂需 12 小时杀死结核杆菌。酒精对结核杆菌消毒效果最好，75%酒精能在短时间内将其杀死。

【发病特点】结核病是禽结核杆菌引起的一种接触性、慢性传染病。本病的潜伏期较长，大约 2 个月以上，主要发生于成年与老龄鸭，传染源为病禽。肠道出现溃疡性病灶的病禽排出大量的结核杆菌，污染的饲料、饮水、土壤、垫草等被健康鸭采食后，病原体经消化道侵入或健康鸭吸入带菌的尘埃经呼吸道传染。病禽与健康鸭同群饲养，往往会引起本病的传播。

此外，患病野禽也是传播本病的来源，放牧鸭群常处于野禽栖息的水源、湖滩及附近场地，与野禽接触的机会多，很容易引起传染。还有运输工具和饲养人员也可能成为传带禽结核病的媒介。

【临床症状】鸭感染了结核分支杆菌，潜伏期需 2～12 个月。感染初期无表现任何明显症状。随着病理变化的加剧，鸭群出现精神萎靡，不愿活动和下水，贫血，消瘦，产蛋率下降或停产，最后常因极度衰竭而死亡。

【病理剖检】剖检肝脏肿大，表面布满小米粒至绿豆大、灰白色、不突出表面的小结节；脾脏也出现这种小结节；心外膜上也出现绿豆大至黄豆大的结节；肺脏常出现黄豆大的灰黄色结节，结节内呈乳白色干酪样。其他器官也会出现同样结节病变。

【诊断】根据临床症状不易做出诊断，如可疑，可选症状明显的剖检，发现特征性结核结节，可做出初步诊断。有条件的，可取病鸭肝、脾组织，制成涂片，火焰固定后用石炭酸复红作抗酸染色，如涂片中找到染成红色的结核杆菌，即可确诊。

【治疗方法】本病一旦发生，通常无治疗价值，必须采取有效的防制措施，以杜绝传染。

【防治措施】

(1)病鸭必须立即隔离淘汰、烧毁或深埋。死鸭必须妥善处理，严禁随便乱丢，以防传播病原体。

(2)可能被病鸭分泌物污染的鸭舍及一切用具应彻底清洗消毒。

(3)受污染的运动场，应铲去一层约20厘米厚的表土，让日光充分暴晒，然后撒布一层生石灰，再覆盖一层干净沙土。

(4)凡消瘦、衰弱的鸭只，应隔离观察或淘汰。

(5)由于结核病的病程缓慢，为了减少鸭群(尤其是种禽)中感染发病的机会，最好是把老龄鸭逐年进行更新或淘汰消瘦老鸭。

(6)若需继续扩大鸭群，或培育新的品种时，最好是重新开辟新场地，建立健康鸭群。

(7)对结核菌素变态反应呈阳性反应的鸭群，如果经济价值不大，可考虑提前全群淘汰更新。

十四、伪结核病

禽伪结核病是由伪结核耶氏菌引起的家禽和野禽的一种接触性传染病，以发生与结核结节类似的干酪样结节为特征，故又叫伪结核病，常为散发。

【病原】本病的病原体是伪结核耶尔森杆菌，革兰染色阴性，菌体为卵圆或杆状，两端钝圆，无荚膜，无芽孢。当低于30℃生长时，单个杆菌周边出现鞭毛。最适生长温度为30℃，在普通蛋白胨肉汤中生长良好。病菌在普通琼脂上形成光滑或颗粒状透明奶油状的菌落；而在血液琼脂平皿中培养，于22℃经24～36小时，长出不溶血、表面光滑、边缘整齐的菌落，又于37℃经24小时，长出表面粗糙，边缘不整齐的菌落。本菌对一般理化因子抵抗力较弱。加热及一般的消毒药很易将其杀死。

【发病特点】本病既可以在鹅、鸭等禽类发生，也可以在一些哺乳动物和实验动物中发生。本病的传染来源是患病鹅、鸭，被污染的饮水、饲料、土壤等。经消化道或受损伤的皮肤黏膜进入血液中。本病未见广泛流行，多为散发。

【临床症状】急性潜伏期一般为3～6天。临床没有任何表现而突然死亡或出现首发症状后存活几个小时、几天死亡，以突发腹泻和急性败血症变化为特征。慢性病例可达2周以上，表现为极度虚弱，羽毛暗淡而蓬乱，呼吸困难，缩颈，低头，流泪，闭眼，喜卧，腹泻。病程更长者，出现强直，行走困难，嗜睡，便秘，皮肤褪色，消瘦，衰弱和麻痹。

【病理剖检】发病早期有肠炎，肝、脾、肾肿大，有小点出血。病中后期有心包积液，呈淡黄红色。心冠脂肪及心内膜有出血点和出血斑。肝、脾、肺表面有粟粒大小的坏死灶。从卡他性到出血性肠炎。

【诊断】根据本病的临床症状和剖检病变，可以做出初步诊断。要注意与鸭结核病的鉴别诊断。确诊时需进行细菌学的分离与鉴定，急性病例可采血涂片染色镜检，慢性病例可采取病变组织进行细菌学诊断。

【治疗方法】鸭舍地面用2％烧碱溶液泼洒消毒后用清水冲洗干净。各种用具用0.1％消毒净洗刷。

(1)治疗时宜选用敏感药物及时进行治疗，可用两个处方治疗：磺胺-5-甲氧嘧啶粉剂，按0.05％～0.2％比例加入饲料内，连续治疗3～5天为1个疗程；庆大霉素注射液，本注射液每支10毫升，含药量40毫克，可供10～20只病鸭肌内注射，每天治疗1～2

次,连续治疗2～3天。

(2)对于慢性无治疗价值的病鸭,应及时淘汰处理。

【防治措施】本病目前尚无疫苗可以预防,故只能采取一般预防措施,如加强饲养管理、定期消毒等。同时应消灭珍禽舍内的鼠类,减少传播因素。

十五、坏死性肠炎

鸭坏死性肠炎是发生在种鸭的一种传染病。其临床特征是体质衰弱,食欲降低,不能站立,常突然死亡,其病变特征是肠道黏膜坏死,故称“烂肠病”。

【病原】病原尚不清楚,可能是多种致病因子,包括具有鞭毛的原虫、类巴氏杆菌,以及魏氏梭菌等。但用纯化的细菌培养物或肠内容物均未能传播或复制出该病。

【发病特点】本病经常发生于种鸭,很少见于雏鸭。一年四季均可发生,以晚秋和冬季为多发。在鸭的品种中,以北京鸭多发,其他如黑鸭、野鸭、家鹅也有发生。一般死亡率为1%左右,有的高达40%。

【临床症状】病鸭表现体质衰弱,不能站立,成为公鸭踏啄伤害的对象,头背部和翅部羽毛脱落,排粪量减少,蛋鸭产蛋率急剧下降,病鸭经常突然死亡。

【病理剖检】本病主要是肠炎与坏死性病变。肠管肿胀,色泽消退,部分肠管呈暗红色,空肠和回肠相连部分高度膨胀,呈苍白色,易破裂。肠内有多量液体,经常混有血液,有些病例有黄色颗粒样碎块。病程较长者,肠黏膜呈黄白色坏死性病变,坏死组织紧贴于肠壁,以回肠段最严重。母鸭的输卵管内常有干酪样物质堆积。

【诊断】根据本病的流行病学、临床症状和剖检病变,可以进行初步诊断。目前尚难进行病原性确诊，但应注意与沙门菌病、鸭霍乱、鸭球虫病和鸭瘟等病鉴别。

【治疗方法】对本病的治疗，可优选新霉素和红霉素。

(1)新霉素或红霉素：按 100 千克饲料加入 20～30 克的比例，连续治疗 7 天为 1 个疗程，可酌情治疗 2 个疗程，第二疗程药量减半。

(2)青霉素和链霉素：对严重病鸭，每羽肌内注射青霉素 10 万～15 万单位，链霉素 15 万～20 万单位，连续治疗 2～3 次，每天 1 次，可获得较好的治疗效果。

(3)全群采用 TMP＋0.2%氟苯尼考饮水，每天饮水 3 次，连饮 5～7 天。饲料中添加多种维生素，连喂 5～7 天。同时加强通风换气和消毒。采取上述措施治疗 5 天后，全群没有出现死亡病例，病情得到了控制。

【防治措施】加强饲养管理和环境卫生工作，避免密饲和垫料堆积，合理贮藏饲料，减少细菌污染等，严格控制各种内外因素对机体的影响，可有效地预防和减少本病的发生。

十六、鸭丹毒

雏鸭丹毒病是丹毒杆菌引起的一种急性败血症。2～3 周龄的鸭多发，成年鸭较少发生。

【病原】病原体为革兰染色阳性(紫色)丹毒丝菌，呈小杆状或长丝状，分许多血清型，各型的毒力差别很大。猪丹毒杆菌的抵抗力很强，在盐腌或熏制的肉内能存活 3～4 个月，在掩埋的尸体内能活 7 个多月，在土壤内能存活 35 天。

本菌在干燥的环境可耐受 3 周，冷冻干燥能存活几个月，在死后 7 个月的尸体中还能分离出细菌。本菌在 50℃经 15～20 分钟，70℃经 5 分钟可被杀死；2%福尔马林、3%来苏儿、1%烧碱、

1%漂白粉都能很快将其杀死。

【发病特点】本病在自然界中分布非常广泛。在禽类中，绝大部分家禽和野禽均可感染，可能经皮肤外伤或消化道途径感染，各龄的鸭均可感染，以 2～3 周龄者多发。本病无明显的季节性，环境因素如鸭舍穿堂风或舍温骤变，都可能是发病的重要诱因。发病率一般为 30%，死亡率一般为 10%～20%。

【临床症状】本病常呈急性败血症经过，在无明显临床症状的情况下突然死亡。未死者可转为慢性，表现为关节炎和生长发育不良。

【病理剖检】主要病变为心外膜下有小点状出血，特别是在冠状沟和纵沟部较多见。肝脏肿大，颜色发黄，质地脆弱呈斑驳状，偶有针尖大小的米黄色病灶。脾脏肿大，质地脆弱呈黑紫色。有的病例出现纤维素性气囊炎，附有分泌物。肺和小肠均有充血性病变，慢性病例常有股胫关节肿大。

【诊断】本病的流行病学、临床症状和剖检病变，与鸭霍乱相似。所以，需要进行细菌学的诊断。一般应用病死鸭的肝、脾和心血为病料，依据细菌形态、培养特性等即可作出确诊。

【治疗方法】在本病的治疗上，青霉素为首选药物，每只雏鸭肌内注射 2 万～4 万单位，连续治疗 2～3 天，可获得良好的治疗效果。其他药物如庆大霉素、土霉素、磺胺类药物，也均有良好的治疗效果。

【防治措施】在本病的预防工作上，要重视鱼粉的细菌检验工作，不要饲喂不洁的淘汰鱼及其下脚料。要保持鸭舍干燥、清洁，要加强鸭群的饲养管理工作和防疫消毒工作。

十七、李氏杆菌病

李氏杆菌病又称单核细胞增多症，是由李氏杆菌引起鸭的一种败血性、散发性传染病。是人、畜、禽共患的传染病。

【病原】李氏杆菌是革兰染色的小杆菌，球状或杆状，大小为(1～3)微米×0.5 微米，有鞭毛，能运动。在青贮料、干草和土壤中能长期生活。本菌对热的抵抗力较低，58℃10 分钟、75℃15 秒钟就可以致死。本菌耐碱、耐盐，不耐酸，一般浓度的消毒药均可使细菌死亡。

【发病特点】本病的易感动物极广，鸭、鹅对本病易感，一般呈散发性。发病率不高。患病鸭和带菌鸭是本病的传染源。可通过消化道、呼吸道、眼结膜及受伤的皮肤感染。营养不良，天气骤变，黏膜抵抗力低，缺乏维生素 A 和维生素 B，可成为本病的诱因。

【临床症状】患病鸭初精神萎靡，羽毛蓬乱，食欲减退乃至废绝，独居一隅，头伏地。行走时两翅下垂，腿软无力，摇晃。患鸭消瘦、腹泻。随着病程的发展，卧地不起或倒地侧卧，两腿不停地划动，或阵发性抽搐。发病后期，患鸭表现为败血症的症状，突然死亡。有的出现中枢神经损伤的症状，最常见的是头颈侧弯、仰头或头颈弯曲呈弓状，视力明显减弱，可见肢体不全麻痹、痉挛等症状。

【病理剖检】病变具有败血症特征，传播迅速并死亡。缓和型的病例病程拖长能持续几天。常见坏死性心肌炎、心包炎，肝肿大或有小坏死区。脾肿大，而呈斑驳状。肌胃角质膜下出血。

【诊断】根据流行病学、临床症状及病理解剖变化，并结合细菌学检查可以确诊。

【治疗】平时应加强综合性防疫措施，不要使鸭群与牛、羊接触。李氏杆菌对大多数抗生素有抵抗力，但四环素、青霉素的疗效较好，高浓度的四环素是治疗本病的首选抗生素。轻症患鸭可用青霉素每只 2000 单位拌料或混水中饲喂。也可用新霉素、卡那霉素作气雾吸入，剂量为 175～200 毫克/米^3，加入 20%甘油溶液 2～3 毫升，每日喷雾 1 次，连用 2～3 天，四环素混饲浓度为 200～800 毫克/千克。用卡那霉素肌注时，每日注射 10 万单位，连用

3～4 次。卡那霉素的混水浓度为 300～1200 毫克/千克，混饲浓度为 40 毫克/千克。也可用磺胺类药物治疗。

【防治措施】

(1)主要是加强饲养管理，特别是在育雏的头十天，喂给全价饲料，第一天开始喂给微生态制剂及多种维生素，以提高雏鸭的抵抗力。

(2)建立一个较为合理的“生物安全”体系，给予一个良好的生长环境。

十八、螺旋体病

螺旋体病是由包柔氏螺旋体引起鸭、鹅等家禽和野禽的一种热性、败血性传染病。本病具有高度的死亡率，病禽发病后引起大批死亡。螺旋体病发生于世界各地，但以热带和亚热带地区的散养家禽多发。

【病原】本病原为鸭包柔氏螺旋体，属于螺旋体目、螺旋体科。螺旋体不能在普通细菌培养基上生长，但能在鸭胚中繁殖，在鸭胚中以肝脏、血液和黏膜等处的螺旋体的含量最高。

鸭包柔氏螺旋体对外界环境抵抗力不强。在禽类需要有某些昆虫作中间宿主才能存活。但在禽尸体中螺旋体在 0℃条件下可存活 31 天，血清中 4℃可存活 3～4 周，在感染性血液中加入 10%～15%的甘油－70℃保存，许多螺旋体可以长期保存。

【发病特点】本病一年四季均可发生，但以温暖、潮湿的季节多发。病禽和死禽及其排泄物是本病的主要传染源，易感禽与病死禽及其排泄物接触，常容易发生传染，亦可以通过节肢动物和蚊子以及禽螨的叮咬传播疾病，但本病的主要传播媒介为波斯锐缘蜱。禽类自然感染疾病，常通过蜱的刺螫引起疾病的传播。

【临床症状】自然感染潜伏期为 3～12 天，死亡率为 33%～

77%。发病家禽表现明显的临床症状，精神欠佳，缩颈垂翅，羽毛松乱，发热，体温升高，食欲废绝，嗜睡口渴，下痢，排出大量的绿色粪便或伴有白色尿酸盐稀粪，并迅速消瘦，贫血，体重明显下降，神经麻痹，出现瘫痪，最后昏迷衰竭死亡，病程4～5天。极少数病禽可以耐过，慢慢康复。

【病理剖检】剖检可见病死禽消瘦、贫血、泄殖腔周围羽毛被粪便沾污，肝脏肿大，表面有出血点和灰白色坏死灶，脾脏明显肿大，亦有出血点和坏死灶，肾脏肿大，贫血，输尿管有尿酸盐沉积，肌胃与腺胃交界处有出血点，肠道黏膜呈出血性卡它性炎症，有时可见轻度的纤维素性心包炎。

【诊断】根据病鸭较显著的症状特点和剖检变化及身上有蜱或蜱叮后的伤口，可做出初步诊断。确诊需镜检发现病原菌。

【治疗方法】

(1)对病鸭可肌内注射1～2次新胂凡纳明进行治疗。

(2)每只鸭肌内注射青霉素2万～3万单位，每天2次，连用3天。

(3)每只鸭肌内注射链霉素1万～2万单位，每天2次，连用3天。

【防治措施】消灭中间宿主和传染媒介，常用0.5%马拉硫磷浸浴可以控制幼蜱，也可用溴氢菊酯25～50毫克/升溶液进行喷洒、刷洗，或用拟除虫菊酯类杀虫剂粉剂喷涂体表羽毛，均可杀灭禽体表的蜱。

第三节　常见寄生虫病的防治

一、球虫病

鸭球虫病是危害鸭的小肠而引起出血性肠炎的疾病，也是鸭常见的寄生虫病，发病率和死亡率均很高。尤其对雏鸭危害严重，常引起急性死亡。耐过的病鸭生长发育受阻、增重缓慢，对养鸭业造成巨大的经济损失。

【病原】鸭球虫属孢子虫亚门、孢子虫纲、球虫目、艾美耳科。家鸭球虫共有 10 个种，大部分寄生于肠道。其中以泰泽属、毁灭泰泽球虫致病力最强。球虫感染在鸭群中广泛发生，各种年龄的鸭均可发生感染。轻度感染通常不表现临床症状，成年鸭感染多呈良性经过，成为球虫的携带者。因此，成年鸭是引起雏鸭球虫病暴发的重要传染源。

【发病特点】鸭球虫的发生往往是通过病鸭或带虫鸭的粪便污染饲料、饮水、土壤或用具引起传播的。鸭球虫只感染鸭不感染其他禽类。2～3 周龄的雏鸭对球虫易感性最高，发生感染后通常引起急性暴发，死亡率一般为 20%～70%，最高可达 80%以上。随着日龄的增大，发病率和死亡率逐渐降低。6 月龄以上的鸭感染后通常不表现明显的症状。发病季节与气温和湿度有着密切的关系，以 7～9 月份发病率最高。

【临床症状】急性鸭球虫病多发生于 2～3 周龄的雏鸭，于感染后第 4 天出现精神萎靡，缩颈，不食，喜卧，渴欲增加等症状；病初拉稀，随后排暗红色或深紫色血便，发病当天或第二、第三天发生急性死亡，耐过的病鸭逐渐恢复食欲，死亡停止，但生长受阻，增重缓慢。慢性型一般不显症状，偶见有拉稀，常成为球虫携带者和传染源。

【病理剖检】急性死亡的病鸭，可见小肠弥漫性出血性肠炎，肠管病变严重，肠壁肿胀，出血；黏膜上密布针尖大小的出血点，有的见有红白相间的小点，肠道黏膜粗糙，黏膜上覆盖着一层糠麸样或奶酪状黏液，或有淡红色或深红色胶胨样血黏液。

【诊断】鸭的带虫现象极为普遍，所以不能仅根据粪便中有无卵囊做出诊断，应根据临床症状、流行病学资料和病理变化，结合病原检查综合判断。

【治疗方法】在球虫病流行季节，当地面饲养达到 12 日龄的雏鸭，可将下列药物的任何一种混于饲料中喂服，均有良效。

(1)球虫病流行季节，雏鸭由网上转为地面饲养时，或已在地面饲养达 12 日龄的雏鸭，按 0.1%浓度将磺胺间甲氧嘧啶或 0.02%复方甲基异唑或 0.04%复方磺胺脒均匀混入饲料饲喂，连用 5～7 天，停药 3 天，再喂 3 天。

(2)氯苯胍，按每 100 千克饲料拌 4 克的用量，连用 5 天，停药 3～4 天，再进行一个疗程。可同时在饲料中拌入酵母、鱼肝油和多种维生素等作为辅助治疗。

(3)呋喃唑酮，按 0.02%～0.04%比例均匀拌饲料饲喂，连用 5～7 天。

(4)可爱丹或克球灵，按 0.02%～0.04%比例均匀拌饲料饲喂。

(5)5%球安，按每千克饲料均匀拌 0.15～0.25 克的用量，连用 3 天。

(6)杀球净饮水，每包 50 千克，加水 50 千克，自由饮用，也可拌入饲料，每包拌饲料 40 千克饲喂。

【防治措施】鉴于本病是由于鸭吃了含鸭球虫卵囊的饲料或

饮水而感染发病的。因此，首先要改善养鸭的环境卫生，特别是鸭舍的卫生，如勤换垫草，地面垫新土或新沙，并尽可能保持干燥，清除粪便，堆肥发酵以消灭虫卵和其他病原微生物。保持饲养与饮水设施的清洁卫生。防止饲养员乱窜圈，谢绝外场人参观，以免从外带进球虫卵囊，以上是较有效的预防措施。如果鸭群一旦暴发本病，应迅速采用药物防治。

(1)用磺胺六甲氧嘧啶，按 0.1%的量加入饲料，即 5 千克饲料中加入 5 克药，搅拌均匀，连喂 3～5 天，具有良好的防治效果，而且还不影响增重。

(2)用万分之二的复方新诺明，即 5 千克料加 1 克药(0.5 克的药片 2 片)连喂 3～5 天。被鸭粪污染的垫草应烧掉或发酵积肥，清圈后用火焰喷灯烧地面，否则下批鸭转入后仍可感染发病。

如果不能彻底清除消毒，则应于鸭转入污染圈舍后，立即喂以上加药饲料 3～4 天，这样可起到预防的作用。

二、绦虫病

鸭的绦虫病是由膜壳科的多种绦虫在鸭的小肠内引起的。这类绦虫的种类多，分布广，常常引起幼龄鸭发病和死亡，造成严重的经济损失。

【病原】鸭绦虫病的病原虫主要是剑带绦虫与膜壳绦虫。这些绦虫都较大，一般长 5～20 厘米，为白色、扁平、带状或面条状而分节的蠕虫，虫体由一个头节和多个体节构成，容易识别。

【发病特点】本病有明显的季节性，一般多发生于 4～10 月份的春末夏秋季节，而在冬季和早春较少发生。发病年龄为 20 日龄以上的幼鸭。临床上以 1～3 月龄的放养鸭群多见，临床上所见到的幼鸭发病日龄最早为 13 日龄，可能在出壳后经饮水感染。轻度感染通常不表现临床症状，成年鸭感染后，多呈良性经过成为带虫者。

【临床症状】感染严重时，雏鸭表现明显的全身症状，成年鸭也可感染，但症状一般较轻。病鸭首先出现消化机能障碍，排出灰白色稀薄粪便，混有白色绦虫节片，食欲减退。到后期完全不吃，烦渴，生长停滞，消瘦，精神萎靡，不喜活动，离群，腿无力，向后面坐倒或突然向一侧跌倒，不能起立，一般在发病后的1～5天死亡。当大量虫体聚集在肠内时，可引起肠管阻塞；虫体代谢产物被吸收时，可出现痉挛，精神沉郁，贫血与渐进性麻痹而死。

【病理剖检】剖检时可见小肠发生卡他性炎症与黏膜出血，其他浆膜组织也常见有大小不一的出血点，心外膜上更显著。

【诊断】粪检查到孕卵节片，或剖检看到虫体可以确诊。

【治疗方法】每年春、秋对鸭群定期进行2次驱虫，平时发现虫体，随时驱虫。鸭群驱虫前，应绝食12小时，投药时间宜在清晨进行，鸭粪应收集堆积发酵处理，以防散播病原。

(1)氢溴酸槟榔碱，配成0.1%的水溶液，1次灌服，每千克体重用药1～2毫克。

(2)槟榔100克，石榴皮100克，加水至1000毫升，煎成800毫升。20日龄雏鸭1毫升，30～40日龄雏鸭1.5～2毫升，成年鸭3～4毫升，拌料服，连喂2次，1日1次。

(3)吡喹酮10～15毫克/千克体重，口服。

(4)丙硫咪唑20～30毫克/千克体重，口服。

(5)硫双二氯酚100～150毫克/千克体重，口服。

【防治措施】雏鸭与成年鸭分开饲养，3月龄内雏鸭最好实行舍饲，特别是不应到水上运动场或不流动、小而浅的死水域去，因为这种水域利于中间宿主剑水蚤的滋生。

三、蛔虫病

鸭蛔虫病是由蛔虫寄生于鸭的小肠内引起的一种寄生虫病。幼鸭与成鸭都可感染，但以幼鸭表现为明显，可导致幼鸭出现生长发育迟缓、腹泻、贫血等症状，严重的可引起死亡。

【病原】鸭的蛔虫病是由蛔虫所引起，属禽蛔科禽蛔属。虫体形态蛔虫是鸭体内最大的一种线虫，虫体为淡黄白色、豆芽梗样，表皮有横纹，头端较钝，有 3 个唇片，雌雄异体，雄虫长约 26～70 毫米，雌虫长 65～110 毫米。

虫卵形态及抵抗力虫卵为椭圆形，卵壳表面平滑，大小(70～86)毫米×(47～51)毫米。蛔虫卵对寒冷的抵抗力很强，而对 50℃以上的高温、干燥、直射阳光敏感。对常用消毒药有很强的抵抗力。在荫蔽潮湿的地方，虫卵可存活较长时间。在土壤中，感染性虫卵可存活 6 个月以上。

【发病特点】鸭发生蛔虫病没有鸡普遍，感染率和感染强度都不太高。主要是雏鸭和幼鸭的感染，而且可以引起危害。成鸭感染的较少，而且多为隐性感染。

环境卫生不佳，饲养管理不良，饲料中缺乏维生素 A、维生素 B 等，可使鸭感染蛔虫的可能性提高。

【临床症状】鸭感染蛔虫后表现的症状与鸭的日龄、感染虫体的数量、本身营养状况有关。

轻度感染或成年鸭感染后，一般症状不明显。雏鸭发生蛔虫病后，可表现出生长不良，发育迟缓，精神沉郁，行动迟缓，羽毛松乱，食欲减退或异常，腹泻，逐渐消瘦，贫血等症状。严重的可引起死亡。

【病理剖检】肠道出血、炎症，肠壁上形成颗粒状化脓灶或形成结节。肠阻塞、破裂和腹膜炎。小肠内有大型蛔虫，肠壁增厚。

【诊断】采用饱和盐水浮集法漂浮粪便中的虫卵，载玻片蘸取后镜检，观察虫卵形态与数量。如鸭粪便中可发现有多量的蛔虫虫卵，结合临床症状及鸭剖检在小肠内发现有大量的蛔虫虫体存在即可确诊。

【治疗方法】

(1)驱蛔灵：每千克体重 0.25 克饮水或混饲投服，也可灌服。

(2)甲苯咪唑：每千克体重 30 毫克，1 次喂服。

(3)左旋咪唑：每千克体重 25～30 毫克，饮水或混饲。

(4)驱虫净：每千克体重 60 毫克，混饲。

(5)丙硫苯咪唑：每千克体重 10～25 毫克，混饲。

(6)越霉素 A：每吨饲料 5～10 克，连喂 30 天以上。

【防治措施】

(1)平时应保持鸭舍内外的清洁卫生，保持舍内和运动场地的干燥，及时清除鸭粪并进行发酵处理，定期更换垫草，并定期对地面、用具进行清洗和消毒。

(2)饲养区内，杜绝其他禽类的进入。禁止将不同日龄的鸭混群饲养。

(3)加强营养，饲料中应保证有足够的维生素 A、维生素 B 和动物性蛋白。

(4)对鸭群应定期驱虫，每 2～3 个月驱虫 1 次，每次驱虫应在间隔 10 天左右连用 2 次药。

四、棘头虫病

棘头虫病是由棘头虫寄生于鸭的小肠所引起的寄生虫病。本病除鸭发生感染外，其他家禽如鹅、鸡、天鹅以及其他野生游禽均可发生感染。寄生于鸭的棘头虫有 4 种，即大多形棘头虫、小多形棘头虫、鸭细颈棘头虫和腊肠状棘头虫。最常见的是大多形棘头虫。

【病原】鸭大多形棘头虫属棘头虫纲、多形科。虫体呈橘红色，纺锤形，前端大，后端狭细。吻突上有小钩18纵列，每行7～8个，每一纵列的前4个钩比较大，有发达的尖端和基部，其余的钩不很发达，呈小针状。吻囊呈圆柱形，为双层构造。雄虫长9.2～11毫米，睾丸呈卵圆形，位于虫体前1/3部分内，靠近吻囊处。雌虫长12.4～14.7毫米。卵呈长纺锤形，大小为(113～129)微米×(17～22)微米。在卵胚两端有特殊的突出物。

【发病特点】本病主要发生于鸭，尤其是1月龄以上的幼鸭，幼鸭发生大量感染后常引起死亡。临床上以麻鸭较为多见，肉鸭很少发生。常发生于夏秋季节。本病分布较广，我国许多省市均有发生本病的报道。

【临床症状】成年鸭患病后症状往往不明显。幼鸭，尤其在严重感染时，由于棘头虫的吻突深埋在鸭的小肠壁内，引起肠黏膜的严重损伤和出血，可见下痢、消瘦和大量死亡。如果由于虫体的寄生，引起肠穿孔和腹膜炎，不论成年鸭还是幼鸭，都会引起死亡。

【病理剖检】剖检病死鸭，可见肠壁上有外突的黄色结节；剪开小肠，可见肠黏膜发炎或化脓，有出血点或出血斑，小肠内有多量棘头虫，吻突和虫体前部的小棘深深地刺入肠壁。有时可见肠穿孔。

【诊断】生前诊断可根据当地流行病学的情况，如有无适合的中间宿主，临床症状以及粪便检查的结果，进行综合判断。粪便检查可采用离心沉淀法或离心漂浮法找到虫卵。死亡病鸭可做病理剖检，在小肠壁上找到大量虫体即可确诊。

【治疗方法】

(1)四氯化碳按每千克体重0.5～2毫升，用小胶管灌服。

(2)硝硫氰醚按每千克体重100～125毫克1次投服。

(3)丙硫苯咪唑按每千克体重10～25毫克1次投服。

【防治措施】在发生过本病的鸭场内，秋季放牧结束后 2 周进行 1 次驱虫，春季产卵前 1 个月再进行 1 次驱虫。成年鸭与雏鸭混牧时，除对成年鸭驱虫外，对雏鸭于放牧开始后 20～25 天，进行成虫期前驱虫。最好成年鸭、雏鸭分群放牧。如无安全水域，可将雏鸭在陆地上饲养到 2～3 月龄时再放牧。引进新鸭，须先检查有无棘头虫寄生，如有棘头虫寄生，驱虫后 10 天再放入水域中。

五、棘口吸虫病

棘口吸虫病是由卷棘口吸虫寄生于水禽的直肠和盲肠中所引起的一种寄生虫病。鹅、鸭等多种家禽可以感染，在我国流行甚广，对幼雏的危害性极大。

【病原】棘口吸虫病的病原为棘口吸虫，属棘口科。棘口吸虫种类很多，我国已发现本科吸虫近 120 种。常见的为卷棘口吸虫、宫川棘口吸虫和强壮棘口吸虫等，以卷棘口吸虫最为普遍。

卷棘口吸虫呈长叶状，呈淡红色，体表有小刺，虫体长 7.6～12.6 毫米，宽 1.26～1.60 毫米。其特点是虫体前端具有发达的头冠，头冠上头棘 35～37 个，口、腹吸盘相距较近，口吸盘大于腹吸盘。卵黄腺发达，分布在腹吸盘后虫体两侧。

虫卵椭圆形，金黄色，大小为(114～126)微米×(64～72)微米，虫卵稍尖的一端有一卵盖。

【发病特点】棘口吸虫流行较为广泛，尤其在长江流域及其以南各省、自治区更为多见。放养的或饲喂过水生植物的家禽，发病率高。在夏季，1～3 月龄小鹅在水塘放牧最易感染。本病呈地方性流行，常引起鹅大批死亡。

【临床症状】棘口吸虫对成年鸭的危害较轻，对雏鸭的致病力甚强。病鸭出现食欲减退或消失、下痢、贫血、消瘦、生长迟滞等症状，最后由于极度衰竭和全身中毒而死亡。

【病理剖检】剖检可见出血性肠炎，许多长叶状虫体附着在直肠和盲肠壁上，引起黏膜的损伤出血。

【诊断】根据临床表现、病理剖检及实验室直接涂片或沉淀法检查粪便中的虫卵，结合剖检时肠管中见到的虫体进行确诊。

【治疗方法】

(1)可用四氯化碳，每只鸭 2～3 毫升，灌服或注射于嗉囊内，1 次即可。

(2)按每千克体重 0.75 克槟榔的剂量，煎成煎剂，以小胶管灌服，用药后 5～30 分钟，开始排虫，约延续 1 小时排完；或每千克体重 1～2 毫克溴氢酸槟榔素，将槟榔素蒸馏水配制成 1∶5000 的水溶液，每千克体重用 5～10 毫升，灌服或嗉囊内注射均可，经 10～20 分钟后开始排出虫体。服用槟榔煎剂或槟榔素水溶液过量时，会引起鸭中毒而死亡。中毒的鸭一般于服药后 5～10 分钟内出现流涎、呼吸困难等症状。抢救可用硫酸阿托品解毒，每千克体重 0.02 毫克，皮下注射。

(3)硫双二氯酚按每千克体重 20～30 毫克的剂量，一次性口服。

(4)氯硝柳胺按每千克体重 100～200 毫克，混于饲料中喂给。本药效果甚好，一次治疗后，粪便中虫卵转阴率可为 100%。

【防治措施】对发生本病的鸭群进行有计划的驱虫，所用药物以硫双二氯酚和氯硝柳胺为好，驱虫期间的粪便应严格处理。在流行地区的鸭粪便应堆积发酵后再用作肥料，这样可以杀灭虫卵。对于不安全的水域可用化学药物消灭中间宿主。

六、舟形嗜气管吸虫病

舟形吸虫病是由舟形嗜气管吸虫寄生于鸭、鹅等水禽气管和支气管内的寄生虫病，主要危害放养鸭群。世界上很多国家均有发生本病的报道，我国的福建、广东、江苏、安徽等省市亦时有发生。临床上常见于青年和成年麻鸭。

【病原】嗜气管吸虫属环肠科，嗜气管属。虫体主要寄生于家鸭、家鹅及野鸭的气管、支气管，也偶见于鼻腔、气囊和眶下窦。活虫体为暗红色或粉红色，呈椭圆形，大小为(6.0～11.5)毫米×(2.5～4.5)毫米。口在前端，无肌质吸盘围绕，无腹吸盘。肠管后部是连续的，并具有数个中侧憩室。卵巢和睾丸在虫体的后部，睾丸呈圆形，子宫高度盘曲于体之中部。虫卵呈卵圆形，大小为122微米×63微米，内含毛蚴。

【发病特点】嗜气管吸虫寄生于鸭的气管、支气管、气囊内和眶下窦内。成虫在气管内产卵，卵与痰液随食物团块被吞进消化管而随粪便一同排出体外。在外界环境中，毛蚴很快从卵逸出并进入中间宿主螺蛳体内，发育成尾蚴，最后形成囊蚴。鸭只吞食了含有囊蚴的螺蛳之后则受到感染。囊蚴脱囊而出，经过肠壁，随着血液流入肺。从肺再进入气管寄生。经2～3个月发育为成虫。

【临床症状】病初见有轻度咳嗽和气喘，以后逐渐加剧。病鸭精神沉郁，食欲不振，不愿走动，喜卧地，强行驱赶时行动缓慢、无力，严重感染的呼吸高度困难，伸颈张口呼吸，并闻及呼哧声。鼻腔有较多的黏液流出，有时可见喙部肿胀，最后窒息而死。病鸭群普遍消瘦，羽毛无光泽，成年母鸭产蛋率下降。少数病鸭在躯体两侧至颈部皮下发生气肿。将病鸭口腔打开，用手刺激咽喉部，有时也能咳出虫体。

【病理剖检】病死鸭较瘦、羽毛粗乱、鼻腔内有浆液性或黏液性分泌物，气管内可见数量不等的虫体，虫体附着的气管黏膜充血，并有炎性渗出，严重感染的病鸭肺充血、出血，气囊轻度混浊或有少量纤维素渗出，颈部皮下气肿的病死鸭可见气囊及颈部皮下充满气体。轻度感染的病鸭，内脏器官未见明显病变。

【诊断】本病的确诊可以通过剖检找虫体或找虫卵。

【治疗方法】

(1)可用1∶(1000～1500)的碘溶液或5%水杨酸钠溶液，由声门裂处注入0.5～2毫升(幼鸭)或1.5～2毫升(成鸭)。隔2天后再注射一次，效果较好。

(2)硫双二氯酚：按每千克体重用150～200毫克，均匀拌料饲喂，一次喂服。

(3)丙硫苯咪唑：按每千克体重用10～25毫克，均匀拌料喂服，一次喂服。

【防治措施】

(1)禁止到流行地区的水域放养鸭群，以避免鸭群吞食螺蛳而遭受感染。

(2)对于捕捞的淡水螺蛳尽量不要生喂、应煮熟后喂。

(3)做好鸭群预防性定期驱虫。常用的药物有丙硫咪唑、吡喹酮、硫双二氯酚等，剂量可参照预防其他吸虫病的方法进行。对于患病鸭有人试用0.20%的碘溶液气管内注射，每只成年鸭注射1～2毫升。

七、腮丝虫病

本病又名鸟蛇线虫病，多发于我国南方。主要侵害3～8周龄雏鸭，多在干旱季节(1～4月，9～10月)发病，感染率一般为60%～80%，死亡率10%左右。

【病原】本病病原体为鸟蛇线虫。我国有两种鸟蛇线虫，即台湾鸟蛇线虫和四川鸟蛇线虫。台湾鸟蛇线虫寄生于雏鸭皮下组织；雌虫呈白色半透明长丝状，长100～240毫米，体表光滑有细横纹，易破裂；雄虫很小，长6毫米，有2根不等长的交合刺。雌虫成熟，虫头从病灶部伸出，自行破裂，挤出白色半液状物质于皮肤上，其中含有大量活跃的幼虫；幼虫进入水中后，被中间宿主(剑水蚤)

吞食，在其体内发育为感染性幼虫；含感染性幼虫的剑水蚤被鸭吞食后，幼虫在鸭体内移行，大部分移行至颈部皮下，少部分移行至腿部、肩胛部皮下，逐渐发育为成虫。

【发病特点】该病主要发生于幼鸭，而成年鸭不发病。一般秋季发病多，发病率与死亡率都很高。

【临床症状】台湾鸟蛇线虫主要侵害 2～8 周龄鸭，潜伏期 1 周。病鸭消瘦，颌下和腿部皮下有小指头大的瘤样肿胀。颌下的较为明显，初期柔软后变硬，悬垂颌下，肿胀逐渐增大，压迫腮、咽喉部及邻近的气管、食管、神经和血管等，引起呼吸和吞咽困难，声音嘶哑。如果寄生腿部皮下，则引起步行障碍。危及眼时，可导致失明。因采食量小，发育受阻，雏鸭多在症状出现后 10～20 天死亡。四川鸟蛇线虫侵害幼鸭后，以颌下和两肢出现瘤样病灶最多，其次是眼、颈、额顶、颊、嗉囊、胸、腹及肛门周围等处，凡是接触水的部位，均有病灶出现。

【病理剖检】剖视患部虫体，虫体常呈白色粗线团样缠绕；或在患部边缘皮肤上的小孔周围，以手指按压肿胀部，从小孔内流出液滴，将其作压滴标本镜检，可见到活跃的微丝蚴。

【诊断】可根据下述三方面的情况进行综合判断。

(1)观察临床症状：在鸭的皮下结缔组织，尤其是颌下及腿部出现明显的瘤样肿物，颌下有瘤状物悬垂，瘤样肿胀压迫呼吸器官而引起呼吸困难。

(2)剖检病死幼鸭：在鸭颌下、大腿皮下等的肿胀部能检出虫体。

(3)检查粪便：可采用饱和盐水漂浮法检查，可以发现大量虫卵。

【治疗方法】坚持对病鸭施行早期治疗，既能阻止病程的发展，又能防止病原的散布，减少对环境的污染。

(1)1%丙硫苯咪唑油悬浮剂或 1%左旋咪唑注射液；根据患

部大小确定注射剂量，一般于颌下部病灶注入 0.5 毫升，后肢部病灶注入 0.2～0.3 毫升。

(2)用 0.5％的高锰酸钾溶液 3 毫升，一次注入患部结节，效果很好。

(3)用 1％敌百虫溶液 0.5 毫升，一次注入患部，用药后虫体迅速死亡，肿胀部位 2 天后即可消肿。

(4)用 5％氯化钠溶液 3 毫升，一次注入患部，也可获得同样效果。

【防治措施】加强雏鸭饲养管理，育雏场地必须建立在终年流水不断的清洁溪流上，不致形成中间宿主(剑水蚤)滋生聚集的疫水环境；不要到可疑有病原存在的稻田、河沟等处放养雏鸭，避免雏鸭感染。

八、血吸虫病

血吸虫病是毛毕吸虫病的俗称，由毛毕吸虫寄生于野鸭、家鸭等水禽的肝门静脉引起的，本病分布于世界各地，在我国的多省有报道。

【病原】我国各地发现的毛毕吸虫主要是包氏毛毕吸虫，雄虫细长，大小为(5.3～7.3)毫米×(0.076～0.095)毫米，口吸盘位于体前端，腹吸盘呈圆形，表面有许多小刺，常突出体外，雄体抱雌沟很短。雌虫比雄虫纤细，大小为(3.38～4.89)毫米×(0.076～0.114)毫米，口吸盘位于体前端腹面，腹吸盘呈椭圆形，生殖孔开口于腹吸盘的后方。虫卵呈纺锤形，一端有一个小而弯曲的钩，内含一个完全发育的毛蚴。中间宿主为椎实螺和小土蜗，尾蚴经皮肤侵入鸭体内。

【发病特点】血吸虫的幼虫可感染人，引起尾蚴性皮炎，特别在鸭群放牧地区，人在稻田或茭白田劳动而感染，在沟渠或小河内活动也可获得感染。接触疫水的手和小腿出现痒感，随即出现丘疹或疹块。发病有明显的季节性，江苏为5～8月份，吉林为6～8月份，辽宁为4～7月份，广东为春夏两季。

【临床症状】感染后，在患鸭的感染部位出现红肿痒痛，患禽有厌食、精神不振、呼吸困难等症状，表现为消瘦、发育受阻。

【病理剖检】主要表现肠黏膜的发炎、损伤，肠黏膜表面有许多小结节。在肝门静脉和肠系膜静脉中能发现成虫。

【诊断】取粪便涂片或沉淀法镜检虫卵，或在尸体剖检发现虫体进行诊断。

【治疗方法】可用吡喹酮按10～15毫克/千克体重口服；或丙硫咪唑按50～100毫克/千克体重口服。

【防治措施】有效的方法是消除传染源和切断传播途径。阳性椎实螺于早晨逸出大量尾蚴，鸭和人下水时即受感染，因此在椎实螺较集中的地区，可用药物（氨水、五氯酚钠等）灭螺。防止新鲜鸭粪下田及鸭到有椎实螺的地区放牧。

九、隐孢子虫病

隐孢子虫病是危害禽类的一种寄生虫病，能引起鸭、鹅及其他禽类剧烈的呼吸道症状，并发生死亡。不同种类的家禽和野禽均可发生感染，其中以鸡、火鸡和鹌鹑感染发病最为严重。水禽则以鸭感染最严重。对鸭、鹅等禽类产生危害的是贝氏隐孢子虫。

【病原】禽的隐孢子虫有两种，一种为火鸡隐孢子虫，寄生于火鸡的小肠；另一种为贝氏隐孢子虫，可寄生于多种家禽的呼吸道、泄殖腔和法氏囊等处。引起鸭的隐孢子虫病的病原体即为贝氏隐孢子虫，属真球虫目隐孢科隐孢子属。

贝氏隐孢子虫虫体大小(6～7.5)微米×(4.8～5.7)微米。卵囊近似圆形，壁光滑，囊壁有裂缝，无卵膜孔和极粒，不形成孢子囊,卵囊内有4个裸露的子孢子和残体。

隐孢子虫病卵囊抵抗力强,常用的消毒剂如碘酊漂白粉、煤酚皂等对其作用不佳。

【发病特点】本病一年四季均可发生,但以温暖多雨的季节发病率为高。病禽和带虫禽是本病的主要传染源。自然条件下鸡、鹅、鸭等都可感染,以幼禽易感且症状明显。贝氏隐孢子虫通过消化道和呼吸道引起感染。卫生条件差,饲养管理不善可促进本病的流行。

【临床症状】本病的潜伏期3～5天,由于虫体寄生,可造成寄生部位黏膜上皮细胞的破坏,引起相应的症状。具体有精神沉郁,食欲下降或废绝,粪便带血;咳嗽、打喷嚏,呼吸加快,口鼻流黏液;消瘦,可引起雏禽的死亡。

【病理剖检】剖检可见病鸭喉头和气管黏膜水肿,有多量浆液性渗出物,肺充血、发炎、气囊浑浊,腔上囊和泄殖腔黏膜肿胀,呈灰白色。病理组织学检查,可见上皮细胞肿胀,微绒毛脱落,萎缩性变性和有炎性渗出。

【诊断】本病的确诊必须进行实验室诊断,发现各阶段虫体也可确诊。

【治疗方法】目前尚无有效的治疗药物。0.05％二甲硝咪唑饮水有一定的效果,也可试用其他抗球虫药治疗。饲料中添加交沙霉素(8.0克/千克)、大蒜素(600毫克/千克)、甲硝唑(4.0克/千克)、复方新诺明(8.6克/千克)连喂5天,对雏鸭实验性隐孢子虫病有一定的治疗作用;在饲料中添加乙酰螺旋霉素400毫克/千克,对雏鸭贝氏隐孢子虫感染亦有一定的治疗效果。

【防治措施】应加强饲养管理和环境卫生,成年禽与雏禽分群饲养。饲养场地和用具等应经常用热水或5％氨水或10％福尔马林消毒。粪便污物定期清除,进行堆积发酵处理。

十、住白细胞虫病

住白细胞虫病是由西氏住白细胞原虫引起的鸭的一种急性高度致死性原虫病。住白细胞虫寄生在家禽的白细胞和红细胞内，引起血细胞的严重破坏。除鸭外，鹅和其他水禽也可感染。本病对幼雏的致病性强，可造成大批死亡。

【病原】本病的病原为住白细胞虫，住白细胞虫有一定的宿主特异性，不同种类的家禽的住白细胞虫病是由不同种住白细胞虫的感染而引起的。我国发现的鸭住白细胞虫病的病原主要是西氏住白细胞虫所引起，属血变科原虫。

西氏住白细胞虫在血细胞中的配子体大小为(15～14)微米×(5～6)微米，通常寄生在两端尖的长纺锤形宿主细胞内，宿主白细胞的核被挤向一侧。成熟的配子体为圆形，只存在于细胞内。

【发病特点】本病的发病、流行与库蠓或蚋等吸血昆虫的活动规律有关，发病高峰都在库蠓和蚋大量出现的夏、秋季节。各日龄的鸭都能感染，但幼禽和青年禽的易感性最强，发病也最严重。

【临床症状】雏鸭发病后，精神萎靡，体温升高，食欲消失，渴欲增加，流涎；体重下降，贫血，下痢呈淡黄色；两肢轻瘫，走路不稳，全身衰弱，常伏卧地上；呼吸急促，流鼻液和流泪，眼睑粘连。

【病理剖检】病死鸭消瘦，肌肉苍白，肝、脾肿大，呈淡黄色；消化道黏膜充血，心包积液，心肌松弛苍白，全身皮下、肌肉有大小不等出血点，并有灰白色的针尖至粟粒大小结节；腺胃、肌胃、肺、肾等黏膜有出血点。

【诊断】采取病禽血液涂片，姬姆萨染色，镜检查找虫体或从内脏、肌肉上采取小的结节，压片镜检查找虫体，亦可做组织切片查找虫体。

【治疗方法】

(1)球立清每 100 克配水 100 千克,连饮 3～5 天。

(2)冠速康每瓶配水 100 千克,饮水 1 天后改为维持量,即每瓶配水 400 千克,连用 3 天。

(3)白乐君按体重每千克用 150 毫克,每天口服 1 次,连用 3 天。

(4)复方新诺明每只每天口服 125 毫克,以后减半,连用 3～5 天,或按说明使用。

【防治措施】在鸭舍及其周围喷洒驱虫剂,以杀灭传播本病的蠓类吸血昆虫。也可用 0.2%敌百虫或 0.5%～1%有机磷杀虫剂,每隔 1 周喷洒 1 次;在流行季节,可用二胺嘧啶拌料,每千克饲料加入 25 毫克;或用磺胺喹噁啉,每千克饲料加入 50 毫克。

十一、次睾吸虫病

次睾吸虫是寄生于鸭肝脏胆管或胆囊内的一种寄生虫,主要危害 1 月龄以上的鸭,感染率和感染强度均很高。常因胆囊、胆管虫体堵塞,而发生死亡,是目前对鸭危害较大的吸虫病。寄生在鸭胆囊、胆管内的次睾吸虫有两种(东方次睾吸虫和台湾次睾吸虫),临床上常见的主要是东方次睾吸虫。

【病原】本病原为东方次睾吸虫,属后睾科。虫体呈叶状,长 2.4～4.7 毫米,体表有小棘,口吸盘位于虫体前端,腹吸盘位于虫体前 1/4 的中央。睾丸大,稍分叶,前后排列于虫体的后端。睾丸的前方为椭圆形的卵巢,子宫在卵巢和肠叉之间盘曲,子宫内充满虫卵,虫卵呈浅黄色,椭圆形,大小为(28～31)微米×(12～15)微米。

【发病特点】本病常发生于夏秋季节,临床上以 1～4 月龄的鸭较为多见,1 月龄以下的鸭很少发生。虫体除寄生于鸭外,也寄生于鸡，偶尔见于猫、犬及人体内。该病分布较广，全国各地均有发生本病的报道。

【临床症状】轻度感染时，不表现临床症状；严重感染时，患病鸭精神萎靡、食欲不振、羽毛松乱、两肢无力、消瘦贫血、常下痢、粪便多呈水样，多因衰竭而死。产蛋母鸭感染后产蛋率下降，发病严重者则产蛋停止，而且发生死亡。

【病理剖检】肝脏显著肿大，有的可比正常大1～2倍，色泽变淡，表现常见胆管增生的白色花纹和斑点。病程稍长的，肝脏质地变硬，切面可见胆管壁增厚，管腔扩大，内含有黄绿色胆汁的凝固物和虫体。胆囊充盈，胆汁呈深绿色或墨绿色，囊腔内有数量不等的虫体，胆囊壁增厚，肠道黏膜呈卡它性炎症。少数病例还出现心包积液，脾脏肿大，盲肠扁桃体出血。

【诊断】生前检查粪便发现虫卵，或死后剖检在胆管、胆囊内查到虫体可确诊。

【治疗方法】

(1)硫双二氯酚：每千克体重150～200毫克，一次内服。

(2)吡喹酮：每千克体重15毫克，一次内服。

(3)丙硫咪唑：每千克体重75～100毫克，一次内服。

【防治措施】加强环境卫生、鸭舍清扫消毒，清除的鸭粪堆积发酵进行生物热处理，切勿用生鱼饲喂鸭群。

十二、背孔吸虫病

背孔吸虫病是由纤细背孔吸虫寄生于鹅、鸭等家禽和野禽的盲肠、直肠内所引起的寄生虫病。纤细背孔吸虫对鸭，尤其是雏鸭、雏鹅危害性较大，大量感染时常引起致病，甚至死亡。

【病原】本病的病原体是背孔科背孔属的细背孔吸虫。寄生于鸭的盲肠、小肠及直肠的背孔属的吸虫还有肠背孔吸虫寄生于盲肠内、嘴鸥背孔吸虫(寄生于鸭盲肠和直肠)、徐氏背孔吸虫(寄生于盲肠和直肠)、小卵形背孔吸虫(寄生于大肠)、秧鸡背孔吸虫(寄生于盲肠内)、沼泽背孔吸虫(寄生盲肠内)、网卵形背孔吸虫(寄生于直肠内)、线样背孔吸虫(寄生于盲肠内)。背孔吸虫虫体较小,呈淡红色,细长,两端钝圆,大小为(2.0～5.0)毫米×(0.65～1.4)毫米。只有口吸盘,圆形,位于体前端,无腹吸盘和咽。腹面有3行腹腺,中行14～15个,两侧行各有14～17个,腹腺呈椭圆形或长椭圆形。虫卵小,呈椭圆形,黄色有卵盖,其两端各有一条长线状的卵丝,卵的大小为(0.015～0.021)毫米×0.012毫米。

【发病特点】背孔科的细背孔吸虫在发育过程中只需要一个中间宿主(淡水螺)。成虫将卵产在宿主的肠腔内,随着粪便排出体外。在适宜的环境中,特别在夏天大约经过4天,毛蚴即从卵中逸出,进入螺蛳(扁卷螺或椎实螺)体内,发育为胞蚴。每个胞蚴中含有2个雷蚴,继而形成尾蚴。成熟的尾蚴在同一个螺体内形成囊蚴,或者离开螺体附着在水生植物上形成囊蚴。鸭只由于啄食含有囊蚴的水草而受感染。童虫附着在盲肠或直肠壁上,约经3周发育为性成熟的成虫。

【临床症状】病鸭精神沉郁,离群独处,闭目嗜睡,食欲减退,渴欲增加。患鸭表现脚软,行走摇晃,常常容易伏地,严重者不能站立。由于虫体分泌毒素,使患鸭拉稀,粪便呈淡绿色至棕褐色,稀如水样,或如胶样,严重病例稀粪中混有血液。患鸭贫血,生长发育受阻,最后衰竭死亡。

【病理剖检】剖检患病或患病死亡的鸭只,除在盲肠和直肠黏膜上发现虫体外,同时还可见到小肠、直肠黏膜呈现糜烂,或呈卡他性肠炎。

【诊断】本病的确诊是剖检患病鸭只找虫体并进行实验室检查。

【治疗方法】

(1)硫双二氯酚:按千克体重200毫克(也有推荐用300～500毫克),一次口服。

(2)丙硫苯咪唑:按千克体重10毫克,一次口服。

(3)五氯柳酰苯胺:按每千克体重用15～30毫克均匀拌入饲料一次饲喂。

(4)槟榔:按每只鸭每千克体重用0.6克,煎水,于每天傍晚用小皮管投服一次,连用2天。

【防治措施】

(1)注意保持鸭舍、运动场的清洁卫生,及时清除粪便,并集中进行无害处理。

(2)进行定期预防性驱虫,可用丙硫苯咪唑,按每千克体重10毫克,每半个月进行一次。

(3)用1∶15000的硫酸铜溶液灭螺。

十三、前殖吸虫病

前殖吸虫病是因前殖吸虫感染引起的鸭的一种寄生虫病。本病以患鸭产蛋量下降或停产,产软壳蛋、畸形蛋为主要临床症状,常可诱发腹膜炎。除鸭外,鸡、鹅及其他多种鸟类都可感染,常呈地方性流行。

【病原】本病的病原为前殖吸虫,属前殖科、前殖属。前殖吸虫在我国发现有5种,即卵圆前殖吸虫、楔形前殖吸虫、透明前殖吸虫、鲁氏前殖吸虫和鸭前殖吸虫。

虫体形态各种不同的前殖吸虫虫体形态有不同,但多数虫体扁平,前端较窄,后端钝圆,体表有小刺,体长3～9毫米,新鲜虫体呈红棕色。

虫卵大小为(22～24)微米×13微米,壳薄,一端有盖,另一端有小刺。

【发病特点】鸭感染的几种前殖吸虫在我国许多省、市，江、湖、河流交错的地区均有发现。本病呈地方性流行，其流行与蜻蜓出现的季节是一致的，多为夏、秋季。

【临床症状】各种日龄的鸭均可感染。感染初期，病鸭症状不明显，但开始产薄壳蛋。随病情发展，病鸭产蛋量减少或产蛋停止，有的病鸭因蛋未产出前就已破裂，可见蛋黄和蛋清流出。严重的病鸭可见腹部膨大，下垂，产畸形蛋(无壳蛋、软蛋、无黄蛋)，并见有石灰样液体从泄殖腔流出。步态不稳，常卧伏。后期，病鸭精神萎靡，体温升高可达 43℃，渴欲增加，腹部压痛，泄殖腔突出，肛门周边潮红。病情严重的，特别是诱发腹膜炎的，可以在 3～5 天内死亡。

【病理剖检】前殖吸虫病的主要病变是输卵管炎，除此外直肠、泄殖腔、肛门处也有炎症表现，黏膜充血、肿胀、增厚，在管壁上可发现红色的虫体。有时可见到腹膜炎，腹腔中有多量黄色浑浊的渗出液，脏器粘连。

【诊断】根据临床症状、病理变化及粪便检查有无虫卵进行综合诊断。

【治疗方法】

(1)四氯化碳：2～3 毫升/只，用细胶管插入食道灌服，或作嗉囊注射，投药后 18～20 小时，可见虫体排出，并可持续 3～5 天，但对重症鸭疗效不大。

(2)六氯乙烷：0.2～0.5 克/只，混入饲料中喂给，每天 1 次，连用 3 天。

(3)丙硫苯咪唑：100 毫克/千克饲料，混入饲料中 1 次口服。

(4)吡喹酮：60 毫克/千克饲料，混入饲料中 1 次口服。

【防治措施】预防可在 5～7 月份进行本病的普查，及时隔离和治疗病鸭，平时对粪便进行无害处理，防止鸭啄食蜻蜓或蜻蜓幼虫。

(1)前殖吸虫病流行地区或牧场，根据本病出现的季节，进行预防性驱虫。

(2)在不安全的农场或鸭场内的鸭群，每 3 个月普查一次，发现病鸭，进行隔离驱虫。

(3)消灭第一中间宿主淡水螺，即在鸭场周围的池塘、沟渠定时灭螺。

十四、东方杯叶吸虫病

东方杯叶吸虫病是寄生于鸭小肠内的一种肠道吸虫病。本病分布于亚洲，我国的黑龙江、江苏、安徽等省市亦时有发生。临床上常见于放养的青年和成年麻鸭，发生感染的鸭常因脱水而突然死亡。临床所见发病鸭群死亡率最高可达 20%，是当前鸭业生产危害较大的一种寄生虫病。

【病原】本病原为东方杯叶吸虫，属吸虫纲、杯叶科。新鲜虫体呈浅淡黄色，近于白色，肉眼见芝麻大小，呈椭圆形，大小为(0.9～1.4)毫米×(1.1～1.4)毫米，有两个吸盘，口吸盘位于虫体的顶端，呈球形，咽发达呈圆形，咽的后面是肠支分叉处，腹吸盘比口吸盘小得多，位于肠支分叉处，腹部有一个庞大的黏着器，凸出于虫体的腹面，睾丸并列于虫体中部的两侧，卵巢呈球形，位于虫体的左半侧，紧靠左睾丸。卵黄腺围绕黏着器分布在虫体的周围，前界达咽附近，后界抵达虫体末端，阴茎囊巨大，位于右睾丸和生殖孔之间，生殖孔开口于虫体末端，虫卵呈浅黄色，椭圆形，大小为 0.1 毫米×(0.07～0.08)毫米。

【发病特点】杯叶科吸虫需淡水螺和鱼类两个中间宿主。鸭吞食含囊蚴的鱼后，虫体在鸭体内经 3 天左右发育成熟。鸭吞食含有囊蚴的小型鱼类为其感染途径。

【临床症状】患病鸭精神、食欲不振，但渴欲增强。常发生下痢，粪便呈水状，有时混有脱落的黏膜。病鸭消瘦、羽毛无光泽，死前口腔常流出混浊的黄水，有时可见混有大量的虫体。病程1～3天，病鸭常因脱水而突然发生死亡。

【病理剖检】病死鸭机体脱水、眼球下陷，肝脏轻度肿大，胆囊扩张，胆汁色较淡，肌胃内较空虚，角质膜易脱落。多数病例，肠腔内充满液体，其中混有大量的虫体和脱落的肠黏膜，肠道黏膜呈卡他性炎症，有时可见小肠黏膜出现条状灰黄色小痂块和溃疡灶，痂皮易刮落，可见浅红色溃疡面。其他内脏器官未见明显病变。

【诊断】根据临床症状、病理变化及粪便检查有无虫卵进行综合诊断。

【治疗方法】

(1)硫双二氯酚按150～200毫克/千克体重，拌料1次再喂服；丙硫咪唑按60毫克/千克体重，拌料1次口服。

(2)四氯化碳按2～3毫克/千克体重，拌料1次口服或3倍米汤水混匀后灌服。

【防治措施】

(1)对流行吸虫病区域，水禽要定期驱虫，可每半月做一次预防性驱虫，用丙硫咪唑，每10毫克/千克体重。

(2)做好流行地区水域的灭螺工作。禁止鸭群到有本病流行的水塘、河沟中放养。

(3)放养的池塘也用化学药物杀灭中间宿主(淡水螺、鱼、虾、水草等)。灭螺可用五氯酚钠，每亩用1～3千克或氨水每亩用15～25千克；生物灭螺在冬天低温时，可大量放养水禽(鸭)。

十五、羽　虱

羽虱是寄生于鸭、鹅体表的一种永久性外寄生虫，可引起鸭、鹅出现贫血、消瘦，羽绒脱落，母禽产蛋量下降等疾病表现。此外，羽虱还能传播疾病，对养禽生产的危害性颇大。

【病原】羽虱有3种，即巨毛虱、颊白羽虱和鸭羽虱，属昆虫纲。巨毛虱寄生在禽体上，颊白羽虱寄生在外耳道、颈部和羽翼下的绒毛上，而鸭羽虱寄生在鸭的翅部羽毛上。

虫体形态虱体呈椭圆形，雄虱长4～5毫米，雌虱5～6毫米，体色浅黄，全身长有密毛，腹部分节，有明显的横带。

【发病特点】据调查，羽虱以颊白羽虱的流行范围最广，很多禽场的禽都有羽虱的寄生，而常下水的禽不易感染。

一年四季均可发生，但因鸭羽虱主要在冬春季节大量繁殖，因此，本病在冬春季节发病较为严重。

传播途径主要是靠直接接触感染。尽管羽虱种类很多，但各种羽虱有严格的宿主特异性，并有一定的寄生部位。因此，鸭羽虱传染源主要是患鸭。同一鸭体常可被数种羽虱寄生。它们附于羽毛或绒毛上，以羽毛和皮屑为食，引起损害。

【临床症状】鸭羽虱吃食鸭的羽毛和皮屑，可使羽毛脱落或折断。因受刺激，患鸭表现瘙痒，用嘴啄毛，影响鸭的睡眠和休息。产蛋母鸭的产蛋量常受影响，并可降低鸭体抵抗力，引起贫血和消瘦。虱还吸血而且产生毒素，也可影响鸭生长发育和生产性能。颊白羽虱往往充塞外耳道，使其发炎，并常有干性分泌物堆积于外耳道内，干扰鸭的觅食和休息，造成生产性能下降。

【诊断】根据临床症状，检查鸭的羽毛和毛根，见到灰白色或灰黑色的虫体，即可确诊。

【治疗方法】

(1)喷粉法：用1%马拉硫磷粉喷撒在鸭身上或鸭舍。也可用氟化钠5份、滑石粉95份，混匀后喷撒在鸭的羽毛上。

(2)喷雾法：用25%的敌虫菊酯油剂，用水稀释成1∶2000、1∶4000、1∶8000等，进行喷雾或药浴，使药液洒在鸭体上，灭虱效果很好。

(3)在驱杀鸭虱时,必须同时对鸭舍、产蛋箱、地面以及一切用具进行喷雾或喷洒消毒,以杀灭这些物体上的鸭虱。

【防治措施】控制羽虱的流行,主要应抓好预防措施,搞好鸭的生活环境卫生和个体卫生。鸭的生活环境要清洁、干燥,定时消毒。鸭的个体卫生主要是让鸭多下水洗涤,清洗体表的污染物及皮屑等。如果鸭体有羽虱,就应进行药物杀虫治疗。

十六、禽　蜱

禽蜱是寄生于禽体表的常见暂时性吸血寄生虫,大量侵袭时可引起禽贫血、消瘦、生长迟缓、产蛋量下降,甚至死亡。并且它还是许多疾病的传播者,与禽的多种传染病和寄生虫感染有关。

【病原】寄生于禽类的蜱主要为软蜱科锐缘蜱属的几种蜱,如波斯锐缘蜱、翅缘锐缘蜱等。另外,硬蜱科的一些蜱也可以侵袭禽类。

寄生于鹅、鸭的软蜱,体形扁平,为长椭圆形,头部稍窄,后部宽圆,雌雄形态相似。有假头,位于虫体前部的腹部,无多孔区。体躯无盾板,表皮为革状。

【发病特点】禽蜱是寄生于禽体表的常见暂时性吸血寄生虫,平时栖息于禽舍的缝隙和洞穴中,当鸭等禽夜间休息时,移行到鸭体表叮咬吸血。夏、秋季节是蜱活动频繁的季节,鸭等禽遭到的侵害也最严重。

【临床症状】感染强度小时对鸭的影响不大,但大量蜱侵袭鸭只时,鸭可发生羽毛蓬乱,消瘦,贫血,生长速度缓慢,饲料报酬减低,产蛋下降等疾病变化,严重的可以引起死亡。

【诊断】由于蜱个体较大,肉眼可以观察到,因此本病的诊断比较容易,只要在鸭身体上发现有多量的软蜱存在就可以确诊。

【治疗方法】一旦发现鸭群遭受软蜱侵袭时，可使用溴氰菊酯，有机磷类或脒基类（如双甲脒，每千克体重 250～500 毫克，主要寄生部位涂擦）等杀虫药杀蜱。

【防治措施】

（1）禽舍是软蜱的主要栖息地，因此应定期休整鸭舍场地，堵塞舍内的裂口和缝隙，鸭舍及运动场不要堆放杂物，应定期清除垃圾、粪便和灰尘。

（2）在蜱活动的季节，应定期用 1%杀虫畏、3%马拉硫磷等药物喷洒杀蜱。

第四节　常见营养代谢病的防治

一、维生素 A 缺乏症

鸭维生素 A 缺乏症是由维生素 A 缺乏或不足所引起的一种营养代谢性疾病。各种年龄的鸭都可发生，但多发于迅速生长期和产蛋期的鸭。

【发病特点】

（1）供应不足，饲料品质不良：长期选用维生素 A 含量低的饲料（白玉米、棉籽饼、亚麻籽、米糠、干谷、劣质干草等）作为日粮的主要成分，使用维生素 A 添加量不足或搅拌不匀等。雏鸭往往由于母鸭和种蛋缺乏维生素 A，而出壳后一周内发病。

（2）饲料调制加工不当：维生素 A 不稳定，易氧化失效，饲料贮存不善及处理不当，所含维生素 A 会受到破坏。如长时间高温处理或烈日暴晒饲料，均可破坏维生素 A 的活性。另外，饲料堆放时间过久，其中脂肪酸败变质，也可加速饲料中维生素 A 的氧化分解过程。

（3）慢性消耗性疾病：特别是肝病可使维生素 A 的吸收机能发生障碍，或维生素 A 原转变成维生素 A 的过程受阻。此外，饲料中维生素 E 不足，蛋白质和脂肪不足，热性病等都会导致维生素的转化机能障碍而引起本病。

【临床症状】

（1）雏鸭 7～14 日龄即出现症状，主要是产蛋母鸭日粮中缺乏维生素 A。表现为生长发育停滞，体质渐进性消瘦，羽毛蓬乱无光泽，鼻流黏液，走路软弱无力，两腿颤抖、瘫痪。喙、胫、趾、蹼黄色素变淡或消失。急性病例表现为一眼或两眼流泪，眼睑周围羽毛干燥粘连，眼睑下有干酪样分泌物。严重者共济失调，最后眼球下陷，角膜混浊、软化、穿孔、失明，如治疗不及时，常导致死亡。

（2）青年鸭软骨细胞生长发育显著减慢，可能是由于软骨内造骨的过程受到明显抑制，骨骼的发育障碍所致，当补给足量的维生素 A 时，则关节软骨发育加速。

（3）成年鸭日粮长期缺乏维生素 A，需 2 个月以上才出现症状，症状与雏鸭相似但较轻。表现为生产能力下降，公鸭性机能减退，精液品质退化；母鸭产蛋率降低，种蛋受精率不高。种蛋孵化率也降低，死胚、弱雏增加。鸭群的呼吸道和消化道黏膜抵抗力降低，容易继发感染其他疾病，使死亡率增高。

【病理剖检】剖检病死鸭或重病鸭，主要特点是眼、口、咽、消化道、呼吸道和泌尿生殖器官等上皮的角质化，肾及输尿管上皮的退行性变化。眼在肿胀的结膜囊内，蓄积有多量干酪样渗出物，眼球萎缩凹陷。口腔、咽和食道黏膜发炎，常有散在的白色小坏死灶。呼吸道黏膜上皮角质化，腺体萎缩及变性，呈鱼鳞状。肾小管出现尿酸盐沉积，输尿管内也有尿酸盐沉积。

【诊断】主要根据饲养管理情况的调查，病史分析，结合临床症状如眼睑下的干酪样分泌物，喙、趾、蹼黄色素变淡等典型症状，剖检的消化道黏膜变化可作出初步诊断。为进一步确诊，则要测定血浆和肝脏维生素 A 含量。正常雏鸭每克肝脏含维生素 A 71 单位以上，若低于这个水平，可以确定为维生素 A 缺乏症。也可用维生素 A 试验性诊断治疗，疗效显著。

【治疗方法】对发病轻的早期病例应及时治疗。

(1)鸭群发病后，应多喂胡萝卜、青苜蓿、南瓜、小虾、黄玉米、动物肝粉等富含维生素 A 或维生素 A 原的饲料。

(2)鸭对维生素 A 的正常需要量为每千克饲料中含 4000 国际单位，治疗量是正常的 2～4 倍。大群治疗时，每千克饲料加入 8000～15000 国际单位喂给，每日 3 次，连用 2 周。用于个别治疗时，可肌注，每只鸭 2 毫升。

(3)浓缩鱼肝油：本品 1 毫升含维生素 A 5 万国际单位，用于大群治疗时混料，每千克 2～4 毫升，先用温水充分搅匀，再与饲料拌和均匀。用于个别治疗时内服，成年母鸭每日 1～1.5 毫升，分 3 次喂，雏鸭可肌注，每只 0.5 毫升。

(4)有眼炎、呼吸道炎症、消化道炎症的还要采取相应的对症治疗和抗菌治疗措施。

【防治措施】

(1)注意维生素 A 及维生素 A 原的供给：应根据鸭的种类、日龄及生产的不同，适当补充富含胡萝卜素和维生素 A 的饲料，如鱼粉、肝粉、小虾、鱼肝油、菠菜、三叶草等。成鸭每千克饲料中维生素 A 的含量，应不低于 4000 国际单位，雏鸭每千克饲料中应不低于 1500 国际单位。

(2)注意饲料的调制：用维生素 A 作添加剂时，饲料要新鲜，现配现喂，不宜堆放过久，以防维生素 A 的氧化而失去活性，同时应在饮料中加入抗氧化剂，如乙氧基喹啉(简称山道喹)、丁基化羟基苯(简称 BHT)等。

二、维生素 B_1 缺乏症

维生素 B_1 又名硫胺素，在体内作为辅酶参与碳水化合物代谢和能量供应。鸭维生素 B_1 缺乏症是指体内维生素 B_1 的供应不能满足代谢的需要时发生的一种以外周神经和中枢神经细胞退行性变化为主要病变的营养代谢性疾病。临床上可表现角弓反张、两脚无力、呈“观星”姿势等多发性神经炎性症状。可引起幼雏成群发病及大批死亡。

【发病特点】维生素 B_1 在自然界中分布广泛，放牧鸭基本不会发生缺乏。米糠、麸皮及青绿饲料、饲料酵母中都有丰富的维生素 B_1，舍饲鸭如饲料配合得当，饲养方法合理，也不易引起本症。维生素 B_1 缺乏主要与以下原因有关。

(1)饲料中维生素 B_1 不足：长期饲料单一，尤其给雏鸭长期饲喂维生素 B_1 含量少的水浸米、泡饭、细磨谷物等。

(2)饲料中维生素 B_1 被破坏：饲料贮存时间过长或虫蛀、霉败，高温焖煮饲料等情况下可引起维生素 B_1 的破坏。另外，饲料中添加的某些矿物质、碱性物质、防霉剂等也可破坏维生素 B_1。

(3)饲料中有维生素 B_1 拮抗物：鲜鱼虾、软体动物如白蚬、河蚌、螺蛳等含有可分解维生素 B_1 的硫胺素酶，长期饲喂可引发本病，故临床上维生素 B_1 缺乏症有“白蚬瘟”、“蚌瘟”的俗称。还有棉籽、油菜籽等饼渣中含有的硫胺素拮抗因子，某些药物如抗球虫药氨丙啉等都可拮抗维生素 B_1 的体内作用。

(4)慢性胃肠道疾患或肠道寄生虫感染也会影响维生素 B_1 的吸收。

【临床症状】主要发生在雏鸭，通常在维生素 B_1 缺乏后的 2 周内发病，因神经细胞发生退行性变化，呈渐进性的多发性神经炎症状。病初表现为食欲下降，精神差，体温降低，生长不良，步态不稳，羽毛松乱失泽等一般症状。有的还有消化不良、腹泻、贫血表现。进一步发展，则才表现有以伸肌麻痹为主的多发性神经炎特征症状。麻痹常从趾开始，向上发展到腿、翅、颈。病鸭两腿屈曲，不能行走和站立，一旦翅、颈伸肌麻痹，则可呈现典型的"观星"姿势(病鸭头向背后极度弯曲、屁股着地，也有的呈偏头扭颈)。如中枢受到影响，呈出现打转、奔跑、跳跃等阵发性神经症状，一日发作数次，最后抽搐，麻痹死亡。

成年鸭缺乏维生素 B_1 症状不明显。种鸭缺乏则主要表现为对种蛋胚胎发育的影响，胚发育中期可死亡，发育到末期也可因啄壳困难死亡，出壳的雏则可表现出明显的临床症状，死亡率较高。

【病理剖检】主要表现为皮肤的广泛性水肿，胃肠壁萎缩，肾上腺肿大，生殖器官(睾丸或卵巢)萎缩等变化。

【诊断】根据特征性的神经症状，结合饲料含维生素 B_1 情况调查，可做出初步诊断。确诊需测定血液中转酮酶的活性。

【治疗方法】

(1)发病后，应立即变更日粮配合，纠正不良的加工及饲喂方式，恢复维生素 B_1 的日供给量(开始几天加倍)。可以每千克饲料添加 10～20 毫克或每千克体重肌注 1.5 毫克的硫胺素，连用数日治疗。

(2)胚胎时期缺乏维生素 B_1，可在气室端开孔注入维生素 B_1 或滴在内壳膜上，后用熔蜡封口，效果较好。

(3)病雏可用复合维生素 B_1 液内服或肌注，按每只 0.5～1 毫升，连用 3 天；或内服维生素 B_1 片，每雏每天 1 片，连服 3 天；严重病例可肌注维生素 B_1 注射液，每天每只 0.2～0.4 毫升，用 1～2 次。

【防治措施】注意在饲料中添加糠麸；不用劣质鱼粉和霉变饲料喂鸭，不用生豆饼喂鸭；注意治疗肠道病和寄生虫病；当大量使用高能饲料如玉米喂鸭时，注意配合维生素 B_1 含量高的饲料，如糠麸等；对产蛋母鸭应增喂青绿饲料、酵母粉及糠麸等富含维生素 B_1 的饲料。为防幼雏缺乏维生素 B_1，可于雏鸭出壳后逐只喂给复合维生素 B，每雏 1～2 毫升，或以 1%～3%浓度混饮，有良效。

三、维生素 B_2 缺乏症

维生素 B_2 又称核黄素，它是体内十多种酶系统的辅助因子，参与碳水化合物、脂肪和蛋白质的代谢。缺乏时可严重影响动物细胞生物氧化过程，导致糖、蛋白质、脂肪代谢障碍和机体供能障碍。鸭维生素 B_2 缺乏症是指体内维生素 B_2 不足而引起的一种营养代谢性疾病，发病鸭以生长发育阻滞，羽毛卷曲、蹼爪蜷缩、飞节着地、瘫痪等为特征症状。主要发生于雏鸭。

【发病特点】维生素 B_2 在自然界中广泛存在，青绿饲料、酵母、鱼肉、动物肝脏等饲料中都含有丰富的维生素 B_2，与维生素 B_1 相似，自然放牧条件下的鸭一般不易发生缺乏症。其缺乏症的发生主要与以下原因有关。

(1)饲料单一，长期单纯饲喂谷粒、碎大米、米饭等维生素 B_2 较低的饲料，或是配合饲料配合不当，如禾谷类、豆类及其副产品、块根类饲料比例过高(这些饲料维生素 B_2 含量少)，青绿饲料缺乏，则可引起维生素 B_2 缺乏症。

(2)维生素 B_2 对紫外线或碱性条件不稳定，饲料暴晒或添加碱性成分可造成其破坏而引起缺乏。

(3)消化系统的疾病可影响肠对维生素 B_2 的吸收，某些生理或病理原因引起的消耗过多也有可能引起维生素 B_2 缺乏症。

【临床症状】鸭维生素 B_2 的缺乏见于幼鸭，以 15～30 日龄的鸭多见，且症状明显。病初表现为生长发育缓慢，消瘦，羽毛卷曲、蓬乱无光泽或腹泻、食欲下降。进一步发展，可出现特征性症状，患鸭蹼爪向内相向蜷缩，表面干燥，两脚不能站立，病雏以飞节着地，两翅展开，驱赶时，以两翅扑打地面，飞节着地跳跃前进。最后常因衰弱而死亡。

【病理剖检】剖检可见消化道较空虚，胃肠道黏膜萎缩，肠壁变薄，坐骨神经和臂神经常明显增粗和变软。成年鸭维生素 B_2 缺乏症状不明显，一般可表现为产蛋减少，受精率下降。所产蛋蛋清稀薄如水，蛋黄颜色浅淡，可在蛋内迅速转动。蛋孵化时，后期死胚率增加，死胚羽毛萎缩，脑膜水肿，爪弯曲；初生雏弱雏较多，脚麻痹，绒毛卷起成团。

【诊断】根据临床症状及病理变化，结合饲料含维生素 B_2 情况调查，可做出初步诊断。确诊需测定血液中转酮酶的活性。

【治疗方法】

(1)对于患病鸭，可内服维生素 B_2 制剂，雏鸭每只 0.1 毫克，成禽每只 10 毫克；也可拌饲，雏鸭每千克饲料 4 毫克，成鸭或种鸭每千克饲料 10～20 毫克，连用 1～2 周。

(2)对病情严重的，也可使用复合维生素制剂或核黄素针剂肌内注射。

【防治措施】应加强饲养管理，确保饲料营养的全面，在日粮中增加富含维生素 B_2 的酵母、青绿饲料、蚕蛹粉、鱼粉等饲料，避免饲料曝晒或混以碱性物质，必要时可在饲料中补充一定量的维生素 B_2 制剂或复合维生素制剂。

四、维生素 B_{12} 缺乏症

维生素 B_{12} 也叫钴胺素或氰钴胺，其生物学功能较多，如可作为辅酶参与机体蛋白质和核酸的合成、红细胞的发育与成熟等过程。鸭维生素 B_{12} 缺乏症是由于机体缺乏维生素 B_{12} 而引起的一种代谢障碍性疾病。本病以胚胎发育阻滞、雏生长发育不良、贫血、肌胃糜烂等为特征。

【发病特点】自然界中的维生素 B_{12} 来源于微生物，在动物性饲料常含较丰富的维生素 B_{12}，而植物性饲料常缺乏。正常情况下，鸭的肠道微生物可合成一定量的维生素 B_{12}，它们合成后，大部分随粪便排出体外。由于鸭对维生素 B_{12} 的需求量极低，每日仅为几微克，通过接触粪便即可获取需要量的维生素 B_{12}，不致出现临床缺乏症。但以下情况下，鸭可发生维生素 B_{12} 的缺乏症。

(1)长期饲喂缺乏动物性饲料的日粮，又不在饲料中添加维生素 B_{12} 时，容易发生本病。

(2)钴是合成维生素 B_{12} 的原料，当饲料中缺乏足够的微量元素钴时，可引起维生素 B_{12} 的缺乏。

(3)长期使用抗微生物药物，抑制肠道微生物的生长，以致不能合成维生素 B_{12}。

(4)消化功能紊乱，影响到维生素 B_{12} 的肠道合成与吸收。

(5)笼养或网养条件下，鸭不接触粪便与垫料(也有合成维生素 B_{12} 的细菌)，影响维生素 B_{12} 的摄取。

(6)幼鸭生长迅速，需求量大，加上自身合成能力较差，又得不到补充。

【临床症状】雏鸭缺乏维生素 B_{12}，可表现为食欲不振，发育迟缓，消瘦，羽毛生长不良，有食粪癖，贫血，死亡率增高。

成年鸭则产蛋量下降，蛋小而轻、蛋壳无光泽。种蛋孵化率下降，后期胚胎死亡率较高，畸形胚较多。

【病理剖检】剖检，肌肉颜色变淡，血液稀薄，肌胃糜烂，心、肝、肾肥大，肝脂肪变性或坏死。

【诊断】根据临床症状、血液变化、饲料分析，一般可做出诊断，用维生素 B_{12} 治疗实验有助于确诊。

【治疗方法】治疗可使用维生素 B_{12} 针剂肌注，每只 2～4 微克，注射一次可维持 2～4 周。同时饲喂氯化钴，每吨饲料中加 8 克以促肠内合成维生素 B_{12}。

【防治措施】应注意合理配合日粮，适当补给肉骨粉、鱼粉、肝粉、酵母等富含维生素 B_{12} 的饲料，注意饲料中钴的补充。如使用无鱼粉日粮，应在每吨饲料中添加 5～8 毫克的维生素 B_{12}。一般来说，保证每吨饲料中有 3～9 毫克的维生素 B_{12} 或饲料中含 2.5 克的钴，即不致引起维生素 B_{12} 的缺乏症。

五、维生素 D 缺乏症

鸭维生素 D 缺乏症是因日粮中维生素 D 缺乏或光照不足等引起的一种钙、磷代谢障碍性疾病。临床上以生长发育迟缓，骨骼变软、变形，运动障碍，产蛋量下降，产软壳蛋和薄壳蛋为特征。各日龄的鸭均可发生。

【发病特点】维生素 D 具有促进钙、磷的吸收，保持动物体中钙、磷比例的平衡，并能使钙、磷在骨骼上沉积的作用。在自然界中，维生素 D 有多种存在形式，而主要可为禽利用的是维生素 D_2 和维生素 D_3。家禽对 D_3 的利用能力较强，其效能比 D_2 高 40 倍。维生素 D_3 仅存在于动物性饲料中，尤以肝脏含量最为丰富。植物性饲料中含麦角固醇需经紫外线照射转变为维生素 D_2 才能被禽利用；禽维生素 D 的另一个来源是皮肤和羽毛中的 7-脱氢胆固醇经紫外线照射转变来的维生素 D_3。以放牧为主的鸭，能接受阳光的照射，一般不见有本病发生。鸭发生本病主要见于舍饲情况下，尤其是育雏期及产蛋高峰期多见。其发生原因主要有以下几种：

(1)在舍饲条件下，鸭得不到阳光照射，而饲料中又没有足够的维生素 D 补充，这是维生素 D 缺乏最主要的原因。

(2)饲料贮存时间太长维生素 D 被破坏，或饲料中脂肪含量不足，影响维生素 D 的吸收。

(3)存在消化道、肝脏的疾病时，影响维生素 D 的吸收、转化和利用。

【临床症状】不同年龄阶段的鸭发生维生素 D 缺乏后表现的症状有差别。

雏鸭主要表现为佝偻病症状。最早的出壳后 10 天左右就出现症状，在 1 月龄左右最严重，死亡也最多。病雏最早的症状是生长停滞，两腿无力，跛行，步态不稳，严重者不能站立，常以跗关节触地。鸭喙变软或弯曲变形，导致啄食不便。由于钙化不良和软骨过度生长，造成关节肿大，尤以跗关节和肋骨关节更为显著。严重病例触摸龙骨，可见龙骨呈“S”状弯曲。

成年鸭主要表现为骨质疏松症状和软骨症状。患鸭有腹泻，食欲降低，异食，行走无力，龙骨、喙、爪等变软、变形。

产蛋鸭主要表现为生产性能改变。产蛋母鸭通常要在缺乏维生素 D 2～3 个月后才出现症状。最初发现产薄壳蛋或软皮蛋的数量增加，随之产蛋量下降，孵化率降低，最后产蛋完全停止。喙及胸骨变软，两腿软弱无力，常呈“企鸭状”蹲伏姿势。

【病理剖检】病雏最具特征性的变化是肋骨与脊椎接合部、肋骨与肋软骨接合部以及肋骨的内侧表面有局限性肿大，形成白色突起的珠球状结节。有些病例，在肋骨的同一水平位置上都有成串的珠球状结节，故俗称“肋骨串珠”。长骨的骨质钙化不良，变脆，严重病例胫骨变软，易弯曲，但不易折断。龙骨弯曲，质软。

成年鸭的喙、胸骨变软，肋骨与胸骨、椎骨接合处内陷，所有肋骨沿胸廓呈向内弧形的特征。

【诊断】根据临床症状、发病情况、剖检病变和实验室检查即可确诊。

【治疗方法】

(1)对发病鸭的治疗，每雏可喂给 2～3 滴鱼肝油，每天 1～2 次，2 天为一疗程。

(2)应用维生素 D_3 内服，每雏每天服维生素 D_3 15000 国际单位，通常喂给 1 次即可痊愈，其效果要比混饲法好。

(3)对重症病例，也可以肌内注射维生素 D_3。但维生素 D 的摄入量也不能太多，以免引起肾小管、主动脉和其他动脉血管等发生病理性钙化。

【防治措施】加强饲养管理，合理地搭配日粮，注意饲料中钙、磷的比例。尽可能增加光照。舍饲或长期阴雨，应在饲料中补充富含维生素 D 的饲料或添加维生素 D 制剂。

六、硒-维生素 E 缺乏症

维生素 E 及硒缺乏症又名白肌病，是鸭的一种因缺乏维生素 E 和硒而引起的营养代谢病。主要病理特征为脑软化症，渗出性素质，肌营养不良，出血和坏死。不同品种和日龄的鸭均可发生，但临床上主要见于 1～6 周龄的幼鸭。患病鸭发育不良，生长停滞，日龄小的雏鸭发病后常引起死亡。

【发病特点】鸭发生硒-维生素 E 缺乏症主要与以下因素有关：

(1)维生素 E 为脂溶性维生素，饲料加工调制不当，或因饲料长期储存，饲料发霉或酸败，或因饲料中不饱和脂肪酸过多等，均可使维生素 E 遭受破坏，活性降低，若用上述饲料喂鸭，极易发生维生素 E 缺乏，同时也会诱发硒缺乏。相反如果饲料中硒严重不足，也同样能影响维生素 E 的吸收。

(2)饲料搭配不当，营养成分不全。饲料中的蛋白质及某些必需氨基酸缺乏或矿物质(钴、锰、碘等元素)缺乏，以及维生素 A、维生素 B 和维生素 C 等的缺乏和各种应激因素，均可诱发和加重维生素 E-硒缺乏症。

(3)环境污染。环境中镉、汞、铜、钼等金属与硒之间有拮抗作用，可干扰硒的吸收和利用。

【临床症状】根据临床表现和病理特征可分为三种病型。

(1)脑软化症主要见于1～2周龄以内的雏鸭。病鸭减食或不食，运动失调，头向后方或下方弯曲，有的两肢瘫痪，麻痹，3～4日龄雏鸭患病，常在1～2天内死亡。

(2)渗出性体质临床上见于3～6周龄的幼鸭，主要表现为精神不振，食欲下降，大便拉稀，消瘦，喙尖和脚蹼常局部发紫，有时可见肥育仔鸭腹部皮下水肿，外观呈淡绿色或淡紫色。

(3)肌营养不良主要见于青年鸭或成年鸭。青年鸭常生长发育不良，消瘦，减食，大便拉稀；成年母鸭的产蛋率下降，孵化率降低，胚胎发生早期死亡；种公鸭生殖器官发生退行性变化，睾丸萎缩，精子数减少或无精。

【病理剖检】

(1)脑软化症：病变在小脑，小脑出血，水肿，脑回不明显，脑内黄绿色坏死性病变，部分神经变性，脱出髓鞘。

(2)微血管通透性增高：这是本病的病理特征，在头颈部、胸前部和腹部皮下有渗出和黄色胶胨样变化，肌纤维间质水肿，心包扩张积液，腿部肌肉常有出血斑。

(3)肌营养不良：病鸭腿肌、胸肌和心肌出血、变性、坏死，肌肉萎缩，色泽苍白，尤其是缺乏维生素E时，症状更加明显。

【诊断】根据本病的病因调查，特别是当地有无缺硒史，结合临床症状和病变，饲料分析及使用维生素E和硒制剂防治有较好效果等可作初步诊断。必要时将病鸭小脑和肌肉送有关实验室进行病理组织学确诊。

【治疗方法】本病关键是补硒。硒制剂与维生素E同时应用，效果良好。

(1)亚硒酸钠每100千克饲料中加入0.022克，拌匀喂给，或100毫升饮水中加入1毫克混匀溶解后，任病鸭饮用。

(2)0.1%亚硒酸钠生理盐水溶液肌注或皮注0.5～1.0毫升，

连用3天,通常2～4天即愈。

(3)维生素E:口服,每只雏鸭2～3毫克(或300国际单位),或肌注,每只鸭2.5毫克,1次即可见效。大群治疗时,可在每100千克饲料中加入20～25毫克。

(4)硒和维生素E合用:每千克饲料中加入2.5毫克硒和250单位维生素E,或加入0.5毫克硒和50单位维生素E,有良效。

【防治措施】

(1)注意饲料配合:多喂新鲜青绿饲料和谷类,经常放牧,并在饲料中补充含硒的微量元素添加剂,尤其要注意来自北方或低硒地区的谷物,更应按需添加。每千克饲料应含硒0.14～0.15毫克。

(2)维生素E保管贮存要得当:维生素E不稳定,易被氧化,饲料应存放于通风、干燥、凉爽的地方,保存时间不宜超过4周,如需长时贮存,应加入抗氧化剂。

(3)当地土壤中缺硒:每亩饲料作物可叶面喷洒亚硒酸钠6～7克。

七、维生素K缺乏症

维生素K具有促进肝脏合成凝血酶原的作用,是保证机体凝血和抗凝血平衡的必需物质。各种日龄的鸭均可发生,但幼鸭多见。

【发病特点】正常情况下,成年鸭的肠道内的某些细菌可以合成一部分维生素K,再加上从饲料中获得的,一般不至于发生缺乏。维生素K的缺乏主要见于以下原因:

(1)饲料单一,长期缺乏青绿饲料且不添加维生素K时,极易发生缺乏,尤其是幼鸭。

(2)患慢性消化道疾病、消化道有寄生虫寄生、肝脏疾病等,可造成脂溶性维生素 K 的吸收和利用障碍。

(3)日粮中长期添加磺胺及抗生素等药物,可抑制肠道有益菌群的生长繁殖,从而减少维生素 K 的合成。

(4)饲料中含有维生素 K 的拮抗因子(如发霉的青绿饲料含有双香豆素、黄曲霉毒素 B_1 等)亦可引起维生素 K 缺乏症。

【临床症状】患鸭多在缺乏维生素后的 2～3 周出现症状。表现为出血性素质和出血后血凝不良,胸部、腿部、翅膀、腹腔、活动大的关节或其他组织出血,皮下出血为最多。严重时出血不止,致使病禽呈现严重的贫血和全身代谢障碍,喙、皮肤干燥苍白,呼吸困难,精神沉郁,发抖,常蜷缩在一起,很快死亡。有的粪便中也有多量血液。种禽日粮中维生素 K 不足,其种蛋孵化时胚胎死亡率增加,死亡胚胎表现出血。

【病理剖检】剖检可以发现患鸭胸部、腿部和翅膀部位皮下及肌肉出血,呈现血肿或斑块状,肺出血,有的胸、腹腔内有积血,血液不易凝固。有的肝脏有灰白色小坏死灶,肝、肾苍白也可见有出血。

【诊断】根据病症及特征的病理变化,再结合病因调查,即可做出诊断。

【治疗方法】对发病鸭群,应减少活动和刺激,症状较轻的可在每千克饲料中添加 2～5 毫克的维生素 K;病情严重者,可肌注维生素 K(每只 1～2 毫克,连用 3 天以上)。并多喂新鲜青绿饲料。

【防治措施】应加强饲养管理,改善饲料搭配,多喂维生素 K 丰富的青绿饲料和血粉等动物性饲料;必要时可在每千克日粮中添加 0.5～1 毫克的维生素 K,特别是在长期使用抗微生物药物时更应要注意添加。配好的饲料应避光保存,并且不要存放太久,以免维生素被破坏。

八、钙、磷代谢紊乱症

钙、磷参与禽骨骼和蛋壳的构成，并具有维持体液酸碱平衡及神经肌肉兴奋性、构成生物膜结构、促进血液凝固等多种功能。饲料中钙、磷总量不足，钙、磷的比例不当，维生素D等都有可能造成鸭发生钙、磷代谢紊乱性疾病。临床上以雏鸭佝偻病、成年鸭软骨病、种鸭产软壳蛋、薄壳蛋等为特征，可造成很大的经济损失。

【发病特点】鸭发生钙、磷代谢紊乱症主要与以下因素有关：

(1)所有引起机体维生素D缺乏的原因也都是鸭发生钙、磷代谢紊乱的原因(参见维生素D缺乏症)。

(2)饲料中钙、磷总量不足或钙磷比例失当。鸭对钙、磷需求量大，一旦饲料中钙、磷总量不足则必然引起代谢的紊乱。另外，合理的钙磷比例有利于双方作用的发挥，钙磷任一方的不足或过多都会影响到另一方的吸收及功能发挥，引起代谢紊乱，合理的钙磷比例一般为2∶1，产蛋期(5～6)∶1。

(3)饲料矿物质比例不合理，或有其他影响钙磷吸收的成分存在。许多二价金属元素间存在拮抗作用，例如饲料中锰、铜、锌、铁等过高，可抑制钙的吸收；另外，饲料中的草酸盐、植酸盐、高氟等可以作为拮抗因子影响钙的吸收和骨的代谢。

(4)维生素A、维生素C缺乏及某些疾病都会影响钙、磷的代谢。

【临床症状】不同日龄的鸭发生钙、磷代谢紊乱所表现的症状有不同。

雏鸭发生钙、磷代谢紊乱主要表现为佝偻病，常发生于2月龄以下的雏鸭，病雏生长缓慢，羽毛生长不良，喙和爪柔软易弯曲并影响到采食，但食欲常正常；脚虚弱无力，常蹲伏，以飞节着地、需拍动双翅移动身体；有的有异食行为，有的可出现强直性痉挛症状。死亡率较高。

成年鸭发生本病以软骨病为特征，病鸭腿软无力，趾骨、喙变软，行走时一条腿向前进而另一条负重的腿呈明显的弓弧状；常蹲伏于地，用尾辅助两腿，呈三角负重，易骨折。

产蛋母鸭易在产蛋高峰期发病，初期产薄壳蛋，产软壳蛋，破损率高，产蛋量急剧下降，蛋的孵化率也显著降低，早期胚胎死亡增多。

【病理剖检】雏鸭可见龙骨变软或弯曲，长骨变形、质变软；飞节肿大，肋骨与肋软骨的结合部可出现明显球形肿大，排列成“串珠”状。甲状腺肿大，肾脏有慢性病变。

成年鸭骨变形，骨表面粗糙不平，骨质疏松，容易折断（尤其是椎骨、胫骨和股骨）。

胚胎四肢弯曲，腿短，多数死胚皮下水肿、肾肿大。

【诊断】血清碱性磷酸酶活性及游离羟脯氨酸含量（疾病时升高），血液中钙、磷的浓度和血液中维生素 D 含量（疾病时可能下降）等综合指标都可以用来判断，并可以用于本病的早期诊断或监测预防。

【治疗方法】对发病鸭群，应根据具体发病原因采取相应的措施。因钙磷含量不足或比例不当引起的，应通过补充骨粉、石粉、硫酸氢钙等迅速恢复钙磷总量，调整钙磷比。钙不足的也可使用维丁胶性钙注射液，雏鸭每只 0.5 毫升，成鸭每只 1～2 毫升，连用 2～3 天，并配合维生素 D 治疗（喂鱼肝油或注射维生素 D_3）。

【防治措施】应按饲养标准合理搭配日粮，供给鸭营养平衡日粮，有条件的应多让鸭接受日光照射，日粮中钙、磷和维生素 D 的含量要充足，而且钙、磷比例适当。

九、鸭骨短粗病

鸭骨短粗病又名滑腱症、缺锰症、脱腱症、屈腱症、滑动腱、膝关节病等。是由腓肠肌腱向关节一侧脱出而引起的一种幼鸭变形软腿病。其临诊特征是腿弯曲，多呈"O"形，胫跖关节和跗关节粗大变宽，病鸭不愿行走，生长发育受阻，甚至死亡，对养鸭业危害很大，造成较大的经济损失。

【发病特点】本病的发生原因较复杂，目前已经证明的主要是营养因素和环境管理因素。

(1)营养因素

①最主要原因是缺锰，如某些地区的土壤缺锰，因而种植的饲料也会缺锰。

②其他矿物质(如钙、磷)含量过多，造成肠道中锰的正常吸收过程障碍，引起本病。

③饲料中缺乏锌、胆碱、硒、烟酸、叶酸、生物素或吡哆醇等，均可导致本病的发生。

④日粮中高蛋白日粮可使本病发病率提高，症状加重。某种氨基酸如赖氨酸的含量过高或甘氨酸的含量过低，都会使本病加剧。

(2)环境管理因素：曾有报道，北京鸭在金属网上饲养，本病的发病率几乎高达100%，而在地面饲养却很少发病。雏鸭在铁丝网上饲养或环境温度过高发病率也较高。

【临床症状】雏鸭缺锰可表现两腿轻度弯曲，逐渐变为"O"形或"X"形弯曲，走路不稳。胫跖关节和跗跖关节增粗，胫跖骨远端和跗跖骨近端出现明显弯曲，腓肠肌腱向关节一侧滑动，重症病例可完全滑出，故名滑腱症。严重病例甚至死亡。

成年鸭缺锰时产蛋量减少，蛋壳变薄，孵化后期死胚较多，孵化率降低。

【病理剖检】病鸭跗跖骨弯曲、短粗，近端粗大变宽，故名“鸭骨短粗病”。关节皮下结缔组织灰白增厚，腓肠肌腱移位，该处皮肤增厚、粗糙。

【诊断】根据本病原因，跗关节的特征症状，一般即可做出诊断，但必须与佝偻病加以鉴别。佝偻病骨骼钙化不全，骨质软弱，而本病骨骼钙化正常，骨质坚硬，长骨较粗短。

【治疗方法】当鸭群中脱腱症病例超过0.5%时，应赶快检查饲料中锰的含量，若含量不足，应及时添加必需的营养物质，特别要按治疗量加入硫酸锰。对少数严重病例，应予淘汰。治疗时，可选用下列药剂。

(1)0.005%～0.01%高锰酸钾溶液：用作饮水可增加锰在体内的含量，连喂2～3天，间隔1～2天，再喂2～3天，但每天要更换新鲜溶液。

(2)硫酸锰：每千克饲料添加0.1～0.2克。

(3)氯化胆碱：配合硫酸锰使用，可在每千克饲料中添加1克，连续饲喂。

(4)复合维生素B溶液：也可配合硫酸锰使用，每只雏鸭0.5～1毫升/天，可与饮料充分混合，现配现用，连用3天。

【防治措施】

(1)调整饲料营养水平，特别是锰、胆碱和维生素B的饲料。雏鸭阶段每千克饲料内，应含有锰50毫克，胆碱2000毫克，维生素B_1 2.6毫克，硒0.1毫克，生物素40～100毫克，吡哆醇10～20毫克，叶酸0.5～1.0毫克，烟酸40～55毫克，钙与磷分别是1.0%和0.6%。

(2)加强鸭群管理，从网上饲养改为地面散养，饲养密度要适宜，舍内通风要良好，并注意清洁卫生和防潮，争取实现“全进全出”的管理制度，以降低发病率和感染率。

十、脂肪肝综合征

脂肪肝综合征又称脂肝病，是由于鸭体内脂肪代谢障碍，大量的脂肪沉积于肝脏，引起肝脏脂肪变性的一种内科疾病。本病多发生于寒冷的冬季和早春，主要见于产蛋鸭群。由于冬季和早春季节天气寒冷，青绿饲料缺乏，鸭群多饲喂稻谷等单一饲料，在产蛋季节，饲喂量充足，原放养鸭群采食量大，而且活动量比以前减少，容易使脂肪在体内沉积，肝脏发生脂肪变性，当人为强行追逐、捕捉鸭或在产蛋时受惊吓，易造成肝脏破裂而急性死亡。临床所见病例都是营养良好的产蛋母鸭。

【发病特点】

(1)饲料单一，长期饲喂碳水化合物过高的日粮，同时饲料中缺乏蛋氨酸、胆碱、生物素、维生素 E、肌醇等中性脂肪合成磷酯所必需的因子，造成大量的脂肪沉积于肝脏而产生脂肪变性。

(2)缺乏运动或运动少，容易使脂肪在体内沉积，往往也是诱发本病的重要因素。

(3)某些传染病和黄曲霉毒素等也可能引起肝脏脂肪变性。

【临床症状】发病鸭群营养良好，产蛋率不高，病鸭无特征性临床症状，常因肝脏破裂而急性死亡。

【病理剖检】剖检可见皮肤、肌肉苍白、贫血，肝脏肿大，色泽变黄，质地较脆，有时表面有散在的出血斑点，常见肝包膜下(一侧肝叶多见)或体腔中有大量的血凝块，腹腔和肠系膜有大量的脂肪组织沉着。若并发副伤寒病例，可见肝脏表面有散在的坏死灶。

【诊断】需从外观上、剖检、组织学检查和生化指标等几个方面进行综合诊断。

【治疗方法】发病鸭群的饲料中可添加氯化胆碱、维生素 E 和肌醇。按每千克饲料加 1～1.5 克氯化胆碱，10 个国际单位维生素 E 和 1 克肌醇，连续饲喂数天，具有良好的治疗效果。

【防治措施】

(1)鸭是草食性家禽，在冬季和早春，由于青饲料很少，给种鸭饲喂配合饲料的同时，应定时地补饲一些青绿饲料，如青菜等。

(2)配合饲料组成要多样化，在饲料中添加一些能抑制脂肪肝形成的饲料及药物如酵母、麸皮及胆碱等。

(3)饲料要保持新鲜，营养要平衡、全面，产蛋初期蛋白和能量可适当降低，在产蛋高峰期蛋白质、能量可适当提高些，以保证鸭正常体重和产蛋需要。

十一、佝偻病

鸭佝偻病是由于饲料中的日粮钙、磷和维生素 D 缺乏或钙、磷比例失调而逐渐形成的一种代谢性疾病。

本病的骨组织钙化不全(幼鸭)或脱钙(成鸭)，使骨组织结构变松、软、脆和肿大、变形为特征，并以骨骼增大、软骨肥厚、跛行、消化紊乱和异食癖为临诊主要表现。生长很快的幼鸭和产蛋期的母鸭消化紊乱和异食癖为临诊主要表现。生长很快的幼鸭和产蛋期的母鸭易发生本病。

【发病特点】

(1)饲料中维生素 D 和钙、磷供应不足或比例失调：钙磷是构成骨骼的两种重要元素，鸭对日粮中钙磷的吸收与维生素 D 有密切的关系。如高粱、豆饼、玉米等精料含的钙多磷少，钙磷比例失调，势必影响钙磷的代谢和骨盐的沉积，大量饲喂易发生本病。母鸭在日粮中缺乏维生素 D、钙含量不足情况下，产蛋孵出的雏鸭，由于蛋中维生素 D 和钙、磷含量少，易引起本病。

(2)日光紫外线照射不足：鸭只皮肤中含有一种维生素 D_3 原的物质，在太阳光(紫外线)照射的作用下，则转变为维生素 D_3。

植物中的饲料亦含有一种维生素 D_2 原的物质，在太阳(紫外线)光照射的作用下，可转变为维生素 D_2。由于较长时间的梅雨季节，长期舍饲，无运动场而缺乏运动，致使维生素D不足。

(3)吸收困难：维生素D是一种脂溶性维生素，它在肠道被吸收受脂类吸收密度的影响。因此，当肝脏损害、胆道阻塞和腹泻等疾病可影响钙、磷的吸收，而导致缺乏。

【临床症状】

(1)雏鸭和中鸭：病初表现生长迟缓，走路不稳，步态僵硬，常常蹲卧。长骨头端增粗，骨质疏松，尤以跗关节最严重。鸭喙变软，易扭曲变形，啄食困难。

(2)填鸭：一般发生在中鸭转入填鸭阶段，病初无明显临床症状，逐渐出现两腿软弱无力，走动困难，经常伏卧，最后瘫痪不能站立。

(3)成年母鸭：表现产蛋量减少，蛋壳变薄易碎，常有软壳蛋和无壳蛋，严重时造成瘫痪。在配种期很容易被公鸭踩伤致死。

【病理剖检】雏鸭和中鸭，主要是喙的色泽变浅，质地变软，有的类似橡皮。长骨钙化不良，严重脱钙。长骨头和跗跖关节增粗，有的长骨弯曲，成为"O"形腿。肋骨与肋软骨结合部位呈结节状肿大，但较少见。

成年母鸭的骨质疏松，胸骨变软，肋骨端可能有结节状肿大。

【诊断】根据病鸭的临床症状和病变，尤其是骨骼变化可初步确诊。通过对鸭饲料中钙、磷含量和钙、磷比例，以及维生素 D_3 含量的计算，更有利于对本病的诊断。必要时可将病鸭血液送有关部门测定血浆中碱性磷酸酶予以确诊。

【治疗方法】

(1)维生素 D_3：雏鸭每次每只喂给1.5万国际单位，能很快见效，但量不能过大，防止损害肾脏。

(2)浓鱼肝油滴剂：雏鸭每次每只口服2～3滴，每天1～2次，连用 2 天；或肌注鱼肝油 2 毫升。

(3)维丁胶性钙注射液：含维生素 $D_3$5000 国际单位，每只鸭每天肌注 1 次，每次 1 毫升，连用 2 天。

(4)维生素 A、维生素 D 注射液：每次肌注 0.25～0.5 毫升。

【防治措施】

(1)在鸭的日粮中，要有足量的钙、磷和维生素 D_3，要重视钙、磷的平衡。

(2)舍饲期间，注意舍内保温、光照和通风良好，防止地面潮湿，饲养密度不宜过大。

(3)在阴雨季节和产蛋高峰阶段，要注意补加钙、磷和维生素 D_3 制剂。

(4)病初要及时调整钙、磷含量，要补加大量的维生素 D_3 制剂，也可每天补加鱼肝油 1～2 次，连续补加 5～7 天。

十二、腹水综合征

鸭腹水症是多种因素引起鸭的一种综合征，肉鸭、种鸭均有发生，本病的主要特征是腹腔积液、腹围下垂。

【发病特点】诱发本病的因素很多，包括遗传、饲养环境及营养等，主要的病因是缺氧使肺动脉压升高，导致右心室衰竭和腹腔积液。

(1)遗传因素：肉用型鸭(特别是公鸭)生长快速，存在亚临床症状的肺心病，这可能是发生本病的生理学基础。

(2)饲养环境：饲养环境恶劣，通风换气不良，造成长时间的供氧不足。

(3)营养：采用高能量、高蛋白饲料喂鸭，促使其生长，机体需氧量增加，也会发生相对供氧不足。饲料中含有的有毒物质如黄曲霉毒素或高水平的某些药物(如呋喃唑酮等)、某些侵害肝脏或血管的疾病(种鸭大肠杆菌感染)也可引起腹水症。

【临床症状】病鸭精神不振,腹部膨大,触之有波动感,严重者可见喙端和脚的发绀现象。

【病理剖检】解剖腹腔内有大量黄色液体,腹水中混有纤维素凝块,肝脏肿大,各别萎缩,质地变脆。心包膜增厚、心包积液、心脏肿大,右心扩张、柔软、心壁变薄,肺淤血或水肿。

【诊断】根据本病的典型临床症状及特征性的剖检病变即可诊断。

【治疗方法】氟苯尼考每袋加 100 千克水、肠安之星每袋加 100 千克水混合饮水,一天两次集中用,连用 3 天。

【防治措施】

(1)改善鸭群管理及环境条件,防止拥挤,改善通风换气条件,保证鸭舍内有较充足的氧气流通,防止过冷。

(2)早期限饲,控制生长速度或适当降低饲料的能量。禁止饲喂发霉的饲料。

(3)日粮中补充维生素 C。据报道,每千克饲料添加 0.5 克的维生素 C,对预防腹水症能取得良好效果。

十三、蛋白质缺乏症

当饲料中蛋白质不足或品质低劣时,容易发生蛋白质缺乏症。

【发病特点】引起鸭蛋白质缺乏,总的来说是由于鸭摄入蛋白质不足或消耗过多,以及一种或几种氨基酸不足而造成的。

(1)饲料中的蛋白质含量不足:特别是动物性蛋白质太少,鸭群舍饲或定点放牧时间过长,或长期不变地使用某一配方,都会造成动物性蛋白质补充供应不足,不能满足鸭体生长发育的需要。

(2)蛋白质饲料的品质低劣:虽然蛋白质含量水平达到标准,但也不能满足机体的需要。若饲料霉败变质或含有毒素,还会发生其他疾病。

(3)蛋白质消耗过多:鸭群患有慢性消化不良或其他胃肠疾病时,不仅消化吸收率降低,反而引起蛋白质消耗增加,势必发生蛋白质缺乏及其他营养性缺乏病。

(4)氨基酸的搭配不平衡:由于饲料蛋白质的缺乏,必然会造成氨基酸的不足和不平衡。某一种氨基酸的缺乏都会影响到其他氨基酸的利用而造成多种氨基酸的缺乏。反过来说,缺乏任何一种氨基酸,都会发生蛋白质缺乏症。

【临床症状】

(1)幼鸭:生长发育缓慢,体质消瘦、水肿、贫血、畏寒而互相拥挤成堆,体温降至 40℃以下,食欲降低,精神萎靡,双翅下垂,有时呈大批死亡。

(2)成鸭:体重减轻,或渐进性消瘦,贫血,产蛋率急剧下降,甚至完全停止。由于公鸭产生的精子活力差,配种率和孵化率均降低。通常病程较慢,抵抗力下降,常继发其他传染性疾病。

【病理剖检】多数鸭体瘦削,皮下脂肪组织消失、水肿,肌肉苍白萎缩,血液稀薄且凝固不良,胸、腹腔和心包腔积液。心冠沟脂肪呈胶胨样。

【诊断】根据临床症状、病理变化,结合对饲料的分析,找出其病因,一般不难做出诊断。发病后若增喂蛋白质饲料,特别是动物性饲料,鸭群病情迅速好转,可以作出诊断。实验室检查血液中的总蛋白、白蛋白、球蛋白、红细胞总数和血红蛋白量均明显下降,有助于本病的诊断。

【治疗方法】在饲养鸭的过程中,应精心观察鸭群,及早发现蛋白质缺乏症状。一旦发现,应迅速补充蛋白质或必需氨基酸,效果良好。

【防治措施】

(1)要确保鸭群日粮中蛋白质的含量:在饲料中要适当搭配植

物性特别是动物性蛋白质饲料(如豆饼、棉籽饼、菜籽饼、鱼粉、血粉、骨肉粉、蚕蛹粉、羽毛粉、蚯蚓、蝇蛆等)。鸭饲料中粗蛋白的含量标准为0～2周龄20%,2～6周龄17%,6～8周龄15%,种鸭17.5%。其中,动物性蛋白质应占饲料的3%～10%,植物性蛋白质占饲料比例可达15%～25%。

(2)要注意各种氨基酸的平衡和拮抗关系:如必需氨基酸的不足会影响其他氨基酸的利用,所以在饲料中要注意补充含这些氨基酸的饲料添加剂,同时要防止氨基酸相互间的拮抗作用。

(3)要注意蛋白质的品质:不可长时间使用某一饲料配方。

十四、痛　风

痛风是由于鸭体内蛋白质代谢发生障碍所引起的一种内科病。本病多发生于缺乏青绿饲料的寒冬和早春季节,不同品种和日龄的鸭均可发生,临床上多见于幼龄鸭。

【发病特点】禽类从食物中摄取的核蛋白,其代谢的终产物与哺乳动物不同,大部分不是尿素而是尿酸。正常情况下,大部分尿酸可通过肾泌尿的形式排出体外,尿酸在血液中的浓度是相对恒定的。但当禽体内尿酸产生过多,机体来不及外排,或是肾功能损害影响外排时,血液中尿酸的浓度就可能上升,出现所谓的尿酸血症,并以尿酸盐(白色固体状)的形式在关节囊、内脏、肾小管等沉积。造成鸭等禽类痛风病的原因主要有以下几方面:

(1)长期饲喂含过量蛋白质尤其是核蛋白过量的饲料。核蛋白是动植物细胞核的主要成分,某些动物性蛋白饲料如动物内脏、肉骨粉、鱼粉和血粉等,以及植物性蛋白饲料如大豆、豌豆、莴苣等都有较高的核蛋白,长期大量饲喂这些饲料时,极可能引起痛风病的发生。一般当饲料中蛋白质的含量超过30%时就有发生本病的可能。

(2)肾脏有疾病,使得肾分泌尿酸的功能损害,这在痛风的发生上具有重要作用。因此,只要能够引起肾泌尿功能损害的因素,均可以促进或继发痛风的发生,如饲料中维生素 A 缺乏,长期或过多添加磺胺类药物,霉菌毒素中毒,某些传染性疾病如法氏囊病毒病侵害等。

(3)饲料中钙的含量过高、维生素 D 缺乏、维生素 B 缺乏、饮水不足、拥挤、潮湿阴冷、阳光不足、运动不足等都可成为本病的诱发因素。

【临床症状】鸭发生痛风一般都为慢性经过,不同日龄的鸭均可发生。因尿酸盐沉着的部位不同,症状也有区别,主要有内脏型痛风和关节型痛风之分,有些病例可出现混合型痛风。

(1)内脏型痛风:此型比较多见。但在临诊上不易发现。在发病初期无明显症状,主要是呈现营养障碍,血液中尿酸水平增高。病鸭精神不振,食欲减退,经常排出白色半黏液状稀粪,内含有大量的灰白色尿酸盐,肛门附近常见有白色的粪污。不愿活动,也不愿下水,或下水后不愿戏水。病鸭日渐消瘦,贫血,严重者可突然死亡。产蛋母鸭的产蛋量下降,甚至停产,蛋的孵化率降低或死胎增多。此型痛风的发病率较高,有时可波及全群。

(2)关节型痛风:在发病初期,患鸭健康状态良好。由于尿酸盐在趾关节、跗关节、指、腕及肘关节内沉积,使关节肿胀,界限多不明显,出现跛行。以后则形成硬而轮廓明显的、间或可以移动的结节,结节破裂后,排出灰黄色干酪样尿酸盐结晶,局部出现出血性溃疡。有些病例患鸭的翅、腿关节显著变形,活动困难,呈蹲坐或独肢站立姿势。

【病理剖检】

(1)内脏型痛风:肾肿大、色淡,表面有尿酸盐沉积而形成的白色斑点,输尿管变粗,管壁增厚,管腔内充满石灰样沉积物。甚至发生肾结石和输尿管阻塞。有些病例输尿管内充塞着已经变硬的灰白色尿酸盐所形成的柱状物，将其取出易折断并发出声响。严重病例在胸腹膜、心、肝、脾、肠浆膜表面、肌肉表面及气囊壁布满白垩粉末状或疏松的白色尿酸盐斑块。

(2)关节型痛风：关节（多见于趾关节）滑膜和腱鞘、软骨、关节周围组织、韧带等处，有白色的尿酸盐晶状物。有的病例的关节面及关节周围组织出现坏死、溃疡，有的关节面发生糜烂，有的呈结石样的沉积垢，称其为痛风石或痛风瘤。

【诊断】根据发病情况、临床症状、剖检变化和实验室检查结果，即可确诊。

【治疗方法】

(1)及时发现并挑出病鸭，多喂些青绿饲料，并在充足饮水中加入适量的高锰酸钾或5%的食用碱，促进体内尿酸盐排出。

(2)停止使用肉用雏鸭饲料，降低日粮中蛋白质的含量。鸭本是食草禽，在饲养过程中以青饲料为主，其他高能量、高蛋白饲料为辅、大量使用高蛋白（特别是动物性蛋白）的饲料，会导致代谢障碍。

(3)增加日粮中多维素（特别是维生素A）的含量。供给充足的新鲜青饲料和饮水。配制日粮时，注意添加维生素A、维生素D和维生素B_2。

(4)调整日粮中矿物质特别是钙和磷的含量。高钙也会引起肾脏病和内脏痛风。

(5)保持鸭舍及放牧环境的良好，避免氨等有害气体的危害，不用或少用对肾脏功能有损害的药物。

(6)做好其他疾病的预防接种工作，防止其他疾病的发生。

【防治措施】本病通常无治疗价值，主要是预防。一旦发生本病，应首先降低饲料中的蛋白质含量，特别是动物性蛋白的含量；多喂容易消化的青绿饲料，增加维生素A和B族维生素的饲喂量；加强饲养管理，注意保温，供给充足的饮水，饮水中可加入1%

碳酸氢钠或0.5%的人工盐等。另外，应纠正可以诱发痛风的各种不良因素，特别是可以影响肾功能的磺胺类等药物的使用。

第五节　常见中毒性疾病的防治

一、肉毒梭菌毒素中毒

鸭肉毒梭菌毒素中毒是由肉毒梭菌毒素引起的一种疾病。其临诊特征是全身性麻痹，头下垂，软弱无力，故又名"软颈病"。

【发病特点】本病主要发生于碱性浅滩水域地区，主要发生于家鸭和野鸭。夏秋季节易发生，这是因为该季节天气干旱少雨、湖泊水浅，常有一些腐败的鱼类和小动物尸体中含有大量肉毒梭菌、绿脓杆菌等，一旦被健康鸭群吞食后，就会引起中毒。其他如被肉毒梭菌污染的饲料，也可引起鸭群中毒。

【临床症状】鸭发生中毒的潜伏期长短不一，在临床上可分急性和慢性两种。急性中毒鸭表现为全身痉挛、抽搐，很快死亡。慢性中毒鸭表现为迟钝，嗜眠，衰弱，两腿麻痹，羽毛逆立，翅下垂，呼吸困难，头颈呈痉挛性抽搐或下垂，不能抬起，所以称"软颈病"，常于1～3天后死亡。如出现轻度的运动失调，给予良好护理可恢复健康。本病常发生于碱性浅水域，多发于夏秋季节。有时鸭采食含有大量肉毒梭菌污染的饲料也会发生中毒。

【病理剖检】常无明显的特征性病变，有的可见个别脏器上有小出血点，无诊断意义。无特征性病理变化，只见心肌及脑组织上出现小出血点，心包有少量积液，小肠有卡他性或出血性炎症，泄殖腔中有尿酸盐沉积。

【诊断】当发现鸭出现麻痹症状而无明显病理变化时，可怀疑是肉毒梭菌毒素中毒，确诊需进行实验室检查查出毒素。

【治疗方法】一旦鸭群中毒后，应很快采用抗毒素疗法，每只鸭肌内注射C型肉毒梭菌抗毒素2～4毫升，即可收到良好的治疗效果。

【防治措施】注意环境卫生，及时清除鸭舍，运动场、池塘周围的腐败尸体和植物，不要喂腐败的蔬菜及变质的肉类、鱼粉等。妥善处理病鸭的粪便，死尸要深埋和烧毁，一旦发生本病，应迅速更换放牧场地。

二、黄曲霉素中毒

鸭黄曲霉毒素中毒是由于鸭吃了被黄曲霉毒素污染的饲料而引起的一种以肝坏死为特征的中毒性疾病。

【发病特点】本病是由黄曲霉所产生的毒素引起的一种中毒病。黄曲霉素的产生是由于花生、麸皮、破损玉米、干草、稻草等在潮湿的季节中收藏保管不善所致，当鸭吃了含有黄曲霉毒素的饲料，即引起本病的发生。北京鸭对黄曲霉毒素的耐受性比其他鸭大，雏鸭比成年鸭易感。

【临床症状】病鸭最初症状为精神萎靡，衰弱无力，排绿色粪便，采食量减少和生长缓慢，羽毛脱落，常见跛行，腿和趾部可出现紫色出血斑点。雏鸭于死前常见有运动失调，抽搐，死时呈角弓反张，死亡率可达100%。

【病理剖检】在较大的雏鸭皮下见有胶样渗出物，在腿部和蹼有严重的皮下出血，肝脏的病变常有中毒症的明显标志。1周龄因黄曲霉毒素中毒而死的新生雏鸭的肝脏肿大，色发灰。肾苍白肿大，或有小出血点，胰腺也可能有出血点。3周龄以上的雏鸭肝脏病变明显，整个肝脏由于网状结构而呈苍白和有肝萎缩与肝硬变，在较大的鸭子尚可见心包积液和腹水，此外，也可见肾脏肿胀出血与胰腺出血。

【诊断】可根据临床症状和病变进行初步诊断，但欲确诊尚需用可疑饲料饲喂1日龄雏鸭，进行黄曲霉毒素的生物学鉴定。

【治疗方法】本病无有效药物治疗，若发现黄曲霉毒素中毒，应立即更换饲料，可给予病鸭盐类泻剂，排除肠道内毒素，同时采用对症疗法，并供给充足的青绿饲料和维生素A。

【防治措施】只要停喂含有黄曲霉素毒素的饲料，很快就会停止发病死亡。因此，在温暖多雨季节，饲料要注意防霉，防止饲料中黄曲霉毒素的生长。

三、棉籽饼中毒

棉籽饼含35％以上的蛋白质，是一种良好的植物蛋白饲料。但棉籽饼中含有一定量的有毒游离棉酚，如使用不当就会引起中毒。

【发病特点】鸭棉籽饼中毒的发生主要与下列因素有关：

（1）长期多量地饲喂含游离棉酚的棉籽饼或棉籽粉，尤其是带壳的土榨棉籽饼，很容易引起鸭中毒。一般来说，饲料中棉籽饼饲喂量超过8％，即有可能引起鸭的中毒。

（2）棉籽饼发热变质，其游离棉酚的含量会增多，饲喂后引起中毒的可能性增加。另外，用热榨法获得的饼，游离棉酚含量大大下降；而生榨获取的饼，棉酚含量常较高，易引起中毒。

（3）饲料中缺乏维生素A或钙、铁、赖氨酸等，则中毒更容易发生。

【临床症状】鸭棉籽饼中毒一般为慢性经过，相比之下，雏鸭发病较严重。中毒鸭可表现为精神不振，食欲下降或不食，两翅无力下垂。有的表现为出血性胃肠炎症状，粪便较稀，黑褐色，常混有黏液、血液和脱落的肠黏膜。严重的可因呼吸和循环衰竭而死亡。

种鸭发生棉籽饼中毒，主要表现为贫血和生殖功能的下降。公鸭精液中精子数量减少，精子活力降低；母鸭产蛋量下降，蛋的品质不良，蛋变小，煮熟的蛋黄韧性增加有弹性，称为“橡皮蛋”；种蛋受精率和孵化率明显降低。

【病理剖检】患鸭胃肠道黏膜充血、出血，黏膜易脱落；肝脏充血、肿大，质脆、呈土黄色，其中有许多空泡和泡沫状间隙；肾紫红色，质软而脆；胰增大，肺充血水肿，心外膜出血。卵巢萎缩。皮下水肿。

【诊断】主要根据采食棉籽饼饲料的病史，结合病理剖检可初步诊断。必要时可将病料和饲料送往实验室检验。

【治疗方法】

(1)硫酸镁 1～2 克，一次内服。

(2)0.5%硫酸阿托品注射液 0.2～0.4 毫升，一次分点皮下注射。

(3)25%维生素 C 注射液 0.2～0.5 毫升，一次肌内注射。

【防治措施】防治本病主要应控制棉籽饼的喂量(以 6%～7%为宜，不超过 8%)，雏鸭最好不用，成鸭也要避免长期使用。使用期间，饲料中应增加维生素 A、铁、钙、赖氨酸的喂量，多喂青绿饲料。最好对棉籽饼进行脱毒处理后再饲喂。脱毒方法有蒸煮法、热炒法，也可拌以硫酸亚铁(铁与游离棉酚 1∶1)或可将 0.1%～0.2%的硫酸亚铁溶液浸泡处理棉籽饼后再利用。

四、菜籽饼中毒

菜籽饼中含有 30%～40%的蛋白质，且来源广泛，价格低廉，可作为家禽重要的蛋白饲料。但菜籽饼中含有有毒物质，过量或长期饲喂则可引起禽发生以胃肠炎、甲状腺肿大为特征的中毒症。

【发病特点】菜籽饼的急性中毒与其所含的含硫代葡萄糖苷等物质有关，这些物质本身无毒，但一旦被自身酶分解生成异硫氰酸盐及腈后，则可刺激胃肠道黏膜引起胃肠炎；吸收进入血液，可引起微血管扩张，肝、肾损害。

菜籽饼的慢性中毒主要与菜籽饼中的另一种糖苷（甲状腺肿素原）有关。它进入机体可酶解生成恶唑烷硫酮，能竞争性地与体内碘结合，引起甲状腺素合成障碍，导致甲状腺代偿性增生，禽生长发育抑制。

长期大量饲喂未经脱毒的菜籽饼是菜籽饼中毒的直接原因，对鸭来说，饲料中菜籽饼的比例超过 8%时，就有可能发生中毒。饲料中碘缺乏会加重菜籽饼的毒性反应。

【临床症状】急性中毒可出现腹泻，两腿突然麻痹，倒地，肌肉痉挛，神经症状，双翅扑击，口鼻流泡沫状黏液，有时混有血液等症状。病鸭呼吸困难，可因痉挛、麻痹而死亡。

慢性中毒时，患鸭食欲下降，粪便带有血液，生长不良，产蛋率、孵化率下降，蛋小壳薄或软壳，蛋多有鱼腥味，可因衰弱而死亡。

【病理剖检】急性病例，腺胃、肌胃及肠道充血、出血。肝淤血肿大且有出血，表面带有黄色斑纹，胆囊肿大，充满黄色胆汁。肾肿大，肺充血。

病程长者或慢性病例甲状腺明显肿大，色紫质硬。

【诊断】主要根据采食菜籽饼饲料的病史，结合病理剖检可初步诊断。确诊需做实验室鉴定和可疑饲料生物试验。

【治疗方法】本病无特效药治疗，发病后立即停喂菜籽饼饲料，并饮用 10%葡萄糖水，适当增加多维素的喂量。

【防治措施】首先要控制菜籽饼喂量（一般不超过 5%），其次应对菜籽饼采取一定的脱毒处理。菜籽饼脱毒可采用蒸煮法（粉碎，高温蒸煮 1 小时以上，除去上层液体)，坑埋法(与水 1∶1 混合，埋入土坑中 60 天)，也可混以市售菜籽饼脱毒剂。长期饲喂时应增加饲料中碘和铜的含量。将菜籽饼与其他饼类或动物性蛋白饲料混合饲喂，既可满足鸭对蛋白质的全面需要，又可降低各种饼粕在日粮中的配比而避免产生中毒。

五、亚硝酸盐中毒

鸭亚硝酸盐中毒是由于采食了贮存不当和发霉变质的青菜等，其中的亚硝酸盐被吸收入血后而引起的中毒。

【发病特点】青菜、包菜、萝卜叶、菠菜等许多青绿饲料里都含有硝酸盐，特别是施用过硝酸盐化物的植物，其含量更高。这些植物在堆积发酵、腐败变质或蒸煮不透的情况下，其中硝酸盐可转变为亚硝酸盐。用上述的植物作饲料，即可引起中毒的发生。另外，硝酸盐在鸭膨大部经微生物作用，亦可转变为亚硝酸盐而引起中毒。

【临床症状】亚硝酸盐进入血液后，可使正常的低铁血红蛋白氧化为高铁血红蛋白，从而失去携氧能力，导致机体缺氧。鸭采食病变饲料后约 1 小时，出现不安，流涎，口吐白沫，故临诊主要表现为缺氧症，呼吸困难，张口呼吸，口黏膜、冠髯发紫(绀)。昏迷，抽搐，全身痉挛，最后呼吸麻痹，很快窒息死亡。

【病理剖检】病死鸭血液呈酱油样的棕色，凝固不良。食管或嗉囊内充满菜料，并有浓烈的酸败味。小肠黏膜充血，大肠臌气。肝呈黄白色，充血肿胀。

【诊断】根据采食霉烂青绿饲料的病史，发病快，流涎，呼吸困难，冠髯发紫，死后剖检血液呈酱油色且凝固不良，据此即可初步诊断。确诊需取饲料送兽医检验部门进行实验室诊断(如将待检饲料放在玻璃管内，加 10％高锰酸钾溶液 1～2 滴，搅匀后，再加

1%硫酸 1～2 滴，充分摇动，如有亚硝酸盐，高锰酸钾褪为无色，否则不褪色）。

【治疗方法】治疗主要应用 1%的亚甲蓝注射液静注，每千克体重 0.5 毫升；25%葡萄糖溶液 10 毫升和维生素 C，或 5%甲苯胺蓝溶液肌注，每千克体重 0.5 毫升，同时用 0.1%高锰酸钾饮水。

【防治措施】青绿饲料必须新鲜，不可存放时间太长，不喂腐烂变质或发酵的青绿饲料或残次菜叶，尤其不能用切碎煮熟闷在锅里的饲料喂食。

六、食盐中毒

食盐是鸭日粮中不可缺少的矿物质，适当给予，既可增强饲料的适口性，又能保证血液电解质平衡，但鸭摄入过量也会引起中毒。

【发病特点】鸭的食盐中毒是食入了含盐量过多的饲料，或喂给了含盐量过多的鱼粉、残羹等。食盐是鸭机体所必需的一种营养物质，适量喂给能改善饲料的适口性，提高食欲，帮助消化，增强体质，提高饲料的利用率。饲料中的含盐量在 3%以上，即可引起中毒。

【临床症状】食欲不振或废绝，食道膨大部扩张膨大，口、鼻流出淡黄色黏性分泌物，渴感强烈。病禽腹泻，皮下水肿；精神萎靡，两脚无力或完全麻痹瘫痪，行走困难，以翅扑地移行，很快卧地不起。后期出现呼吸困难，闭眼昏睡，最后呼吸衰竭而死亡。

雏鸭中毒后不断鸣叫，站立不稳，无目的地冲撞，角弓反张，以脚蹬地，突然整个身体向后翻转，胸腹朝天，两脚前后做游泳状摆动，头颈不断旋转，很快死亡。

【病理剖检】主要病变在消化道。食道膨大部充满黏性液，黏膜易脱落，腺胃黏膜充血，呈淡红色；肌胃充血、出血；小肠发生急性卡他性或出血性肠炎。

皮下结缔组织水肿，切开后流出黄色透明液体，呈胶样浸润；腹腔和心包腔有多量黄色透明积水，心脏有出血点，血液浓稠；肝肿大，淤血，表面覆盖淡黄色的纤维素性渗出物；肾肿大；肺水肿。

【诊断】根据病史、临床症状和剖检病变一般可做出诊断，必要时可将病料和饲料送往实验室检验氯化钠含量。

【治疗方法】一旦发现食盐中毒，立即停喂原有饲料，供给新鲜饮水。喂给5％葡萄糖水，连饮3～4天。对重症病鸭，用10％葡萄糖水腹腔注射，每只成年鸭20～30毫升。喂给或灌服冲稀的淀粉或牛奶、豆浆、鸡蛋。每千克体重皮下注射5氯化钾溶液4毫升。

【防治措施】在生产中调配饲料时，应严格控制饲料中食盐的含量，特别是饲喂雏鸭时，其含量不得超过0.5％，一般以0.3％为宜。市售的鸭混合料如已添加食盐，不必另行加食盐。自配的鸭饲料，如用咸鱼粉或含盐量高的副食品，就不必加盐了。

七、有机磷农药中毒

有机磷农药广泛应用于防治农作物的虫害。这类农药对鸭有明显的毒害作用，低浓度有机磷农药用作浸种，可能被误食，引起鸭急性中毒。此外，残留于农作物中的少量有机磷对鸭只起着慢性中毒的作用。

有机磷农药种类很多，有内吸磷(1059)、马拉硫磷(4049)、敌敌畏、乐果、马拉松、倍硫磷、杀螟松和二嗪农(地亚农)等，这类药物是一种神经性毒剂，虽杀虫范围广，但对人、畜、禽都有很大毒性。由于这些药使用较普遍，发生中毒也较多。

【发病特点】

(1)主要是误用喷洒过有机磷农药不久的作物、蔬菜、瓜果和牧草等喂鸭;在被有机磷农药喷洒或污染过的田地或水域放牧家鸭;用污染的水源或饲料饲喂鸭群或饮用(如鸭舍喷洒敌敌畏灭蝇污染了饲料和水);或饲喂喷洒过敌敌畏的粪坑掏回的蝇蛆而中毒。

(2)用敌百虫驱除鸭体内外寄生虫剂量过大,有机磷农药通过消化道、呼吸道或皮肤进入鸭体内,与体内的胆碱酯酶结合,形成磷酰化胆碱酯酶,使胆碱酯酶失去活性,不能水解乙酰胆碱,引起乙酰胆碱大量蓄积,造成胆碱能神经过度兴奋的中毒症状。

【临床症状】最急性中毒未见任何先兆而突然死亡。急性中毒病鸭表现不安,不断出现吞咽动作,流涎,鼻腔流出浆液性液,瞳孔缩小,食欲废绝,渴欲增加,拉稀,严重者口吐白沫,呕吐,张口呼吸,运动失调,两腿无力或麻痹,肌肉颤抖,不能站立,最后体温下降、抽搐、昏迷,最终衰竭而死亡。

【病理剖检】胃内容物有大蒜气味和轻重程度不同的胃肠炎,胃肠黏膜出血、脱落和不同程度的溃疡。肝、肾肿大,变性,呈土黄色。鼻腔黏膜充血出血,内有浆液性液体。肺充血,肿胀,喉、气管、支气管内有白色泡沫。

【诊断】根据病史调查及见病鸭瞳孔缩小、流涎、流鼻液、肌肉痉挛。剖检时胃内容物有大蒜味等可初步诊断。必要时可将鸭食管膨大部(胃)的内容物或可疑饲料送兽医实验室(胆碱酯酶活性测定及有机磷农药的定性检验)进行检验。

【治疗方法】鸭的有机磷农药中毒多为急性中毒,不少病鸭来不及抢救。首先要将含毒的饲料等物品清除干净,早发现的可以试用下列药物和方法。

(1)碘解磷定:肌注,每只成鸭胸肌注射 2 毫升,数分钟后中毒症状可缓解。重症应于 1～2 小时后再注射 1 次。

(2)硫酸阿托品注射液:皮注,每只成鸭 0.2～0.5 毫升,必要时隔半小时再注射。

(3)双复磷和阿托品:肌注或静注,双复磷 13 毫克与阿托品 0.5 毫克用于严重病例,疗效比其他处方好。

(4)1%~2%石灰水(上清液):可根据鸭只大小灌服,每只灌服 3~5 毫升,用于 1605 中毒,可使农药很快分解而失去毒性。但敌百虫禁用,防止变成毒性更大的敌敌畏。

(5)颠茄酊:对于发现早的可以试用,喂服,每只鸭 0.01~0.1 毫升。

(6)手术治疗:切开食管膨大部,取出内容物,用 2%硼酸溶液冲洗,再分层缝合,效果很好,但对已吸收的无效。

【防治措施】

(1)对有机磷农药要妥善保管,使用要有制度,并有专人负责,切实注意使用安全。用有机磷农药拌过的种子必须妥善保管,严禁与饲料混放或存放在鸭(鸭舍)的周围。

(2)对喷洒过有机磷农药的饲料、田地、水域在 6 周以内严禁饲喂、放牧。

(3)对鸭体内外驱虫要掌握适宜浓度,因敌百虫对鸭毒性很强,最小致死量为每千克体重 30 毫克,应用时危险性较大,故鸭一般不用敌百虫内服驱虫。治疗外寄生虫时,浓度应控制在 0.5%,涂擦面积不宜过大。

八、呋喃唑酮中毒

呋喃唑酮又名呋喃唑酮,为广谱抗菌药,对常见的革兰阴性菌和阳性菌有抑制作用,也有抗球虫作用,在养鸭生产中常用作添加剂。但临诊上往往由于使用不当,特别是雏鸭对呋喃唑酮比较敏感,较容易引起鸭群急性中毒,造成大量死亡。

【发病特点】主要是由于用药剂量不准,或拌药不匀,或饮水投药时未能充分溶解,或连续饲喂时间过长,都可以造成中毒。

【临床症状】较轻病例表现精神不佳，不食，饮水增加。急性中毒发病较快，精神高度兴奋不安，张口鸣叫不停，不食不饮，行走不稳，扭颈，盲目奔走，全身震颤，转圈；后转为精神沉郁，站立不稳，严重的病鸭痉挛，抽搐，最后倒地而死。

【病理剖检】急性中毒死亡的病鸭一般无明显的肉眼病理变化，但见口腔、食管及胃肠中有黄色黏液。病程较长的病鸭，可见小肠及大肠部分肠段充血、出血，整个肠管浆膜呈黄褐色，甚至可看到胃肠内容物混有黄色的药液，肝脏淤血、肿大，胆囊增大，充满胆汁。病死鸭尸僵不全。

【诊断】根据用药量、临床症状及病变即可诊断，也可以用鸭吃剩下的饲料喂 10 只健康雏鸭（未吃过药），若出现同样症状即可确诊。

【治疗方法】呋喃唑酮中毒无特效药物解救，中毒后除立即停药外，改用 0.01%～0.05%高锰酸钾水饮服，或饮服甘草糖水。对重病鸭可肌注维生素 C 500 毫克/5 毫升和维生素 B 110 毫克/2 毫升混合液，每只雏鸭 0.5 毫升，每日 1 次，可同时口服 10%葡萄糖水。

【防治措施】由于雏鸭对呋喃唑酮较敏感，使用上应格外小心，严格控制用量。拌饲料喂服呋喃唑酮一般不要超过 0.02%，最高剂量不超过 0.04%，饲喂时要搅拌均匀。喂 0.02%剂量时，最多喂 1 周，然后降至 0.01%再喂 1 周。由于呋喃唑酮几乎不溶于水，只呈微粒状在水中，当水静止时容易沉淀，一般只有在鸭只采食量明显减少时才用饮水法，必须经常摇动药液，减少其沉淀，最后浓度较高的药液应弃去，防止引起中毒。

九、磺胺类药物中毒

磺胺类药物是一类具有对氨基苯磺胺结构的广谱抗菌药物的

总称，被广泛地应用于家禽的细菌性疾病及球虫病的防治。但由于该类药物对禽的肝、肾、造血和免疫系统有毒害作用，而且治疗量与中毒量较接近，极易引起家禽的中毒。

【发病特点】鸭的磺胺类药物发生中毒的直接原因是使用磺胺类药物剂量过大，用药时间过长或拌料不均匀。磺胺药的一般使用量是口服每千克体重 0.1 克(首次加倍)、肌内注射 0.07 克，连用 3～5 天。超过了这个用量，或连用时间 7 天以上，就有可能造成鸭的中毒。

1 月龄以内的雏鸭因体内肝、肾等器官功能不完备，对磺胺类药物的敏感性较高，容易引起中毒。因磺胺类药物本身在体内代谢就较缓慢，不易排泄，肝、肾有疾患的鸭因体内的蓄积也易导致中毒。饲料中维生素 K 缺乏也能促进磺胺类药物中毒的发生。

【临床症状】急性中毒主要表现兴奋不安、呼吸加快、摇头、痉挛、肌肉颤抖、厌食、腹泻、麻痹等症状，并在短时间内死亡；慢性中毒者精神沉郁、羽毛松乱、食欲减退、渴欲增加、贫血。母鸭产蛋减少，蛋壳薄、软或粗糙。

【病理剖检】病禽常出现出血综合征，出现皮肤、肌肉和内脏广泛出血等症状，如腿部肌肉出血、心肌刷状出血，肠道有出血点或出血斑；肝肿大，有出血点或坏死点；脾肿大、出血；腺胃与肌胃交界处出血、溃疡；肾肿大，有白色尿酸盐沉积。

【诊断】主要根据服药史，结合病理剖检可初步诊断。确诊需做磺胺类药物实验室鉴定。

【治疗方法】若发生中毒，应立即停药，饮 5%葡萄糖水或 0.5%～1%碳酸氢钠水，并在每千克饲料中添加维生素 K0.5 毫克或在日粮中提高 1 倍维生素含量；中毒严重的鸭并可肌注维生素 B_{12} 1～2 微克或叶酸 50～100 微克。

【防治措施】应严格掌握磺胺类药物的用药剂量和疗程。要连续用药的，用药不超过 7 天，并在一个疗程结束后，应间隔 3～5

天再用，并同时供应充足饮水；使用磺胺复方制剂，以减少用药剂量，避免中毒，拌料时要搅拌均匀。

十、恩诺沙星中毒

鸭恩诺沙星中毒是指因恩诺沙星使用不当而引起的一种以神经症状为主的中毒性疾病。

【发病特点】鸭恩诺沙星中毒的原因主要是用药剂量过大，多是由于肌内注射时剂量掌握不当，使用了超过正常用量的许多倍而发生。

【临床症状】初期精神沉郁，几分钟后变兴奋、全身震颤，颈部时而伸直，时而弯曲，卧地，后肢向后伸直，翅时而拍打，口中流白沫，并不时发出沙哑的"咯咯"叫声，最后挣扎而死。

【病理剖检】肝脏肿大、暗红色，胆囊胀大、充满胆汁，肠道充血，脑水肿、充血。

【诊断】主要根据服药史结合病理剖检即可诊断。

【治疗方法】一旦发生中毒，应立即停止用药，供给充足的饮水，可在水中加入葡萄糖、维生素 C 等增加肝脏的解毒能力。神经症状明显的也可用阿托品治疗。

【防治措施】用恩诺沙星治疗鸭病时，应按规定的剂量用药，即饮水用药剂量为每升水加 56～75 毫克，肌内注射用药剂量为每千克体重 2～5 毫克。

十一、喹乙醇中毒

喹乙醇又名快育灵，是一种合成抗菌药和促生长剂，由于具有促进家禽生长、增重加快和改善饲料转化率等作用，近年来又多用于防治禽霍乱，常被作为饲料添加剂广泛应用。但由于喹乙醇对家禽较敏感，如果添加量过大、拌料不均匀或养禽户重复添加，长期使用，则容易造成慢性中毒。

【发病特点】

(1)使用不适当：有些养鸭户误认为喹乙醇添加量越大，催肥作用越大，盲目加大用量。

(2)混合不均匀：加入饲料时混合不均匀，造成少数鸭只食入量超过正常剂量太多。

(3)用量过大或用药时间过长：如使用喹乙醇治疗或预防鸭霍乱时，剂量过大或使用时间过长。

(4)计算、称量的差错：误将纯喹乙醇原料作为含量较低的预混剂使用等。

(5)重复添加喹乙醇而引起中毒：使用者不了解某些饲料厂家在生产配合饲料时已添加喹乙醇，而又添加致使实际用量过大导致中毒。

(6)个别畜主缺乏知识：用量的单位概念没有搞清，误将克和毫克混淆；或将每千克饲料的药物添加量与每千克鸭体重的用药量混淆，也可能引起中毒。

【临床症状】病鸭精神不振，羽毛蓬乱，离群呆立，食欲减退或消失，渴欲增加，流涎、排稀粪，粪便呈绿色。临死前全身颤动，抽搐。雏鸭比成鸭敏感，雄鸭(大鸭)比雌鸭(小鸭)敏感，死亡鸭中体型大、较强壮的鸭只(吃药量多的原因)为多数。

【病理剖检】主要是消化道充血、出血。肌胃角质层易剥落，有出血斑点，小肠弥漫性充血、出血，肝脏肿大，有出血斑点，质脆易碎。肾脏肿大，充血、出血，泄殖腔严重出血，死后几小时剖检流出的血液凝固不全。

【诊断】根据病鸭用药情况、临床症状，剖检有全身广泛性出血的病变等情况，一般可以做出诊断。如怀疑饲料中含有过量的喹乙醇时，可送有关单位进行实验室检测。

【治疗方法】目前尚无有效的解毒药治疗，主要是预防。一旦有中毒可疑时立即停喂混有喹乙醇的饲料并予以清除。药物治疗采取泻下、利尿、解毒等方法对症治疗。

(1)轻症：可饮用或灌服 5%硫酸钠（芒硝）溶液。为了加快解毒，也可将 5%硫酸钠直接注入食管膨大部。

(2)雏鸭中毒：可用 5%葡萄糖溶液（也可用白糖水）10～20 毫升吸管直接灌服；或每只肌注维生素 C 1～2 毫升，以提高解毒能力。也可用绿豆汤，可缓解毒性。

【防治措施】

(1)预防喹乙醇中毒：应侧重注意喹乙醇的添加量，连续使用的时间，同时注意拌料要均匀，保证充足饮水（高温时更应注意），其预防量严格按照推荐量混饲，每千克 25～30 毫克，不要盲目加大剂量。

(2)饲料中添加喹乙醇时要充分混合均匀：应将喹乙醇与少量饲料混合均匀，然后逐级扩大搅拌均匀，最后再混入全部饲料中，可防止少数鸭只摄食量过大而中毒。

(3)防止重复添加：应了解所购的配合饲料是否已添加喹乙醇。

十二、硫酸铜中毒

作为饲料添加剂，硫酸铜被广泛地应用各种动物，其作用已不仅在于满足动物对铜的需求，更重要的是将硫酸铜用作生长促进剂。这导致了生产上硫酸铜的滥用，使得铜中毒危机四伏。

【发病特点】对鸭来说，每千克饲料中只要含有 2.5～5 毫克铜即可满足生理需求，不致引起缺乏症，而高铜饲料具有明显促进鸭生长速度的效能。当每千克饲料中铜的含量达到 100 毫克时就可能发生中毒；鸭生活在每升水含铜 100 毫克的池塘中，即可引起急性中毒。

鸭硫酸铜中毒的原因主要为硫酸铜作为促生长剂浓度用得过高或粉碎不细，拌料不均匀引起；间或也有用猪的高铜饲料喂鸭或其他形式的乱用饲料引起的；也有在高铜配合饲料中另外再添加高铜添加剂引发中毒的。将硫酸铜用于环境灭钉螺、杀霉菌和治疗禽霉菌病时也可意外地引发鸭中毒。

【临床症状】急性铜中毒的鸭可表现为短暂的兴奋后萎靡、衰弱、麻痹、惊厥、昏迷，最终死亡。慢性中毒则表现为生长受阻，精神萎靡，贫血，肌营养不良等症状。

【病理剖检】剖检可见腺胃、肌胃坏死，肠炎症，肺呈淡绿色，肝、肾细胞变性等变化。

【诊断】主要根据服药史，结合病理剖检可诊断。

【治疗方法】发生中毒时，应立即停用铜盐饲料，增加锌、铁等微量元素来促铜排泄。急性中毒的，可用鸡蛋清、牛奶等喂服，每只3～5毫升。

【防治措施】

(1)严禁滥用硫酸铜。

(2)补饲或作生长促进剂使用的硫酸铜粉碎要细(过100目筛)，拌料一定要均匀。

十三、高锰酸钾中毒

高锰酸钾是一种常用的消毒药，鸭高锰酸钾中毒是指因使用高锰酸钾不当而引起的一种以消化道黏膜腐蚀性损伤，充血、水肿，呼吸困难等为特征的中毒病。

【发病特点】高锰酸钾中毒是由于鸭饮用了高浓度的高锰酸钾溶液引起的中毒症，一般常用于家禽饮水消毒用量为0.01%～0.02%浓度，浓度超过0.1%就会引起中毒。

【临床症状】中毒鸭精神沉郁、食欲不振或消失，口流黏涎，水样腹泻；呼吸困难，闭眼呆立，状如昏睡。若驱赶走动，摇晃不稳，共济失调；有时颌下皮肤受腐蚀，皮肤充血，羽毛脱落。中毒严重的可1～2天内死亡。

【病理剖检】剖检见口腔、食道膨大部、腺胃和十二指肠黏膜肿胀，充血、出血，溃疡、糜烂或脱落；肝呈土黄色。

【诊断】根据饮用高锰钾浓度过高的病史，以及口腔、食道病变，胃肠道腐蚀性病变等可做出诊断。

【治疗方法】中毒初期可喂大量清水，也可内服牛奶、蛋白以保护消化道黏膜；必要时可用3%双氧水10毫升，加入100毫升水稀释后灌服洗胃。

【防治措施】平时应用高锰酸钾时，配制溶液浓度要准确，不可过高。在消毒饮水时一定要待充分溶解后再让鸭饮用。消化道消毒浓度不能超过0.02%。

十四、一氧化碳中毒

一氧化碳俗称煤气，主要是由煤炭或木炭在供氧不足的状况下燃烧不完全而产生的气体。鸭的一氧化碳中毒是由于过量吸入了这种气体导致全身组织缺氧的一种中毒症，多见于雏鸭。

【发病特点】一氧化碳与血红蛋白结合的能力比氧气快20倍，且在机体组织细胞中不易与血红蛋白分离，使血液运输氧气的能力大大降低，致使机体全身组织缺氧。

冬季或早春鸭舍和育雏室烧煤保温时，由于烟囱堵塞、倒烟、漏烟或用无烟煤燃烧而不用烟囱时，最易产生一氧化碳，而此时门窗紧闭无通风口，通风不良，一氧化碳不能及时排出最易造成急性中毒。

当舍内空气中的一氧化碳的含量达到0.1%～0.2%时，即可发生中毒,当一氧化碳达3%时则易引起鸭只窒息死亡。一般较易发生较轻的慢性中毒。

【临床症状】轻度中毒的病鸭流泪,呕吐,咳嗽,心律加快,呼吸困难。这时,如能立即让其吸取新鲜空气,不经任何治疗即可恢复。如若环境空气没有彻底改善,则转入亚急性或慢性中毒,病雏鸭羽毛粗乱,精神呆钝,生长缓慢,容易诱发上呼吸道病和其他群发病。

重度中毒时,其体内碳氧血红蛋白可达50%。病雏鸭表现不良,不久即转入呆立或瘫痪,昏睡,呼吸困难,头向后仰,死前发生痉挛和惊厥。若不及时救治,则导致呼吸和心脏麻痹死亡。

【病理剖检】急性病例主要呈现肺淤血、肺气肿,血液呈樱桃红色(即鲜红色),凝固不良。亚急性中毒病变不明显,较难诊断。

【诊断】根据接触一氧化碳的病史,临诊上的群发症状和病变即可诊断。如能化验病鸭血液内的碳氧血红蛋白,则更有助于本病的确诊。

【治疗方法】发现雏鸭有中毒症状时,最好迅速将雏鸭转移到空气新鲜、温度适宜的育雏室,立即打开门窗,排除室内的一氧化碳,换进新鲜空气,轻症不经任何治疗即可康复。若环境空气未彻底改善,则转入亚急性或慢性中毒时可皮注少量生理盐水或5%葡萄糖溶液及强心剂。

【防治措施】本病主要在于预防,尤其是思想上不要麻痹。鸭舍和育雏室应有通风或空调设备和取暖装置,经常检查烟道是否通畅,加煤或封火时一定要加盖,确保中毒事件不再发生。

十五、氨气中毒

鸭的氨气中毒是由于鸭吸入氨气而引起的中毒症。

【发病特点】

(1)鸭舍由于卫生不佳,特别是垫草(料)潮湿,再加上通风不良，就可使垫料、粪便以及混入其中的饲料等有机物在微生物的作用下，发酵而放出氨气。当雏鸭舍的氨气超过 75～100 毫克/升，并持续时间较长时，就会降低饲料的消化率及鸭只生长率。

(2)有些地区育雏阶段不放牧，饲养密度大，管理不善。育雏舍通风不良，温度和湿度过高或过低。加上未能做好清洁卫生和环境消毒。粪便未能及时清除。在舍温较高(25.8℃以上)、湿度过大(83.2%以上)时就会使粪便和垫料发酵，从而产生大量氨气和其他气体。当氨气溶解在黏膜和眼的液体中，产生氢氧化铵(一种引起角膜炎的碱性刺激物)，可使角膜溃疡而致失明。

【临床症状】鸭骚动不安，眼结膜红肿、流泪，严重者角膜混浊、两眼闭合、有黏性分泌物、视力逐渐消失；鼻流黏液，频频咳嗽，呼吸困难，伸颈张口呼吸，食欲减少或消失，最后中枢神经麻痹，窒息死亡。

【病理剖检】

(1)眼结膜坏死，常与周围组织粘连，不易剥离。

(2)肺脏淤血、水肿，呈暗红色。

(3)气管及支气管黏膜充血、混浊肿胀，并有泡沫状黏性分泌物。

(4)肝淤血、肿大，肌肉色泽暗淡。

【诊断】根据饲养管理卫生情况、临床特性和剖检病变可做出诊断，无须作实验室诊断。

【治疗方法】一旦发现鸭出现中毒症状，应及时打开门窗、排风孔和排风扇等所有通风设施，更换新鲜空气；清除积粪，及时转移病鸭群，在冬季应同时做好保温工作。

配制 5%糖水供饮用，并在每吨饲料中加入维生素 C 100～300 克，同时增加多种维生素用量。可在每升水中加入 30～120 毫克硫酸卡那霉素，或在每千克饲料中加入本品 60～250 毫克，以防继发其他呼吸道疾病。

【防治措施】

(1)要防止本病的发生,主要措施是及时清扫粪便,勤于更换垫料及清理舍内的其他污物。在冬季及早春季节特别注意定时做好鸭舍的通风换气工作,加速粪尿、垫料的干燥,防止氨气及其他有害气体的产生及聚积。

(2)定期进行消毒,特别是带鸭喷雾消毒,可杀死或减少鸭体表或舍内空气中的细菌和病毒。阻止粪便的分解,抑制氨气的产生,利于净化空气和环境。

十六、氟中毒

鸭氟中毒是由于摄食了含高氟的饲料而引起的中毒症。

【发病特点】氟是动物体必需的微量元素,氟缺乏或过量都会引起禽类发生疾病。鸭因食了含高氟的饲料而引起中毒。

【临床症状】鸭只一旦发生中毒,则表现精神沉郁,羽毛松乱,食欲减少以致完全废绝。很快出现两脚发软,跛行,站立不稳。严重病例以跗关节着地,行走困难,甚至卧地不起。人为驱赶也无力走动。这种病例即使暂时不死,由于喝不到水,食不到饲料,严重影响其生存,最后因衰竭而死亡。

产蛋母鸭产畸形蛋及沙壳蛋增多,产蛋量及受精率明显下降。

【病理剖检】急性氟中毒病例,主要病变表现为胃肠黏膜潮红、肿胀,并有斑点状出血。慢性氟中毒病例表现尸体消瘦,贫血,血液稀薄,全身脂肪组织呈冻胶样浸润,皮下组织出现不同程度的水肿。

【诊断】氟中毒的诊断首先进行致病菌及病毒的分离,如果是阴性可排除是病毒或细菌感染。因氟中毒的症状与缺钙或缺乏维生素D的症状非常相似,所以发病后于饲料中增加骨粉及维生素D的用量后病情得不到控制,而增加石粉(或磷酸氢钙)后病情又有所加重时则考虑是氟中毒。我国制定产蛋鸭饲料含氟量最高值为0.36克/千克，石粉（或磷酸氢钙）含氟量最高值为2.0克/千克。将饲料以及石粉（或磷酸氢钙）送有关部门进行含氟量测定，如果超过规定标准则可确诊为氟中毒。

【治疗方法】目前对氟中毒尚未有特效的解毒药。发现鸭群出现中毒之后，立即转换符合标准的饲料，同时可以选用下列方法进行辅助治疗。

（1）补喂鱼肝油，每只1～2毫升。每吨饲料中增加多种维生素50～100克。

（2）在每吨饲料中添加 8×10^{-4} 克硫酸铝和50～100克多种维生素。或每千克饲料加硫酸铝800毫克。

（3）在饮水中加入0.5%～1%氯化钙，或在饲料中加入1%～2%乳酸钙。

（4）在饮水中加入维生素 D_3，每天300国际单位/只；维生素C，每天5～10毫克/只，连用3～5天。

（5）在饮水中加入补液盐。

【防治措施】禽类体内氟主要来源于饲料中的原材料，如鱼粉、石粉、骨粉、矿物磷酸盐等。我国规定在饲料中氟的含量标准是：鱼粉500毫克/千克，石粉2000毫克/千克，磷酸盐2000毫克/千克，饲料中磷酸氢钙的氟含量每千克应低于1800毫克（即0.8%），饲料中氟的含量每千克应低于250毫克。因此，平时应掌握好饲料中氟的含量，防止饲料中氟含量的超标。在饲料中添加植酸酶可提高植酸磷的利用率，减少无机磷使用量，这是预防氟中毒的有效措施之一。除此之外，还可在饲料中加入乳酸钙、磷酸二氢钙、氯化钙等，也可减轻氟的毒性。

第六节 鸭场其他疾病的防治

一、异食癖

鸭异食癖也称恶食癖或啄癖，是鸭的一种因多种原因引起的代谢机能紊乱性综合征，表现有摄食通常认为无营养价值或根本不应该吃的东西的癖好，如为啄蛋、啄羽、啄头、啄肛、啄趾等。

【发病特点】鸭异食癖的原因非常复杂，常常找不到确定的原因，被认为是综合性因素的结果。

(1)日粮营养成分缺乏、不足或其比例失调。日粮中蛋白质和某些必需氨基酸(赖氨酸、蛋氨酸、色氨酸等)缺乏或不足；日粮缺乏某些矿物质或矿物质不平衡，如钠、钙、磷、硫、锌、锰、铜等，尤以钠、锌等缺乏可引起味觉异常，引起异食；饲料中某些维生素的缺乏与不足，尤其是维生素A、维生素D及B族维生素缺乏(如维生素B_{12}、叶酸等的缺乏)可引起食粪癖。

(2)饲养管理不当。如密度过高，光线过强，噪声过大，环境温度、湿度过高或过低，混群饲养，外伤、过于饥饿等。

(3)继发于一些慢性消耗性疾病(如寄生虫病)或其他疾病(如泄殖腔炎、脱肛、长期腹泻等)。

【临床症状】根据异食癖发生的类型不同表现不一样。食肛则肛门周围破裂、流血，严重的肠道或子宫也可被拖出肛门外，可引起死亡；食羽则背部常无毛，有的留有羽根，皮肤出血破损；另有表现为啄食蛋，啄食地面水泥、墙上石灰，啄食粪便等嗜好。啄癖往往首先在个别鸭发生，以后迅速蔓延。

【诊断】根据临床表现即可诊断。

【治疗方法】发现啄癖后，首先隔离“发起者”和“受害者”，采取综合分析的办法尽快找出原因，采取缺什么补什么的措施。如啄羽癖可增加蛋白质的喂量，增喂含硫氨基酸、维生素、石膏等；啄蛋癖者若以食蛋壳为主，要增加钙和维生素 D；若以食蛋清为主，要增加蛋白质；若蛋壳和蛋清均食，同时添加蛋白质、钙和维生素 D。对一时难以发现原因的，可采用 2%氯化钠饮水，每日半天，连用 2～3 天；饲料中添加生石膏粉，每天每只雏 0.5～3 克，连用 3～4 天；饲料中添加 1%小苏打，连用 3～5 天等措施。

【防治措施】加强饲养管理，使用全价日粮，保证良好的环境条件。应注意纠正不合理的饲养管理方法，积极治疗某些原发性疾病。

二、中　暑

鸭中暑也称为热应激，是鸭在高温、高湿的情况下，机体的散热机制发生障碍、热平衡受到破坏而引起的一种急性疾病。如果发病后未能及时有效地处理，可引起鸭大批死亡，从而给养殖造成较大的经济损失。

【发病特点】

(1)夏季气温太高，或者暴雨之后湿度增大，鸭在高温高湿的综合作用下最易引起中暑。

(2)鸭的运动场所没有遮荫设施，使鸭长时间在强烈的阳光下暴晒。

(3)饲养密度过大，鸭舍通风透气差，造成热量不易散发。

(4)饮水不足或者由于夏季水温升高，池塘中的有害细菌及藻类大量繁殖造成水质恶化。

(5)鸭患其他一些疾病或者受到其他一些应激(如雷雨、气温突变、突然改变饲料等)。

【临床症状】鸭中暑后会出现体温升高、蹲伏不愿走动、张口呼吸或伸翅散热、随后会出现站立不稳、阵发性昏迷麻痹(具体表现为鸭头触地或摇头,站立不稳,当受到驱赶后又能正常跑动,但跑不了多远又出现头触地、昏迷或摇头等神经症状)。

【诊断】根据天气、气温及鸭的发病表现即可诊断。

【治疗方法】

(1)当发现鸭出现中暑症状后,应立即将鸭转入荫凉处或搭建遮荫棚、遮阳网。

(2)用电解多维或水溶性维生素 C、5%葡萄糖粉、0.3～0.5 克碳酸氢钠(小苏打)饮水,也可以在饮水或饲料中加入一些抗生素类药物,防止继发感染。如果发现及时,按以上方法可有效控制病情。

(3)在中暑鸭脚部充血的血管上,采取针刺放血。

(4)用冷水慢慢淋鸭的头部,并用 2%的"十滴水"灌服 4～5 毫升;或者用鲜苦瓜叶、青蒿揉出汁灌服;用藿香正气水,每瓶兑 1 千克水饮用或拌料 0.5 千克,连用 3～5 天。

【防治措施】

(1)合理设计鸭场、鸭舍,减少热量进入,并对鸭舍、屋顶、墙壁进行刷白处理;在鸭舍周围种草植树,不仅可以遮挡阳光,而且可以通过植物的光合作用吸收热量,降低空气温度。

(2)降温防暑。敞开鸭舍门窗,加强空气流通,有条件的可安装排风扇或吊扇;在中午高温时段,通过地面洒水、屋顶喷水,亦可降低舍内温度;也可实行带鸭喷雾消毒,既降温,又杀菌。

(3)加强饲养管理。早放鸭,晚关鸭,增加中午休息时间和下水次数;在盛夏晴天,让鸭露天乘凉过夜;适当提高日粮的营养浓度,多喂青绿饲料,增加饲料的适口性;供给充足清凉饮水,尤其是深井水,避免暴风雨侵袭;注意驱虫、防病。

(4)药物防暑。速效暑宁,每瓶溶于1000克水中,或拌料500克,连用3～5天,在应激和温度超过29℃时可连续使用;热暑平,每袋溶于300千克饮水中,或拌料150千克,同时增喂维生素C和电解多维等。

三、应激性综合征

应激性综合征是指机体在应激源的刺激下,通过垂体-肾上腺皮质系统引起的各种生理或病理过程的综合性症状。在工厂化饲养条件下,认识和控制应激对鸭业生产的不利影响十分重要。

【发病特点】一般认为与饲养管理、环境应激源(因子)以及精神、神经传递异常有关。包括鸭群过于拥挤,鸭舍卫生和通风不良致使氨气浓度过高,以及饲养环境灰尘飞扬、闷热、潮湿、噪声大、惊吓、恐惧(或空中有大鹰飞过)、突然强力驱赶和追捕、争斗、炎热季节长途运输、转群、多人参加的防疫接种、气候突变(雷雨交加),以及日料中缺乏维生素B_1和烟酸等。

【临床症状】由于应激源的强度、持续时间、鸭的不同品种、年龄以及机体健康状况和营养状态的不同,由应激引起的临床症状会有各种类型,主要有以下几种:

(1)急性应激综合征:这种综合征是由于受应激源的长时间刺激所引起。

①热应激:引起此种症状的应激源是天气炎热的情况下长途运输、过度拥挤和缺水、鸭舍温度过高等。在这些因素作用下致使鸭体产热过多,而散热困难,在临诊上表现为呼吸困难,张口喘气,体温升高,心跳加快,肌肉震颤,可视黏膜潮红或发绀,口流白沫,鸭还可能发生肺炎,甚至死亡。

②致惊应激:引起此种症状的应激源是争斗、噪音、捕捉、运输、混群等,致使鸭受惊。在临床上表现为头部羽毛竖起,惊恐不

安，到处乱跑，寻处躲藏，食欲减少甚至废绝。生长发育受阻，产蛋量下降，有些鸭鸭发生死亡。

(2)慢性应激综合征：是由强度不大的应激源长期反复刺激所致，如营养缺乏、后备种鸭产蛋前限料、育雏室温度变化大、气候骤变，患有慢性病及卫生状态差造成霉菌慢性感染等。在应激源不断刺激下，机体不断地做出适应性的调整，从而影响鸭的食欲，致使生长发育迟缓，消瘦，产蛋量下降，孵化率降低，免疫力下降，并且容易继发或并发其他疫病。

(3)猝死性应激综合征：又称猝死或突毙综合征，是由于鸭在惊吓、捕抓、注射疫苗发生反应或互相挤压等激烈的应激源的刺激下，不表现任何症状而突然死亡。其死亡的最主要原因是由于突然受到应激源的强烈刺激，引起休克或虚脱而致猝然死亡。

【病理剖检】由应激所引起的死亡雏鸭颅骨出血，脑膜和脑组织充血，大脑与丘脑之间间隙有大的凝血块。肝脏有出血斑，肾充血出血。喙呈紫蓝色，蹼苍白。

【诊断】根据临床症状即可诊断。

【治疗】

(1)消除应激源：在患鸭出现症状之后，如果确诊为应激综合征，应针对不同的应激因素采取相应的措施给予及时消除。

(2)采用药物治疗：每千克饲料可添加维生素 C100～300 毫克；或每千克饲料添加杆菌肽锌盐 40 毫克，同时添加维生素 E 及黄芪多糖粉等，可以增强机体的免疫和抗自由基系统的功能。

【防治措施】

(1)加强预防和减少应激的观念：特别在主要的传染病得到控制之后，往往更容易忽视应激对鸭生长发育、生产性能、抗病力和免疫力的影响所造成的经济损失。

(2)加强饲养管理：在整个饲养过程中，始终要保持饲料中营养成分的平衡，并在特殊情况下注意及时补充多种维生素及矿物质。在阴雨季节严防饲料发霉。所喂饲料的质量不但要可靠，而且要相对稳定。一旦发现质量有问题，要及时调整。注意鸭群的稳定性，尽可能避免随意混群。在运输过程中尽量减少和减轻动态应激源对鸭的影响。

(3)改善环境条件：这是预防和减少环境应激源对鸭群造成不良影响的重要工作之一。改善环境的清洁卫生状态，清除周围环境的各种污染；舍饲的鸭群要注意适当的饲养密度、适中的光线、良好的通风、适宜的温度，避免或减少噪音的干扰。给鸭群的生存创建一个良好和安全的环境条件。

(4)做好重大疫病预防接种工作：根据当地目前主要的重大疫病，制定合乎实际、科学的免疫程序，选择高质量的疫苗，及时进行预防接种。并保证接种的质量，把严防应激与科学预防接种结合起来，这才是保证养鸭业顺利健康发展的最重要的策略。

(5)及时采用药物预防：在捕捉、运输或免疫接种之前 1 小时，在每千克饲料中添加利血平 10～15 毫克，或每千克饲料中补充维生素 C 100～200 毫克，同时添加维生素 E 和 B 族维生素，有更佳的抗应激作用。延胡索酸可按 0.2%拌料饲喂，这是一种应激保护剂。它能提高鸭群的存活率和生产性能。琥珀酸盐可按 0.1%的浓度拌料饲喂，它能使处于应激状态的鸭群较快地恢复正常生理状态和维持正常的产蛋水平。

四、感光过敏症

鸭感光过敏症是由于鸭采食光过敏物质的饲料，鸭体某部位对一定波长的阳光照射敏感所产生的一种过敏性疾病。

【发病特点】本病多因采食如灰灰菜、野胡萝卜、大阿米草、多年生黑麦草等含有光敏原性植物引起致病。有关资料表明，用大软骨草草籽饲喂鸭、鸡、火鸡、奶牛等均也可引起感光过敏反应。

【临床症状】病初体温正常，后期体温偏高。主要表现为精神、食欲不振，眼角有黏性或脓性分泌物，上喙失去原来的光泽和颜色，局部发红，形成红斑，1～2 天内发展成黄豆至蚕豆大的水泡，水泡液呈半透明淡黄色并混有纤维素样物，脚蹼同时也出现水泡，水泡破裂后结痂，几天后，上喙也形成棕黄色结痂。大约经过 10 天左右，喙和脚蹼上的结痂脱落变成棕黄色或暗红色，上喙缩短变形，严重者向上扭转，舌尖部外露，发生坏死，并影响采食。

【病理剖检】主要见于上喙和脚蹼上的弥漫性炎症，结痂坏死以及变色或变形。有时可见舌尖部坏死，肝脏有散在的大小不等的坏死点，十二指肠呈卡他性炎症。

【诊断】根据临床症状和大量采食灰菜史即可诊断。

【治疗方法】

(1)把患病的畜禽移到不见阳光的暗处。

(2)对病畜禽服泻剂。

(3)给病畜禽涂抹保护性药物。

【防治措施】一旦鸭群发病，应立即停止放牧，避光饲养，或停喂含光敏原性植物的饲料。

五、阴茎垂脱

鸭阴茎垂脱，俗称“掉鞭”，是公鸭常见的生殖器官疾病，常因交配后未缩回之前，垂在体外，与地面或物体摩擦后破损感染细菌(特别是大肠杆菌、葡萄球菌等)而发炎或溃疡，以致不能缩回泄殖腔，这种公鸭不能留作种用。

【发病特点】

(1)鸭群中的公母鸭在陆地上交配时，其他公鸭“争风吃醋”，追逐并啄正在交配中的公鸭阴茎，或公鸭交配后阴茎未缩回泄殖腔之前与地面发生摩擦，致使其阴茎受伤，出血，感染细菌后发炎、水肿，甚至溃疡而无法回缩。

(2)公鸭在寒冷的天气配种时，阴茎伸出后被冻伤，不能回缩，因而失去配种能力。

(3)公鸭在水上交配时，由于阴茎露出后被蚂蟥、鱼类咬伤，或因公母比例不当，公鸭交配频繁致使阴茎受损而感染细菌发炎。

(4)在母鸭非产蛋期间，没有提早给公鸭喂饲料造成营养不良，降低了性欲，阴茎疲软，造成阳痿。或因公鸭过老，性欲自然减退。

【临床症状】

(1)患鸭表现精神萎靡不振，行动缓慢，食欲减退，倘若体温升高至43℃以上者，则食欲完全废绝，2～3天后死亡。

(2)在发病初期，阴茎严重充血，比正常肿大2～3倍，看不清阴茎的螺旋状精沟，在阴茎表面可见到芝麻至黄豆大的黄色干酪样结节。

(3)严重病例可见阴茎肿大3～5倍，呈黑色结痂伏，有部分露在体外，表面有数量不等、大小不一的黄色脓性或干酪样结节，剥除结痂，可见出血的溃疡面。

(4)因交配频繁而造成垂露，阴茎呈苍白色，或公鸭性欲减退，阳痿，爬跨后不见伸出阴茎。

【诊断】根据临床症状即可诊断。

【治疗方法】将脱出的部分用0.1%高锰酸钾溶液冲洗干净，涂上金霉素软膏。用手慢慢按揉脱垂部分，轻轻推向腔内还于原位。

当公鸭阴茎受伤不能回缩时，应及时将病鸭隔离饲养，用0.1%高锰酸钾溶液冲洗干净，涂以磺胺软膏，将其整复。

当公鸭阴茎受冷不能回缩时，应及时用温水湿敷，然后用0.1%高锰酸钾溶液冲洗干净，涂上三磺软膏，矫正其位置。若无治疗价值，应及时淘汰。

【防治措施】平时应注意饲料要配合恰当，在母鸭产蛋期到来之前，公鸭要提早补料。公母鸭比例合理，一般公、母鸭的比例为1∶(4～6)。公鸭过多，不仅浪费饲料，而且还会发生“争风吃醋”，互相追逐，互相啄咬阴茎的恶癖。鸭群应在产蛋前注射大肠杆菌油乳剂灭活疫苗。搞好场内的清洁卫生。

六、脱　肛

泄殖腔脱垂又称泄殖腔外翻或脱肛，是蛋鸭的一种常见病，主要发生于4～5月份产蛋高峰期。高产母鸭多发，发病后易导致鸭发生啄肛癖而受伤死亡。

【发病特点】主要是产蛋过多、过大，特别是产大双黄蛋；或输卵管油质分泌不足；或缺乏维生素使泄殖腔黏膜角质化，产道不畅，产蛋时用力过度，使肛门外翻；或停产后输卵管收缩、便秘及啄肛而引发脱肛。

【临床症状】病初肛门周围的绒毛湿润，从肛门流出白色或黄色黏液，随之呈肉红色的泄殖腔脱出肛门外，颜色渐变为暗红色，甚至紫色，粪便难于排出。脱出部分发炎、水肿甚至溃烂，脱出物常引起其他禽啄食，病禽最后死亡。

【诊断】根据临床症状即可诊断。

【治疗方法】发现病禽，及时隔离，防止啄食。外翻泄殖腔用0.1%高锰酸钾或硼酸水或明矾水冲洗，涂布消炎软膏，并以消毒纱布托着缓慢送回，然后进行肛门烟包缝合，保持3～5天。或用1%普鲁卡因溶液清洗外翻泄殖腔，并于肛门周围作局状麻醉，以减少发炎和疼痛，减少努责，避免再度外翻。或整复后倒吊1～2小时，内服补中益气丸，每次15～20粒，每天1～2次，连用数日。

【防治措施】应多喂给青绿多汁饲料；在产蛋高峰季节，应多喂给多种维生素，日粮中动物性饲料要减少；病鸭要单独关养，防止其他鸭啄肛而受伤。

七、软脚综合征

鸭软脚的病因和症状表现极为复杂，不是一种独立的疾病。因此，把多种疾病引起鸭出现软脚的一系列症状，称为鸭软脚综合征。临诊上见到鸭呈现两脚发软的，都属软脚综合征。

【发病特点】

(1)主要是由于饲养管理条件不良所致。育雏环境寒冷潮湿，舍内缺乏阳光，饲养密度过大，运动不足。

(2)饲料营养不全，尤其缺乏维生素 D_3 及钙，尤其是钙、磷比例不恰当。

(3)较长时间的阴天，鸭只光照不足，更容易引起维生素 D_3 的缺乏，此时即使饲料中有足够钙，也无法吸收。

(4)维生素 B_1 缺乏，也可以引起多发性神经炎，和外围神经麻痹，脚无力，步伐不稳。

(5)维生素 B_2 缺乏也会引起脚趾弯曲，腿麻痹，走路困难。

(6)维生素 E 缺乏，引起脑软化症，也能引起脚麻痹。

(7)红霉素与莫能霉素、盐霉素、甲基盐霉素等任一种抗球虫药合用时，也会引起腿无力和麻痹。

(8)有害的气体如一氧化碳、氨气、福尔马林，也会引起脚软弱。

【临床症状】患鸭最明显的症状是关节发生不同程度的肿胀，严重者呈紫红色，触之有热感。在出现肿胀的早期，压之有软感，随着病的发展，逐步变硬，以至关节伸屈困难，跛行更为严重。或者根本就不能行走，倒地，最后由于营养极度不良而死亡。

【病理剖检】严重病例解剖时常见长骨骨端增大，特别是跗关节骨质疏松。其他器官的病理变化较少。

【诊断】一般根据临床表现可做出诊断。

【治疗方法】当鸭出现软脚综合征时，将病禽集中隔离饲养，每羽肌内注射维丁胶性钙2毫升，每天1次，2～3天为1个疗程；鸭应喂给多种维生素(特别是维生素$A+D_3$粉)和浓缩鱼肝油粉，每250克拌料500千克，连用4～5天。以减少本病的发生。

【防治措施】生产中要保持禽舍干燥，搞好卫生，增加放牧时间，春冬季节应尽量让鸭只多晒太阳；饲料配合要全面，雏鸭要以全价颗粒料为主。当阴雨时间较长时，要注意在饲料中添加维生素A、维生素D_3或鱼肝油。

八、皮下气肿

皮下气肿症是由于各种原因，使气囊破裂，造成大量气体窜入皮下疏松组织间隙，并积于皮下，从而导致全身或局部皮下气肿隆起。多发生于颈部(俗称"气囊"或"气脖子")、胸部或腹壁。

【发病特点】此多发生于雏鸭和中鸭时期，偶尔亦可见于填鸭。由于管理不当、粗暴捉拿，使颈部气囊或锁骨气囊破裂，或因其他尖锐物刺破气囊而使气体滞于皮下，形成皮下气肿。此外亦可能因锁骨和胸骨等有气腔的骨骼发生骨折时，使气体窜入皮下。

【临床症状】颈气囊破裂，可见颈部羽毛逆立，轻者气肿局限于颈的基部，重的可延伸到颈的上部，并且在口腔的舌系带下部出现臌气泡。若胸腹部气囊破裂或由颈部蔓延到腹部皮下，则胸腹围增大，触诊呈鼓音。如不及时治疗，气肿继续增大，病鸭表现精神沉郁、呆立，呼吸困难。

【病理剖检】临床剖检的病鸭内脏器官常无明显特征性病变，仅见气肿的皮下充满气体。

【诊断】根据临床症状即可诊断。

【治疗方法】一般无理想的治疗方法，但可以采取对症疗法：